化工过程原理
及其处理方法探究

田继兰　孙　洋　贾利侠　编著

中国原子能出版社

图书在版编目(CIP)数据

化工过程原理及其处理方法探究 / 田继兰，孙洋，贾利侠编著. -- 北京：中国原子能出版社，2019.3

ISBN 978-7-5022-9711-4

Ⅰ. ①化… Ⅱ. ①田… ②孙… ③贾… Ⅲ. 化工过程—研究 Ⅳ. ①TQ02

中国版本图书馆 CIP 数据核字(2019)第 050224 号

内 容 简 介

本书以过程原理的共性和处理工程问题的方法论作为贯穿化工单元操作的两条主线，力求阐述严谨、突出工程学科特点，致力于解决工程实际问题，并注意吸收工业领域的新理论、新技术、新设备等新成果，主要内容包括：引言、流体流动与输送机械、沉降与过滤过程、传热过程、蒸发过程、蒸馏过程、吸收过程、干燥过程、萃取过程、结晶过程、其他传质分离过程等。本书结构合理，条理清晰，内容丰富新颖，是一本值得学习研究的著作，可供从事化工生产和管理的工程技术人员参考。

化工过程原理及其处理方法探究

出版发行 中国原子能出版社(北京市海淀区阜成路 43 号 100048)
责任编辑 张 琳
责任校对 冯莲凤
印 刷 北京亚吉飞数码科技有限公司
经 销 全国新华书店
开 本 787mm×1092mm 1/16
印 张 17
字 数 413 千字
版 次 2019 年 7 月第 1 版 2024 年 9 月第 2 次印刷
书 号 ISBN 978-7-5022-9711-4 定 价 68.00 元

网址：http://www.aep.com.cn E-mail:atomep123@126.com
发行电话:010－68452845

前 言

对于化学工业而言，人们最初以具体的产品为对象，分别进行各种产品生产过程和设备的研究，随着化工生产的发展，人们逐渐认识到不同产品的生产是由为数不多的基本操作和化学反应过程所组成，包括蒸馏、干燥、萃取等单元操作。相较于传统操作，化工单元操作领域的新理论、新装置和应用技术给化工生产企业节约了劳动成本，带来了巨大的经济效益。化工单元操作的发展，将推进化工工艺过程日臻完善，推动化工及相关产业产品品质和效率的跨越。

化工生产岗位上运用频率最高、范围最广的能力和知识大多集中在化工单元过程和操作上。化工单元过程和操作不仅知识面广、实践性强，而且也是基础知识向专业技能过渡的重要媒介。本书在编撰过程中对化工单元操作的内容进行了重新整合、编排，力求突出本书的"先进性、开放性、实用性"特色。

本书共 11 章，以过程原理的共性和处理工程问题的方法论作为贯穿化工单元操作的两条主线，力求阐述严谨、突出工程学科特点，致力于解决工程实际问题，并注意吸收工业领域的新理论、新技术、新设备等，主要内容包括：引言、流体流动与输送机械、沉降与过滤过程、传热过程、蒸发过程、蒸馏过程、吸收过程、干燥过程、萃取过程、结晶过程、其他传质分离过程等。

本书在编撰过程中，参考了大量有价值的文献与资料，吸取了许多人的宝贵经验，在此向这些文献的作者表示敬意和感谢。此外，本书的编撰还得到了出版社领导和编辑的鼎力支持和帮助，同时也得到了学校领导的支持和鼓励，在此一并表示感谢。由于作者自身水平及时间有限，书中难免有错误和疏漏之处，敬请广大读者和专家给予批评指正。

作 者

2018 年 12 月

目　录

第1章 引 言

1.1 化工生产过程与单元操作

化工生产过程泛指对原料进行化学加工，最终获得有价值产品的生产过程。由于原料、产品的多样性及生产过程的复杂性，形成了数以万计的化工生产工艺。纵观纷杂众多的化工生产过程都是由化学反应及若干物理操作有机组合而成，其操作步骤多，原料在各步骤中依次通过若干设备，经历相应的处理方式后方能成品。由于化学工业中不同行业所用的原料与所得产品不同，所以各种化工过程的差别很大。

一个化工过程所包含的操作步骤可分为两大类：

①以进行化学反应为主，通常是在反应器中进行。

②不进行化学反应的物理过程，包括原料预处理过程和反应产物后处理过程。

虽然反应过程是生产过程的核心，但它在工厂的设备投资和操作费用中通常并不占据主要比例，实际上起决定作用的往往是众多的物理过程，它们决定了整个生产的经济效益。构成多种化工产品生产的物理过程按其原理都可归纳为几个基本过程。这些基本的物理操作统称为化工单元操作，简称为单元操作。只有对各种不同的化工生产中的单元操作进行研究，才能揭示其共性的本质、原理和规律。

各种单元操作依据不同的物理化学原理，采用相应的设备，达到各自的工艺目的。对于单元操作，可从不同角度加以分类。根据各单元操作所遵循的基本规律，将其划分为如下几种类型：

①遵循流体动力学基本规律的单元操作，包括流体输送、沉降、过滤、搅拌等。

②遵循热量传递基本规律的单元操作，包括加热、冷却、冷凝、蒸发等。

③遵循质量传递基本规律的单元操作，包括蒸馏、吸收、萃取、吸附、膜分离等。从工程目的来看，这些操作都可将混合物进行分离，故又称为分离操作。

④遵循热质传递规律的单元操作，包括气体的增湿与减湿、结晶、干燥等。

另外，还有热力过程、粉体工程等单元操作。

单元操作有下列特点：

①它们都是物理性操作，即只改变物料的状态或其物理性质，而不改变其化学性质。

②它们都是化工过程中共有的操作，但不同的化工过程中所包含的单元操作数目、名称与排列顺序各异。

③某单元操作用于不同的化工过程，其基本原理并无不同，进行该操作的设备往往也是通

用的。当然，具体运用时也要结合各化工过程的特点来考虑。

随着化工的发展，单元操作也不断发展。随着新产品、新工艺的开发或为实现以低碳、可持续发展为目标的绿色化工生产，对物理过程提出了一些特殊要求，又不断地发展出新的单元操作或化工技术，如膜分离、参数泵分离、电磁分离、超临界技术等。同时，以节约能耗、提高效率、洁净无污染生产为特点的集成化工艺将是未来的发展趋势。

随着对单元操作研究的不断深入，人们逐渐发现若干个单元操作之间存在着共性。从本质上讲，所有的单元操作都可分解为动量传递、热量传递和质量传递这三种传递过程或它们的结合。前述的四大类单元操作可分别用动量、热量、质量传递的理论进行研究。三种传递现象中存在着类似的规律和内在联系，可用相类似的数学模型进行描述，并可归结为速率问题进行综合研究。三传（传质、传热、传速）理论的建立，是单元操作在理论上的进一步发展和深化，构成了联系各种单元操作的一条主线。

1.2　化工过程中的守恒定律

1. 质量守恒定律

质量守恒定律是物料衡算的依据，物料衡算反映化工生产过程中各种物料之间的量的关系，是分析生产过程与设备的操作情况，进行过程与设备设计的基础。物质既不会产生，也不会消失，参与任何化工生产过程的物料质量是守恒的。根据质量守恒定律，则在任何一个化工生产过程中，一定时间内向系统输入的物料质量，必等于从该系统输出的物料质量与积累在该系统中的物料质量之和，即

$$\sum F = \sum D + A \tag{1-1}$$

式中，$\sum F$ 为输入物料质量总和；$\sum D$ 为输出物料质量总和；A 为积累的物质质量。

式(1-1)是物料衡算的通式，既适用于连续操作，也适用于间歇操作。由此式可对总物料或其中某一组分列出物料衡算式，然后进行求解。对于操作参数不随时间变化的连续定态过程，积累的物料质量为零，则式(1-1)可以化简为

$$\sum F = \sum D$$

2. 能量守恒定律

能量一般包括机械能、热能、磁能、化学能、电能、原子能等，各种能量之间可以相互转化。化工计算时遇到的不是能量转化问题，而是总能量衡算，有时可以简化为热能或热量衡算。化工生产过程中一般只涉及机械能和热能。

能量衡算的依据是能量守恒定律，能量衡算的步骤与质量衡算的基本相同。能量衡算可写成如下等式

$$\sum Q_{in} = \sum Q_{out} + Q_A \tag{1-2}$$

式中，$\sum Q_{in}$ 为随物料进入系统的总能量；$\sum Q_{out}$ 为随物料离开系统的总能量；Q_A 为系统累积的能量。

对于定态过程，系统内无能量累积，即 $Q_A=0$，所以能量衡算关系为

$$\sum Q_{in} = \sum Q_{out}$$

式(1-2)也可以写成

$$\sum (wH)_{in} = \sum (wH)_{out} + Q_A \tag{1-3}$$

式中，w 为物料的质量；H 为物料的焓。

能量衡算等式既适用于间歇过程，也适用于连续过程。作热量衡算时也和物料衡算一样，要规定出衡算基准和范围。此外，由于焓是相对值，与从哪一个温度算起有关，所以进行热量衡算时还要指明基准温度，简称基温。习惯上选 0 ℃为基温，并规定 0 ℃时液态的焓为零，这一点在计算中可以不指明。有时为了方便，要以其他温度作基准，这时应加以说明。

3. 动量守恒定律

动量守恒定律是动量衡算的理论依据，是研究动量随时间而变化的速率，即牛顿第二定律。

任何一个过程，如果不是处于平衡状态，那么此过程就趋于平衡。过程所处的状态间的距离通常称为过程的推动力，与推动力相应的称为过程阻力，它是各种因素对过程速率影响的总体现，较为复杂，通常与操作条件及物性有关。过程速率通常表示为

$$过程速率=\frac{推动力}{阻力}$$

不同过程的传递速率不同，其推动力、阻力和比例系数的表达方式都取决于过程的传递机理。过程速率的大小直接影响到设备的大小与经济效益等。

1.3 单元操作的研究方法

单元操作目前主要的研究方法是实验研究法和数学模型法(又称为半理论半经验法)。

1. 实验研究法

化工过程十分复杂，除极少数简单的问题可以用理论分析的办法解决以外，都需要依靠实验研究加以解决。化工研究的任务和目的是通过小型实验、中间试验揭示过程的本质和规律，然后用于指导生产实际，进行实际生产过程与设备的设计与改进。实验研究方法直接用实验寻求各变量之间的联系，避免了方程的建立。但是，若实验工作必须遍历各种规格的设备和各种不同的物料，则这样的实验将不胜其烦，而且失去了指导意义，因此必须建立实验研究的方法论。为此，实验研究方法一般以量纲分析和相似论为指导，依靠试验确定过程变量之间的关系，把各种因素的影响表示成为由若干个有关因素组成的、具有一定物理意义的无量纲数群的影响，以使实验结果在几何尺寸上能由小见大，在物料品种方面能由此及彼，具有指导意义。

2. 数学模型法

数学模型法需要对实际问题的机理做深入分析，并在抓住过程本质的前提下做出某些合理的简化，得出能基本反映过程机理的物理模型。通常数学模型法所得结果包括反映过程特性的模型参数，其值须通过实验才能确定，并以实验检验模型的可靠性。因而它是一种半理论、半经验的方法。

随着计算机及计算技术的发展，复杂数学模型的求解已成为可能，所以数学模型法将逐步成为单元操作中的主要研究方法。

第 2 章　流体流动与输送机械

2.1　流体静力学

2.1.1　流体的压力

流体垂直作用于单位面积上的力称为流体的压强，习惯上称为流体的压力。作用于整个面积上的力称为总压力。在静止流体中，从各方向作用于某一点的压力大小均相等。

压强的单位是 N/m^2，称为帕，以 Pa 表示。其物理表达式为

$$p=\frac{F}{A}$$

式中，p 为流体的静压强，Pa；F 为垂直作用力，N；A 为流体作用的横截面积，m^2。

此外，压力的大小也间接地以流体柱高度表示，如用 mH_2O 或 mmHg 等。如果流体的密度为 ρ，则液柱高度 h 与压力 p 的关系为

$$p=\rho gh$$

用液柱高度表示压力时，必须指明流体的种类，如 500 mmHg，10 mH_2O 等。

按压强的定义，压强是单位面积上的压力，其单位应为 Pa，常用单位有 Pa、kPa、MPa。

为了各行各业使用方便，除采用统一的法定计量单位制中规定的压强 Pa 外，还以 atm(物理大气压)、kgf/cm^2、mmHg(毫米汞柱)、mH_2O(米水柱)、bar(巴)等为压强单位。

$$1\ \text{Pa}=1\ \text{N/m}^2$$

$$1\ \text{atm}=1.033\ \text{kgf/cm}^2=760\ \text{mmHg}=10.33\ \text{mH}_2\text{O}=1.013\ 3\ \text{bar}=1.013\ 3\times10^5\ \text{Pa}$$

工程上为了使用和换算方便，常将 1 kgf/cm^2 近似地作为 1 个工程大气压，以 at 表示，于是有

$$1\ \text{at}=1\ \text{kgf/cm}^2=735.6\ \text{mmHg}=10\ \text{mH}_2\text{O}=0.980\ 7\ \text{bar}=9.81\times10^4\ \text{Pa}$$

压力可以有不同的计量标准。如果以绝对真空为基准测得的压力称为绝对压力，是流体的真实压力。如果以外界大气压为基准测得的压力则称为表压。工程上用压力表测得的流体压力，就是流体的表压。它是流体的绝对压力与外界大气压力的差值，即

$$\text{表压}=\text{绝对压力}-\text{大气压力}$$

表压为正值时，通常称为正压；为负值时，则称为负压。通常把其负值改为正值，称为真空度。真空度与绝对压力的关系为

真空度＝大气压力－绝对压力

测量负压的压力表，又称为真空表。

绝对压力、表压和真空度的关系如图 2-1 所示。为了避免混淆，在写流体压力时要注明是绝对压力还是表压或真空度。

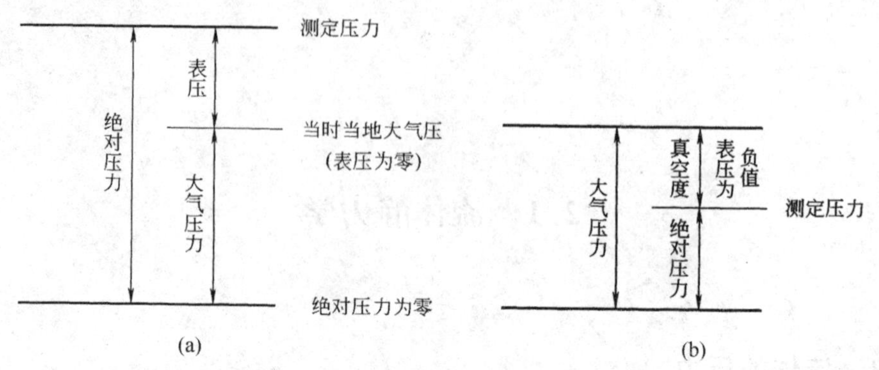

图 2-1　绝对压力、表压和真空度的关系

(a)测定压力＞大气压力；(b)测定压力＜大气压力

2.1.2　流体静力学基本方程

静止的流体处于相对静止状态时，其所受重力和压力达到静力平衡，此时其内部质点将受到重力和各个方向的压力。由于重力可看作是不变的，压力是变化的，当所受合力为零时，流体就达到力学平衡。流体静力学基本方程是用于描述静止流体内部的压力沿着高度变化的数学表达式。对于不可压缩流体，密度随压力变化可忽略，其静力学基本方程可用下述方法推导。

如图 2-2 所示，假设容器内装有密度为 ρ 的不可压缩液体，在静止液体中取一段液柱，其截面积为 A，以容器底面为基准水平面，液柱的上、下端面与基准水平面的垂直距离分别为 z_1 和 z_2，作用在上、下两端面的压力分别为 p_1 和 p_2。

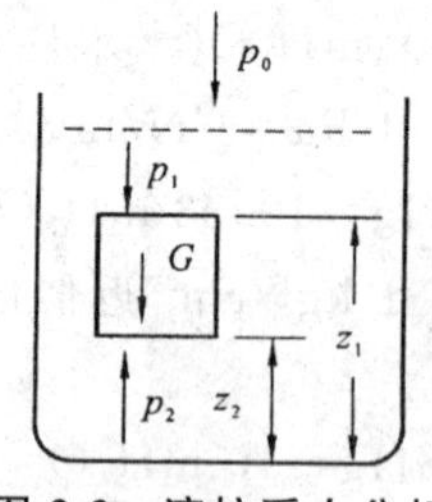

图 2-2　液柱受力分析

重力场中在垂直方向上对液柱进行受力分析：

①上端面所受总压力 $F_1 = p_1 A$，方向向下。

②下端面所受总压力 $F_2 = p_2 A$，方向向上。

③液柱的重力 $W = \rho g A(z_1 - z_2)$，方向向下。

液柱处于静止时，上述三项力的合力应为零，即

$$p_2A-p_1A-\rho gA(z_1-z_2)=0$$

整理并消去 A，得

$$p_2=p_1+\rho g(z_1-z_2)\text{或}\frac{p_1}{\rho}+z_1g=\frac{p_2}{\rho}+z_2g \tag{2-1}$$

如果将液柱的上端面取在容器内的液面上，设液面上方的压力为 p_0，液柱高度为 h，$p=p_2$，则式(2-1)可改写为

$$p=p_0+\rho gh \tag{2-2}$$

式(2-1)和式(2-2)称为流体静力学基本方程。

流体静力学基本方程适用于在重力场中静止、连续的同种不可压缩流体，如液体。而对于气体来说，密度随压力变化，但当气体的压力变化不大，密度近似地取其平均值而视为常数时，流体静力学基本方程也适用。

当容器液面上方的压力 p_0 一定时，静止液体内部任一点压力 p 的大小仅与液体本身的密度 ρ 和该点距液面的深度 h 有关。因此，在静止的、连续的同一液体内，处于同一水平面上各点的压力都相等，压力相等的水平面称为等压面。压力具有传递性。液面上方压力变化时，液体内部各点的压力也将发生相应的变化。式(2-1)中，zg、$\frac{p}{\rho}$分别为单位质量流体所具有的位能和静压能，在同一静止流体中，处在不同位置流体的位能和静压能各不相同，但总和恒为常量。因此，静力学基本方程也反映了静止流体内部能量守恒与转换的关系。

由(2-2)可得

$$h=\frac{p-p_0}{\rho g}$$

此式说明压差的大小可以用一定高度的液体柱来表示。由此可以引申出压力的大小也可用一定高度的液体柱表示，这就是压力可以用 mmHg、mH_2O 单位来计量的依据。当用液柱高度来表示压力或压差时，必须注明是何种液体。

由此可推，连通器中，在静止液体的同一水平面上，各点的压强相等。不同质点间的压强差可用一定高度的流体液柱来计算。

2.1.3 流体静力学基本方程式的应用

1. 测量流体压力或压差

测量压强差与任意面上压强的仪表种类很多，以流体静力学基本方程式为依据的测压仪表，这种仪表称为液柱压差计或 U 管压差计。

(1)U 管压差计

U 管压差计的结构如图 2-3 所示，系由两端开口的 U 形玻璃管，中间配有读数标尺构成。对指示液的要求：指示液要与被测流体不互溶，不起化学作用，其密度应大于被测流体的密度。

$$p_1-p_2=(\rho_A-\rho_B)gR$$

对于气体，则

$$p_1-p_2\approx\rho_A gR$$

如图 2-4 所示为用 U 管压差计测量容器表压的情况，此时 U 管压差计指示液的液面与测压口相连的一端液面低，与大气相通的一端液面高，读数即为表压。

如图 2-5 所示为用 U 管压差计测量容器负压的情况，此时 U 管压差计指示液的液面与测压口相连的一端液面高，与大气相通的一端液面低，读数即为真空度。

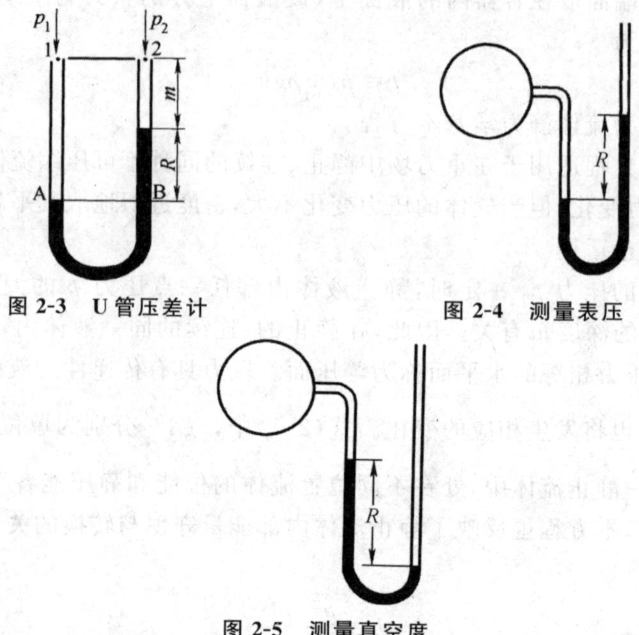

图 2-3　U 管压差计

图 2-4　测量表压

图 2-5　测量真空度

(2)双液柱压差计

双液柱压差计又称为微差压差计。如果所测压强差很小，则 U 形管压差计的读数 R 很小，可能导致读数的相对误差很大，这时如果采用如图 2-6 所示的双液柱压差计则可使读数放大几倍或更多。该压差计在 U 形管两侧增设两个小室，小室的横截面积远大于管的横截面积；在小室和 U 形管中分别装入两种互不相溶而密度又相差不大的指示液，其密度分别为 ρ_1、ρ_2，且 ρ_1 略小于 ρ_2。

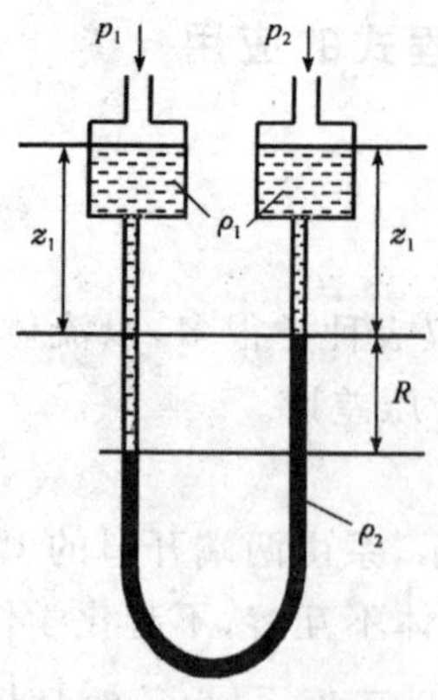

图 2-6　双液柱压差计

将双液柱压差计与两侧压点相连，在被测压差作用下，两侧指示液显示出高度差。因为小

室截面积足够大，故小室内液面高度变化可忽略不计。由静力学原理可推知

$$p_1 - p_2 = (\rho_2 - \rho_1) gR$$

由于 ρ_2 与 ρ_1 相差不大，即 $(\rho_2 - \rho_1)$ 很小，因而读数 R 也可能较大。

(3)斜管压差计

当被测量的压强差或压强较小，如测量气体压强时，除用密度较小的指示液外，还可采用斜管压差计。

如图 2-7 所示的斜管压差计的一臂与水平面成 α 角，由图 2-7 可以看出，玻璃管经斜放后，可使读数由原来的 R 加大到 R'，放大的倍数为

$$\frac{R'}{R} = \frac{1}{\sin\alpha}$$

α 越小，放大的倍数就越大。

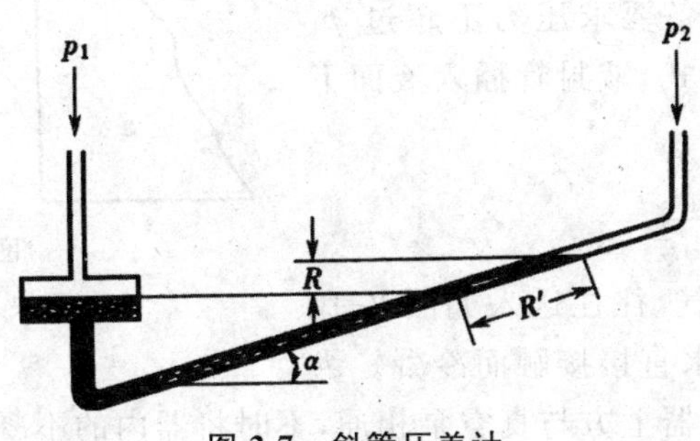

图 2-7　斜管压差计

2. 液位的测量

化工厂中经常要了解容器内液体的贮存量，或者要控制设备内的液面，因此要测量液面位置。大多数测液面位置的液面计作用原理都遵循静止液体内部压力变化规律。最原始的液面计是于容器底部及液面上方空间的器壁上各开一个小孔，用玻璃管将两孔相连，玻璃管中所示的液面即为容器内的液面。这种液面计易损坏，且不便于远距离观察。

如图 2-8 所示的液面计是在连接容器 1 的下部与液面上方空间的 U 管中灌有比待测液体密度大的指示液，且在 U 管上方装有平衡小室 2，小室内的液体即为容器内的液体，其液面高度维持在容器液面允许到达的最大高度处。根据静力学基本方程式即可算出容器内液面的高度。它与压差计读数的关系为

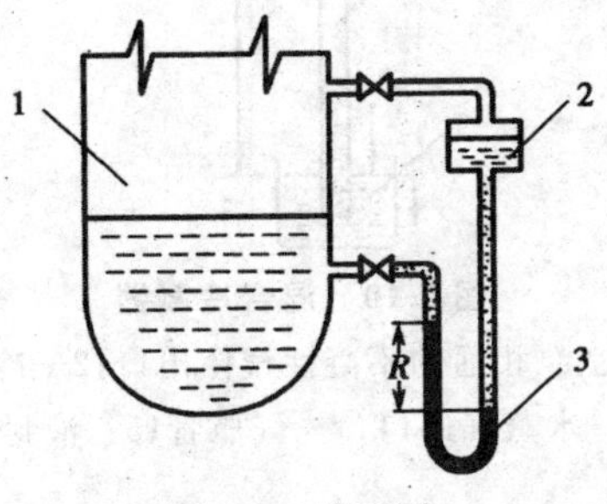

图 2-8　液面计

1—容器；2—平衡小室；3—U 管

$$h=\frac{\rho_A-\rho}{\rho}R$$

显然,$R=0$ 时,容器内液面可以达到最高高度。

3. 液封高度的确定

在化工生产中常遇到设备的液封问题。设备内操作条件不同,采用液封的目的也就不同。但其液封的高度都是根据流体静力学基本方程确定的。

化工生产中经常遇到设备的液封问题。如图 2-9 所示,为了控制乙炔发生炉内的压强不超过规定的数值,炉外装有安全液封。其作用是当炉内压力超过规定值时,气体就从液封管排出,以确保设备操作的安全。若设备要求压力不超过 p_1(表压),按静力学基本方程式,液封管插入液面下的深度 h 为

$$h=\frac{p_1}{\rho_{H_2O}g}$$

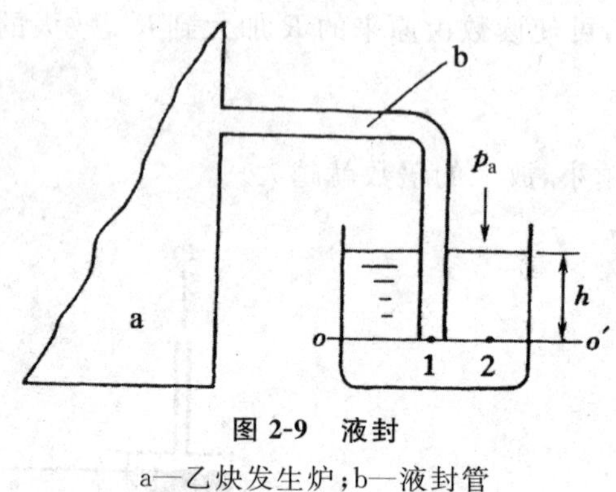

图 2-9 液封

a—乙炔发生炉;b—液封管

真空蒸发产生的水蒸气,往往送入如图 2-10 所示的混合冷凝器中与冷水直接接触而冷凝。为了维持操作的真空度,冷凝器上方与真空泵相通,不时将器内的不凝气体(空气)抽走。同时为了防止外界空气进入,在气压管出口装有液封。如果真空表读数为 p,液封高度为 h,则根据流体静力学基本方程可得

$$h=\frac{p_a-p}{\rho g}$$

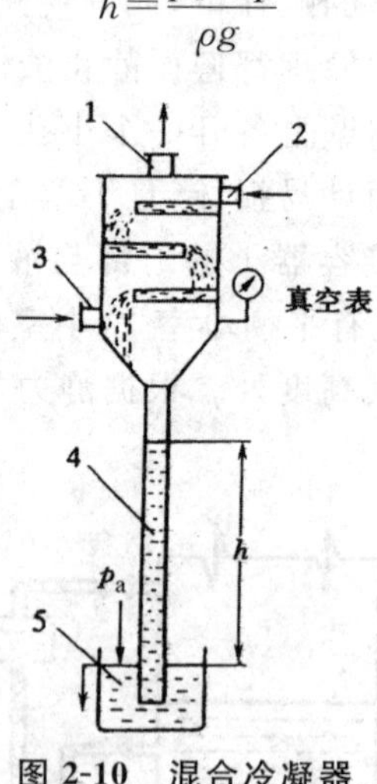

图 2-10 混合冷凝器

1—与真空泵相通的不凝性气体出口;2—冷水进口;3—水蒸气进口;4—气压管;5—液封槽

2.2　流体动力学

2.2.1　流量与流速

1. 流量

单位时间里流过管道任一截面的流体量，称为流量。常用体积流量和质量流量来表示。体积流量即单位时间内通过管路任一截面的体积，用符号 V_s 表示，其单位为 m^3/s；质量流量，即单位时间内通过管路任一截面的质量，用 W_s 表示，其单位为 kg/s。二者之间的关系为

$$W_s = V_s \rho$$

式中，ρ 为流体的密度，kg/m^3。

2. 流速

流速是指单位时间内流体在流动方向上所流过的距离。因流体流经管道任一截面上各点的流速随管径变化而变化，故流体的流速通常是指整个管截面上的平均流速。工程上采用体积流量除以管路截面积所得的值来表示流体在管路中的流速，以 u 表示，其单位为 m/s。流速与流量之间的关系为

$$u = \frac{V_s}{A} = \frac{W_s}{A\rho}$$

式中，A 为与流体流动方向相垂直的管道截面积，m^2。

由于气体的体积流量是温度和压力的函数，则气体的流速也随温度和压力而变，但其质量流量不变。因此，采用质量流速较为方便。质量流速即单位时间内流体流过管道单位截面积的质量，以 G 表示，其单位为 $kg/(m^2 \cdot s)$。其表达式为

$$G = \frac{W_s}{A} = \frac{V_s \rho}{A} = u\rho$$

通常情况下，流体输送管路的截面均为圆形，流量一般由生产任务决定，根据流体的流速可以估算及选择管路的直径，如果以 d 表示管路内径，则

$$d = \sqrt{\frac{4V_s}{\pi u}} = \sqrt{\frac{V_s}{0.785u}}$$

式中，d 为管内径，m。

2.2.2　定态流动与非定态流动

在流动空间的各点上，流体的流速、压强等所有的流动参数仅随空间位置变化，而不随时间变化，这样的流动称为定态流动；如果流动参数既随空间位置变化，又随时间变化，这样的流

动称为非定态流动。

如图 2-11 所示，水箱 3 上部不断有水从进水管 1 注入，而从下部排水管 4 不断地排出，且要求进水量大于排水量，多余的水从水箱上方溢流管 2 溢出，以维持箱内水位恒定不变。若在流动系统中，任取两个截面 $A—A'$ 及 $B—B'$，经测定发现，该两截面上的流速和压强虽不相同，但每一截面上的流速和压强均不随时间而变化，这种情况属于定态流动。若将图 2-11 中进口管阀门关闭，水箱内的水仍不断地由排水管排出，水箱内的水位逐渐下降，各截面上水的流速和压强也随之减小，此时各截面上的流速和压强不但随位置而变化，还随时间而变化，这种流动情况，属于非定态流动。

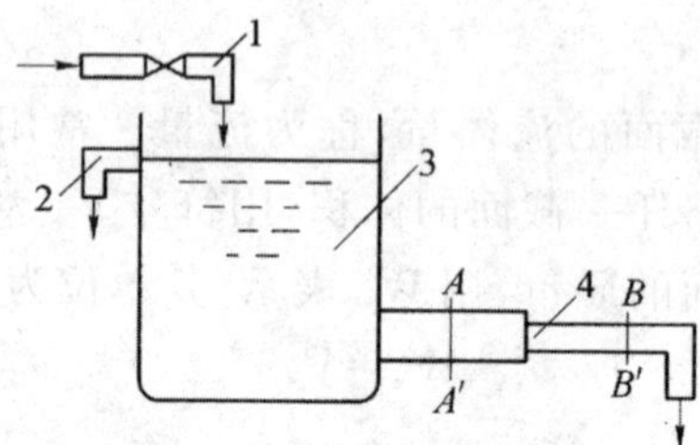

图 2-11　流体的流动情况

1—进水管；2—出水管；3—水箱；4—排水管

化工生产过程多为连续操作，少数过程为间歇操作，所以流体在管内和设备内的流动多为定态流动。

2.2.3　流体质量衡算——连续性方程式

如图 2-12 所示，流体在变径管路中流动时，取由 1-1、2-2 截面与管子内壁表面形成的区域作为一个衡算系统。根据质量守恒定律，从截面 1-1 进入的流体质量流量应等于从 2-2 截面流出的流体质量流量，于是有

$$W_{s1}=W_{s2}$$

式中，W_{s1} 为截面 1-1 的质量流量，kg/s；W_{s2} 为截面 2-2 的质量流量，kg/s。

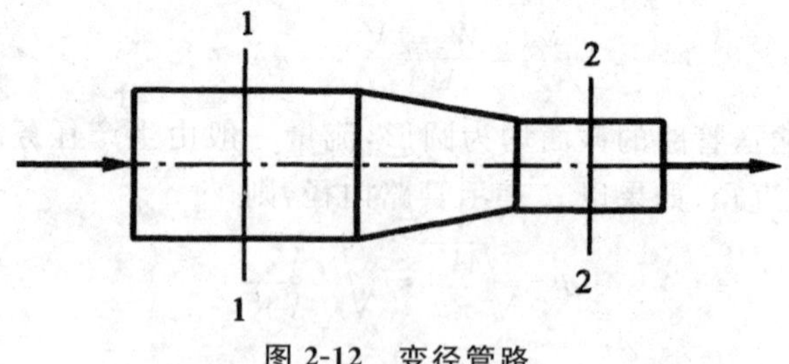

图 2-12　变径管路

由于 $W_s=V_s\rho=\rho uA$，则有

$$V_{s1}\rho_1=V_{s2}\rho_2 \text{ 或 } \rho_1 u_1 A_1=\rho_2 u_2 A_2$$

此式即为流体在管内作定态流动时的连续性方程。式中，V_{s2} 为截面 1-1 的体积流量，m^3/s；ρ_1 为截面 1-1 的流体密度，kg/m^3。A_1 为界面 1-1 流体通过的截面面积，m^2；A_2 为界面 2-2 流体通过的截面面积，m^2。

由此可推广到管道的任一截面，即

$$w_s = u_1 A_1 \rho_1 = u_2 A_2 \rho_2 = \cdots = uA\rho = \text{常数}$$

对于不可压缩流体 $\rho_1 = \rho_2$，得

$$V_{s1} = V_{s2}$$

由此可推广到，对不可压缩流体，ρ 为常数，则上式可简化为

$$V_s = u_1 A_1 = u_2 A_2 = \cdots = uA = \text{常数}$$

可压缩流体在管道中的流动情况比较复杂，即使在直径不变的管道中作定态等温流动，因密度随压强而变，故体积流量和速度都不是常数，但仍然遵循质量守恒定律，即质量流量为常数，因此常采用下面关系描述可压缩流体在管道中的流动情况

$$G = u_1 \rho_1 = u_2 \rho_2 = \cdots = u\rho = \text{常数}$$

此式说明，可压缩流体在管道中流过时质量速度 G 为常数，或速度与密度的乘积为常数，但 u 与 ρ 必须采用同一截面上的数值。

对于圆形管道，有

$$\frac{\pi}{4} d_1^2 u_1 = \frac{\pi}{4} d_2^2 u_2$$

整理后，得

$$\frac{u_1}{u_2} = \frac{d_2^2}{d_1^2} = \frac{A_2}{A_1}$$

式中，u_1 为界面 1-1 的流体流速，m/s；d_1 为界面 1-1 的管道内径，m。

连续性方程式是一个非常重要的基本方程式，可用来计算流体的流速或管径。

2.2.4　流体能量衡算——伯努利方程式

1. 理想流体的伯努利方程

理想流体是指没有黏性的流体，即黏度为 0 的流体。设有一流动系统，如图 2-13 所示。在稳定条件下，如果有 1 kg 的流体通过截面 1-1 进入系统，亦必有 1 kg 的流体从截面 2-2 送出。在这一流动过程中，将涉及以下形式的能量。

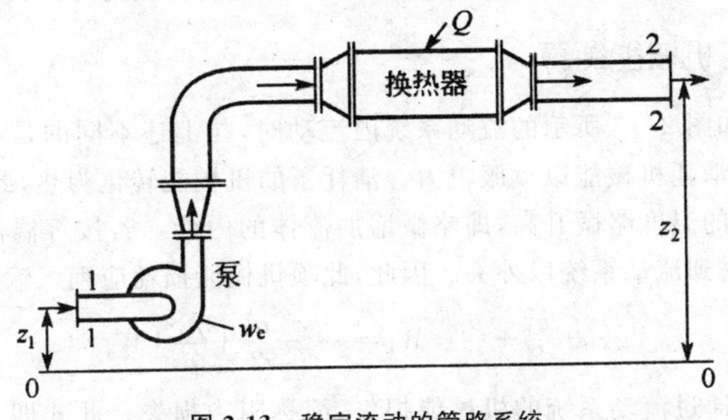

图 2-13　稳定流动的管路系统

内能是贮存在流体内部的能量，主要与流体的温度有关，压力的影响可忽略，用 U 表示。

位能是因流体处于地球重力场内而具有的能量。如果规定一个计算位能起点的基准水平面，则位能等于将流体由基准水平面提升至其上垂直距离为 z 处所做的功，即

$$位能=mgz$$

动能是因流体运动而具有的能量，等于将流体从静止状态加速到流速 u 所做的功，即

$$动能=m\frac{u^2}{2}$$

将流体压进流动系统时需要对抗压力做功，所做的功便成为流体的压力能输入流动系统；将流体压出流动系统时也需要对抗压力做功，所做的功便成为流体从流动系统输出的压力能。

此外，能量也可通过下述途径进出流动系统。

如果管路上连接有加热器或冷却器，流体通过时便吸热或放热。1 kg 流体通过流动系统时所吸收或放出的热量用 q_e 表示，单位为 J/kg。吸热时为正，放热时为负。

外加功简称外功。如果管路上安装了泵或鼓风机等流体输送机械，便有能量（外功）从外界输入流动系统内。反之，流体也可以通过水力机械等向外界做功而输出能量。1 kg 流体通过流动系统时所接受的外功用 W_e 表示，单位为 J/kg。

以上能量可分为两类：

①机械能，即位能、动能、压力能和功，可直接用于输送流体，而且可以在流体流动过程中相互转变，亦可转变为热或内能。

②内能和热，不能直接转变为机械能用于输送流体。

如果撇开内能和热而只考虑机械能，对图 2-13 所示的截面 1-1 与截面 2-2 之间理想流体的稳定流动，存在下述机械能衡算关系

$$gz_1+\frac{u_1^2}{2}+\frac{p_1}{\rho_1}+W_e=gz_2+\frac{u_2^2}{2}+\frac{p_2}{\rho_2}$$

对于不可压缩流体，$\rho_1=\rho_2$；如果流动系统与外界没有功的交换，则 $W_e=0$。于是可化简为

$$gz_1+\frac{u_1^2}{2}+\frac{p_1}{\rho}=gz_2+\frac{u_2^2}{2}+\frac{p_2}{\rho} \tag{2-3}$$

此式即为 1 kg 不可压缩理想流体做稳定流动时的机械能衡算式，称为伯努利方程。

2.实际流体的机械能衡算

当实际流体在如图 2-13 所示的流动系统内流动时，与上述不同的是，由于实际流体有黏性，在管内流动时要消耗机械能以克服阻力。消耗了的机械能转化为热，此热不能自动地变回机械能，只是将流体的温度略微升高，即略微增加流体的内能。若按等温流动考虑，则此微量的热也可以视为散失到流动系统以外去。因此，此项机械能损耗应列入输出项中，即

$$gz_1+\frac{u_1^2}{2}+\frac{p_1}{\rho}+W_e=gz_2+\frac{u_2^2}{2}+\frac{p_2}{\rho}+W_f$$

W_f 为单位质量流体通过流动系统的机械能损失，简称阻力损失。此式即为以 1 kg 流体计的不可压缩实际流体的机械能衡算式。对于可压缩流体，ρ 不为常数。

如果将式(2-3)两边同除以重力加速度 g，再令 $\frac{W_e}{g}=h_e$，$\frac{W_f}{g}=h_f$，则可得到机械能衡算方程为

$$z_1+\frac{u_1^2}{2g}+\frac{p_1}{\rho g}+h_e=z_2+\frac{u_2^2}{2g}+\frac{p_2}{\rho g}+h_f \tag{2-4}$$

显然，式(2-4)中各项的单位均为 m；z 为位头，$p/\rho g$ 为静压头，都代表某液柱高度；这里，$\frac{u^2}{2g}$称为动压头，h_e 称为外加压头，h_f 称为压头损失。位头、静压头和动压头之和称为总能头，用 h 表示。由于“头”为流体柱高度，因此用它来表示流体的各种机械能大小颇为直观。

如果将式(2-4)两边同乘以流体密度 ρ，令 $\rho W_e=\Delta p_e$，$\rho W_f=\Delta p_f$，则可得到以单位体积流体为基准的机械能衡算方程

$$\rho g z_1+\frac{\rho u_1^2}{2}+p_1+\Delta p_e=\rho g z_2+\frac{\rho u_2^2}{2}+p_2+\Delta p_f$$

式中，Δp_e 为以单位体积流体计的外加能量；Δp_f 为压力损失。

3. 伯努力方程讨论

①在理想流体流动过程中，上、下游截面上的机械能之和相等，即

$$gz+\frac{u^2}{2}+\frac{p}{\rho}=\text{常数}$$

②如果流体静止，则 $u=0$，$W_e=0$，$W_f=0$，于是伯努利方程或实际流体的机械能衡算式变为

$$gz_1+\frac{p_1}{\rho}=gz_2+\frac{p_2}{\rho}$$

此即流体静力学方程，可见流体静止状态是流体流动的一种特殊形式。

③如果流动系统无外加功，即 $W_e=0$，则机械能衡算方程可写为

$$gz_1+\frac{u_1^2}{2}+\frac{p_1}{\rho}=gz_2+\frac{u_2^2}{2}+\frac{p_2}{\rho}+W_f$$

由于 $W_f>0$，故上式表明，在无外加功的情况下，流体将自动从总机械能较高处流向较低处，据此可以判定流体的流动方向。

④W_e 是输送机械对 1 kg 流体所做的功，单位时间输送机械所做的有效功称为有效功率，用 N_e 表示，单位为 J/s 或 W，即

$$N_e=W_eW_s$$

实际上，泵所做的功并不是全部有效的，若考虑泵的效率 η，则泵消耗的轴功率应为

$$N=\frac{N_e}{\eta}$$

2.3 流体流动阻力

2.3.1 流动类型与雷诺数

1. 雷诺实验

为了直接观察流体流动时内部质点的运动情况及各种因素对流动状况的影响，可安排如图 2-14 所示的实验。这个实验称为雷诺实验。在水箱 3 内装有溢流装置 6，以维持水位恒定。箱的底部接一段直径相同的水平玻璃管 4，管出口处有阀门 5 以调节流量。水箱上方有装有带颜色液体的小瓶 1，有色液体可经过细管 2 注入玻璃管内。在水流经玻璃管过程中，同时把有色液体送到玻璃管入口以后的管中心位置上。

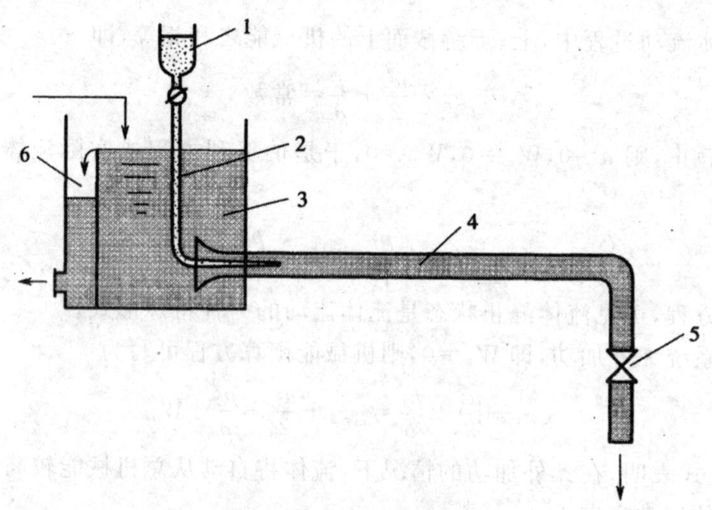

图 2-14 雷诺实验装置

1—小瓶；2—细管；3—水箱；4—水平玻璃管；

5—阀门；6—溢流装置

实验时可以观察到，当玻璃管里水流速度不大时，从细管引到水流中心的有色液体成一直线平稳地流过整根玻璃管，与玻璃管里的水并不相混杂，如图 2-15(a)所示。这种现象表明玻璃管里水的质点是沿着与管轴平行的方向做直线运动。如果把水流速度逐渐提高到一定数值，有色液体的细线开始出现波浪形，速度再增，细线便完全消失，有色液体流出细管后随即散开，与水完全混合在一起，使整根玻璃管中的水呈现均匀的颜色，如图 2-15(b)所示。这种现象表明，水的质点除了沿管道向前运动外，各质点还做不规则的杂乱运动，且彼此相互碰撞并相互混合。质点速度的大小和方向随时发生变化。

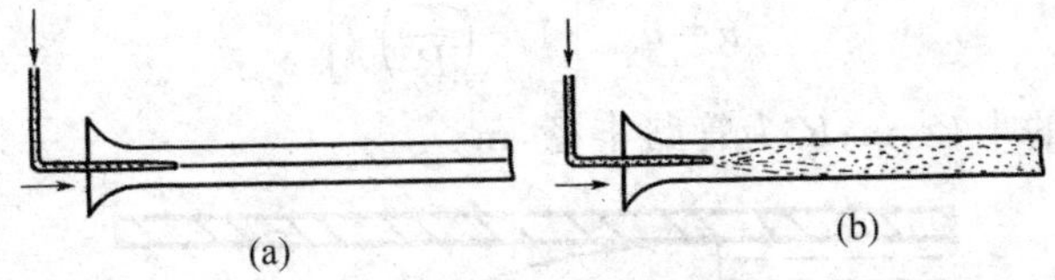

图 2-15　两种流动类型

(a)层流或滞流;(b)湍流或紊流

这个实验显示出流体流动的两种截然不同的类型。一种是如图 2-15(a)的流动,称为层流或滞流;另一种是如图 2-15(b)的流动,称为湍流或紊流。

2. 流型的判据

两种不同流型对流体中发生的动量、热量和质量的传递将产生不同的影响。为此,工程设计上需要能够事先判定流型。

流体在圆管中的流动形态受多方面因素影响,如改变管子直径、流体密度、黏度、速度、温度、压强、摩擦力等因素中某一种或几种,都能引起流体流动状态的改变。如果用函数来表示流动形态与各因素的关系,则可表示为

$$流动形态=f(d,\rho,u,\mu,\lambda,p,t)$$

实验表明流动的几何尺寸(管径 d)、流动的平均速度 u 及流体的密度 ρ 和黏度 μ 对流型从层流到湍流的转变有影响。可以将这些影响因素综合成一个无量纲的数群作为流型的判据,此数群被称为雷诺数,以符号 Re 表示。

$$Re=\frac{du\rho}{\mu}$$

无因次数群是指若干个有内在联系的物理量按无因次组合起来形成的无单位的数,又称为准数或无因次数群。如雷诺准数 Re 就是由直径、流体密度、黏度和速度四种物理量组合起来的无因次数群。

雷诺指出:

①$Re\leqslant 2\ 000$ 时,必定出现层流,此为层流区。

②当 $2\ 000<Re<4\ 000$ 时,有时出现层流,有时出现湍流,依赖于环境,此为过渡区。

③当 $Re\geqslant 4\ 000$ 时,一般都出现湍流,此为湍流区。

需要指出的是,在实际生产中,流体的流动是湍流流型。

雷诺数的物理意义:Re 反映了流体流动中惯性力与黏性力的对比关系,标志流体流动的湍动程度。其值越大,流体的湍动越剧烈,内摩擦力也越大。

3. 流体在圆管内的速度分布

无论何种流动形态的流体在管中的速度分布都是不均匀的,通常把流体在管内流动时各截面上任意点的速度随半径的变化情况,称为速度分布。无论是层流或是湍流,管壁处质点速度均为零,越靠近管中心流速越大,管中心处速度为最大。但两种流型的速度分布却不相同。

(1)层流时的速度分布

层流时的速度分布为抛物线形状,如图 2-16 所示。u 与 u_{max} 的关系为

$$u=u_{\max}\left[1-\left(\frac{r}{R}\right)^2\right]$$

式中，r 为某一段流体的半径，m；R 为管路半径，m。

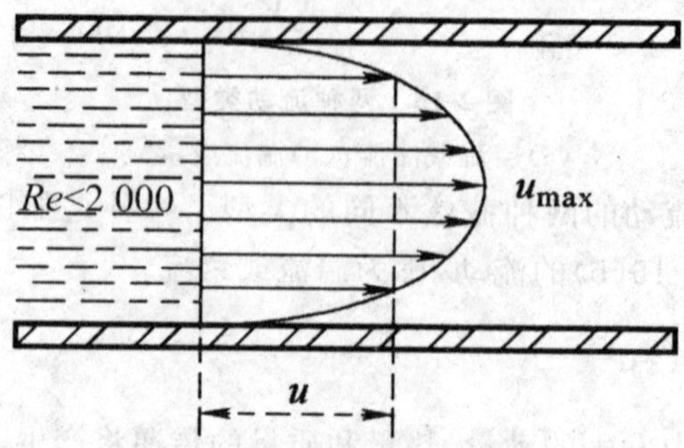

图 2-16 层流时的速度分布

根据流量相等的原则，确定出管截面上的平均速度为

$$u=\frac{q_V}{\pi R^2}=\frac{1}{2}u_{\max}$$

即流体在圆管内作层流流动时的平均速度为管中心最大速度的一半。

(2)湍流时的速度分布

湍流时流体质点的运动状况较层流要复杂得多，截面上某一固定点的流体质点在沿管轴向前运动的同时，还有径向上的运动，使速度的大小与方向都随时变化。湍流的基本特征是出现了径向脉动速度，使得动量传递较之层流大得多。此时剪应力不服从牛顿黏性定律，湍流时的速度分布目前尚不能利用理论推导获得，而是通过实验测定，结果如图 2-17 所示，其分布方程通常表示成以下形式：

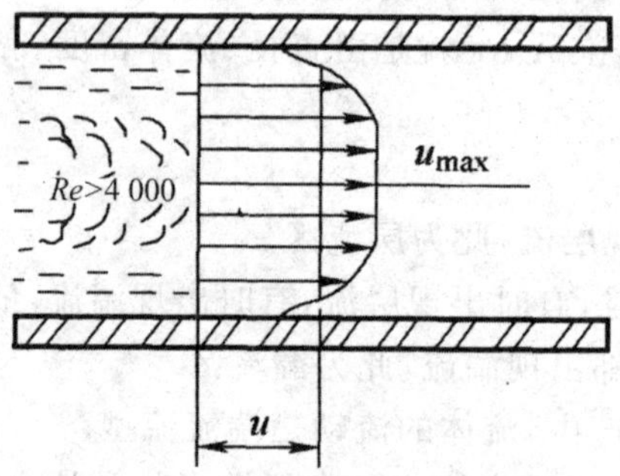

图 2-17 湍流时的速度分布

$$u=u_{\max}\left[1-\frac{r}{R}\right]^2$$

式中，n 与 Re 有关，取值如下：

$$4\times10^4<Re<1.1\times10^5,n=\frac{1}{6}$$

$$1.1\times10^5<Re<3.2\times10^6,n=\frac{1}{7}$$

$$Re>3.2\times10^6,n=\frac{1}{10}$$

当 $n=\frac{1}{7}$时，推导可得流体的平均速度约为管中心最大速度的 0.82 倍，即

$$u\approx 0.82u_{max}$$

2.3.2 流体在直管中的流动阻力

1. 计算直管阻力损失的范宁公式

当流体以匀速 M 在等直径直管内作稳态流动时，如图 2-18 所示。

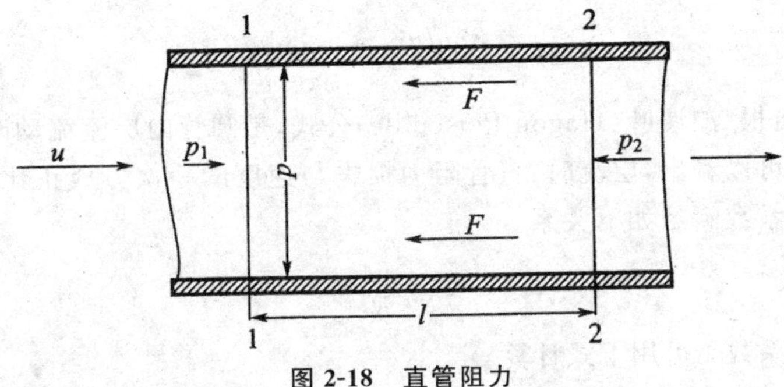

图 2-18 直管阻力

在截面 1-1 和截面 2-2 之间由伯努利方程不难得出

$$\Delta p=p_2-p_1=-\Delta p_f=-\rho h_f$$

在匀速稳态流动下，截面 1-1 和截面 2-2 之间的流体柱处于受力平衡状态，该流体柱在水平方向受到的净压力和表面摩擦阻力大小相等、方向相反，因而有

$$\Delta p\frac{\pi}{4}=-\tau\pi dl$$

式中，d 为直管的直径；l 为截面 1-1 和截面 2-2 之间的流体柱的长度；τ 为流体柱外表面所受的剪应力。于是有

$$h_f=4\frac{l}{\rho d}\tau=\frac{8\tau}{\rho u^2}\times\frac{l}{d}\times\frac{u^2}{2} \tag{2-5}$$

令 $\lambda=\frac{8\tau}{\rho u^2}$，则

$$h_f=\lambda\frac{l}{d}\times\frac{u^2}{2}\text{或}\ \Delta p_f=\lambda\frac{l}{d}\times\frac{\rho u^2}{2} \tag{2-6}$$

式(2-5)或式(2-6)称为范宁公式，是计算圆形直管阻力损失的通用公式。范宁公式对于层流和湍流均适用，式中，λ 是无量纲的系数，称为摩擦系数。它是雷诺数的函数或者是雷诺数与管壁粗糙度的函数。由于雷诺数与流动型态有关，因此直管阻力损失也与流动型态有关。

式(2-6)中摩擦系数 λ 为 Re 数和相对粗糙度的函数，即

$$\lambda=\varphi\left(Re,\frac{\varepsilon}{d}\right)$$

2.层流流动时的直管阻力损失

当流体在圆形直管内作层流流动时

$$u_m=\frac{1}{8\mu}\left(-\frac{dp}{dl}\right)r_0^2$$

用 u 表示管截面上的平均流速 u_m，在稳态流动下，流速 μ 为常数，对于图 2-18 所示截面 1-1 和截面 2-2 之间的流体柱，进行积分得

$$\Delta p=p_2-p_1=-\frac{32\mu lu}{d^2}$$

显然，在此情况下，$\Delta p=-\Delta p_f$，所以

$$\Delta p_f=\frac{32\mu lu}{d^2}\text{或 }h_f=\frac{32\mu lu}{\rho d^2} \tag{2-7}$$

式(2-7)称为哈根-泊谡叶(Hagon-Poiseuille)公式，是圆管内层流流动时直管阻力损失的计算公式。由该式可以看出，层流时，直管阻力损失与速度的一次方成正比，与范宁公式比较可知层流时的摩擦系数满足如下关系

$$\lambda=\frac{64}{Re}$$

湍流时的摩擦系数 λ 可用下式计算

$$\frac{1}{\sqrt{\lambda}}=1.74-2\lg\left(\frac{2\varepsilon}{d}+\frac{18.7}{Re\sqrt{\lambda}}\right)$$

3.管壁粗糙度对摩擦系数的影响

化工生产中所铺设的管道，按其材料的性质和加工情况，大致可分为光滑管与粗糙管两大类。通常把玻璃管、黄铜管、塑料管等列为光滑管；把钢管和铸铁管等列为粗糙管。实际上，即使是用同一材质的管子铺设的管道，由于使用时间的长短，腐蚀与结垢的程度不同，管壁的粗糙程度也会有很大的差异。

管壁粗糙度可用绝对粗糙度与相对粗糙度来表示。绝对粗糙度是指壁面凸出部分的平均高度，以 ε 表示。在选取管壁的绝对粗糙度 ε 值时，必须考虑到流体对管壁的腐蚀性，流体中的固体杂质是否会黏附在壁面上以及使用情况等因素。

相对粗糙度是指绝对粗糙度与管道直径的比值，即 $\frac{\varepsilon}{d}$。管壁粗糙度对摩擦系数 λ 的影响程度与管径的大小有关，如对于绝对粗糙度相同的管道，直径不同，对 λ 的影响就不同，对直径小的影响较大。所以在流动阻力的计算中不但要考虑绝对粗糙度的大小，还要考虑相对粗糙度的大小。

流体作层流流动时，管壁上凹凸不平的地方都被层流的流体层覆盖，而流动速度又比较缓慢，流体质点对管壁凸出部分不会有碰撞作用。所以，在层流时，摩擦系数与管壁粗糙度无关。当流体作湍流流动时，靠管壁处总是存在着一层层流内层，如果层流内层的厚度 δ_b 大于壁面的绝对粗糙度，即 $\delta_b>\varepsilon$，如图 2-19(a)所示，此时管壁粗糙度对摩擦系数的影响与层流相近。随着 Re 数的增加，层流内层的厚度逐渐变薄，当 $\delta_b<\varepsilon$ 时，如图 2-19(b)所示，壁面凸出部分便

伸入湍流区内与流体质点发生碰撞，使湍动加剧，此时壁面粗糙度对摩擦系数的影响便成为重要的因素。*Re* 值越大，层流内层越薄，这种影响越显著。

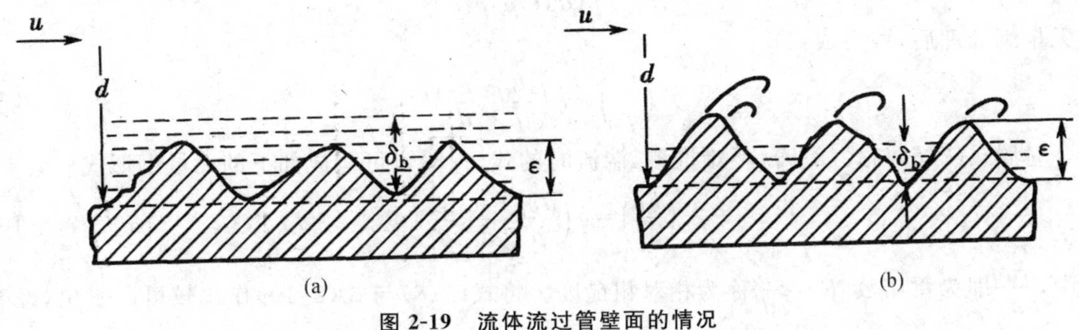

图 2-19　流体流过管壁面的情况

(a)$\delta_b>\varepsilon$；(b)$\delta_b<\varepsilon$

4. 湍流时直管阻力损失的研究方法

层流时阻力损失的计算式是由理论推导得到的。湍流时由于情况复杂得多，未能得出理论式，但可以通过实验研究，获得经验的计算式。这种实验研究方法是化工中常用的方法。因此本节通过湍流时直管阻力损失的实验研究，对此法作介绍。实验研究的基本步骤如下所示。

(1)析因实验

析因实验用于对所研究的过程做初步的实验和经验的归纳，尽可能地列出影响过程的主要因素。

对于湍流时直管阻力损失 h_f，经分析和初步实验获知诸影响因素如下：

①流体性质：密度 ρ、黏度 μ。

②流动的几何尺寸：管径 d、管长 l、管壁粗糙度 ε(管内壁表面高低不平)。

③流动条件：流速 u。

于是待求的关系式应为

$$h_f=f(d,l,\mu,\rho,u,\varepsilon) \tag{2-8}$$

(2)规划实验——减少实验工作量

当一个过程受多个变量影响时，通常用网络法通过实验以寻找自变量与过程结果的关系。式(2-8)需要多次改变一个自变量的数值测取 h_f 的值而其他自变量保持不变。这样，自变量个数越多，所需的实验次数将急剧增加。为减少实验工作量，需要在实验前进行规划，包括应用正交设计法、量纲分析法等，以尽可能减少实验次数。

量纲分析法是通过将变量组合成无量纲数群，从而减少实验自变量的个数，大幅度地减少实验次数，因此在化工上广为应用。

量纲分析法的基础是：任何物理方程的等式两边或方程中的每一项均具有相同的量纲，此称为量纲和谐或量纲的一致性。从这一基本点出发，任何物理方程都可以转化成无量纲形式(具体的量纲分析方法可参阅附录或其他有关著作)。

以层流时的阻力损失计算式为例，不难看出，式(2-7)可以写成如下形式

$$\left(\frac{h_f}{u^2}\right)=32\left(\frac{l}{d}\right)\left(\frac{\mu}{du\rho}\right) \tag{2-9}$$

式中，每一项都为无量纲项，称为无量纲数群。

换言之，未作无量纲处理前，层流时阻力的函数形式为

$$h_f = f(d, l, \mu, \rho, u)$$

作无量纲处理后，可写成

$$\left(\frac{h_f}{u^2}\right) = \varphi\left(\frac{du\rho}{\mu}, \frac{l}{d}\right)$$

对照式(2-8)与式(2-9)，不难推测，湍流时的式(2-8)也可写成如下的无量纲形式

$$\left(\frac{h_f}{u^2}\right) = \varphi\left(\frac{du\rho}{\mu}, \frac{l}{d}, \frac{\varepsilon}{d}\right) \tag{2-10}$$

式中，$\frac{du\rho}{\mu}$即为雷诺数(Re)；$\frac{\varepsilon}{d}$称为相对粗糙度。将式(2-8)与式(2-10)作比较可以看出，经变量组合和无量纲化后，自变量数目由原来的 6 个减少到 3 个。这样进行实验时无须一个个地改变原式中的 6 个自变量，而只要逐个地改变 Re、$\left(\frac{l}{d}\right)$和$\left(\frac{\varepsilon}{d}\right)$即可。显然，所需实验次数将大大减少，避免了大量的实验工作量。

无量纲化是一项简单的工作，但由此带来的好处却是巨大的。因此，实验前的无量纲化工作是规划一个实验的一种有效手段。

5. 摩擦系数图

为计算方便，可将摩擦系数 λ 对 Re 和$\frac{\varepsilon}{d}$的关系曲线标绘在双对数坐标上，如图 2-20 所示。图中有 4 个不同的区域：

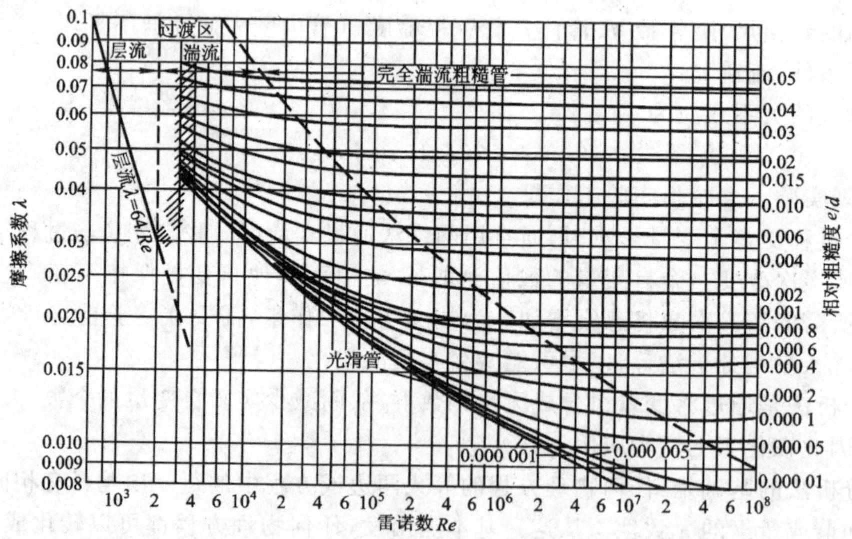

图 2-20　管流摩擦系数 λ 与雷诺数 Re 及相对粗糙度$\frac{\varepsilon}{d}$的关系

①层流区：$Re \leqslant 2\,000$。λ 与 Re 呈线性关系，且 λ 与$\frac{\varepsilon}{d}$无关。

②过渡区：Re=2 000～4 000。在计算此区域内的流动阻力时，为安全起见，λ 值的求取推荐由湍流时的曲线延伸查得。

③湍流区：$Re \geqslant 4\ 000$ 及虚线以下的区域。在该区域内，λ 既与 Re 有关，又与 $\frac{\varepsilon}{d}$ 有关。

④完全湍流区：图 2-20 中虚线以上的区域。在该区域内 λ 只与 $\frac{\varepsilon}{d}$ 有关，而不随 Re 改变。此区域内，当 $\frac{\varepsilon}{d}$ 一定时，λ 为常数，$h_f \propto u^2$，因而该区域又称为阻力平方区。

6. 非圆形管内流动阻力

在化工厂常常会遇到非圆形管道，如有些气体管道是方形的，套管换热器两根同心圆管间的通道是圆环形的，而计算 Re 及 h_f 式中的 d 都是圆管的直径。对非圆形通道计算 Re 值及 h_f 时，必须找出一个与圆形管管径相当的量代替，才能算出 Re 数及 h_f，为此引入水力半径的概念。它的定义是

$$\text{水力半径 } r_H = \frac{\text{流通截面积}}{\text{润湿周边}}$$

圆形管道的水力半径为

$$r_H = \frac{\frac{\pi}{4}d^2}{\pi d} = \frac{d}{4}$$

上式说明圆形管直径等于 4 倍水力半径，把这个概念推广到非圆形管，令 d_e 代表非圆形管的"直径"，称为当量直径，则

$$d_e = 4r_H$$

所以计算非圆形管的 h_f 时可用

$$h_f = \lambda \frac{l}{d_e} \frac{u^2}{2}$$

用图 2-20 查 λ 时，$\frac{\varepsilon}{d}$ 及 Re 数中的 d 也应改用 d_e，但速度仍然要用实际流通面积计算。

当量直径用于湍流情况下的阻力计算才比较可靠。应用于矩形管时，截面的长宽之比不能超过 3∶1，用于环形截面时，可靠性较差。层流时应用当量直径计算阻力的误差就很大，必须采用 $d_e = 4r_H$。另外，还须对层流时摩擦系数 λ 进行修正，即

$$\lambda = \frac{C}{Re}$$

式中，C 为修正常数，一些常见的非圆形管道 C 值见表 2-1。

表 2-1　部分常见的非圆形管道 C 值

管道形状	正方形	等边三角形	环形	长方形 长∶宽＝2∶1	长方形 长∶宽＝4∶1
C	57	53	96	62	73

2.3.3　流体在管路中的局部阻力

各种管件都会产生阻力损失。和直管阻力的沿程均匀分布不同，这种阻力损失是由管件内流道多变造成的，因而称为局部损失。局部阻力损失是由于流道的急剧变化使流动边界层分离，所产生的大量涡旋消耗了机械能。

当流体流经弯头、阀门、三通、管进出口等处时，由于流体的流速或流动方向突然发生变化，产生边界层分离和涡流，从而导致形体阻力损失。由于引起局部损失机理的复杂性，目前只有少数情况可进行理论分析，多数情况需要实验方法确定。局部损失的计算有两种方法：阻力系数法和当量长度法。

1. 阻力系数法

阻力系数法将局部损失表达成平均动能的某一个倍数，即

$$h_f=\zeta\frac{u^2}{2}$$

式中，ζ 为局部阻力系数，以下简称阻力系数，由实验测定。

常用管件和阀件的局部阻力系数见表 2-2。

表 2-2　常用管件和阀件的局部阻力系数

名称	阻力系数	$\frac{l_e}{d}$
45°弯头	0.35	17
90°弯头	0.75	35
三通	1	20
回弯头	1.5	75
管接头	0.04	2
活接头	0.04	2
球式止逆阀	70	3 500
闸阀全开	0.17	9
闸阀半开	4.5	225

续表

名称	阻力系数	$\frac{l_e}{d}$
截止阀全开	6.0	300
截止阀半开	9.5	475
角阀半开	2	100
盘式水表	7	350
摇摆式止逆阀	2	100

现在讨论两种常见的阻力系数。

(1)突然扩大

突然扩大时产生阻力损失的原因在于边界层脱体。如图 2-21 所示，当流体流过突然扩大的管道时，流速减小，压力相应增大，流体在这种逆压流动过程中极易发生边界层分离，即流股与壁面之间的空间产生涡流，使高速流体的动能大部分变为热而散失。

通过理论分析可以证明突然扩大的阻力系数

$$\zeta=\left(1-\frac{A_1}{A_2}\right)^2$$

式中，A_1、A_2 分别为小管、大管的横截面积。

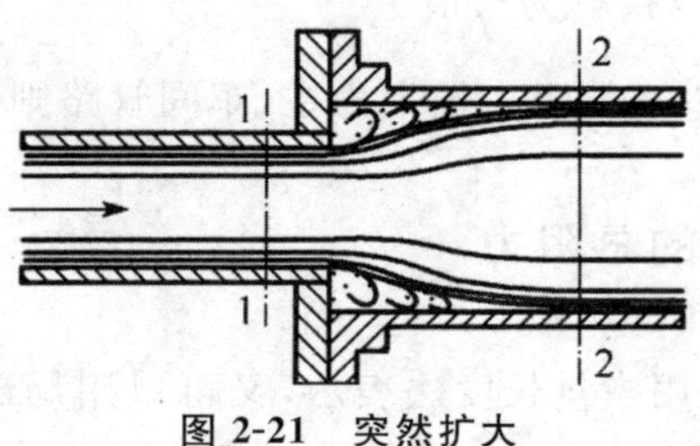

图 2-21　突然扩大

当流体从管内流出到容器时，相当于突然扩大时$\frac{A_1}{A_2}\approx 0$ 的情况，由上式可知此时的阻力系数 $\zeta_o=1$，称为管出口阻力系数。

(2)突然缩小

当流体由大管流入小管时，如图 2-22 所示，流股突然缩小，由于流动惯性，流股将继续缩小，直到截面 0-0 处，流股截面缩到最小，此处称为缩脉。经过缩脉后，流股开始逐渐扩大，直至在截面 1-1 处重新充满整个管截面。在缩脉之前，管内压力是逐渐减小的，而在缩脉之后则与突然扩大情形类似，会产生边界层分离和涡流。可见，突然缩小的阻力损失主要在于突然扩大。

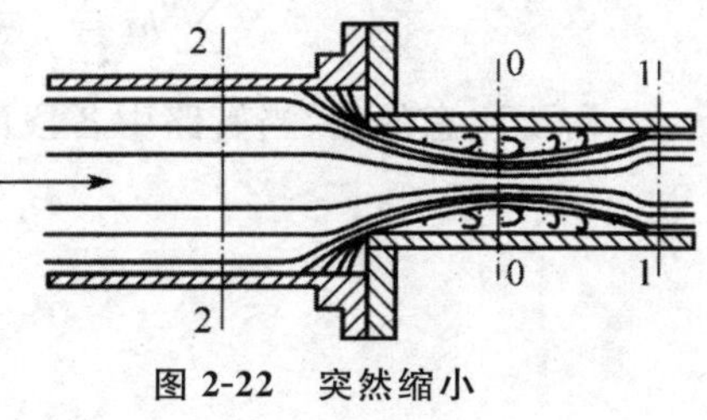

图 2-22　突然缩小

其他管件如各种阀门都会由于流道的急剧改变而发生类似的现象，造成局部阻力损失。

不同$\frac{A_1}{A_2}$下的 ζ 值见表 2-3。

表 2-3　突然缩小阻力系数 ζ 与 $\frac{A_1}{A_2}$ 的关系

$\frac{A_1}{A_2}$	0	0.2	0.4	0.6	0.8	1.0
ζ	0.5	0.45	0.36	0.21	0.07	0

当流体从容器流进管道时，相当于突然缩小时 $A_1/A_2 \approx 0$ 的情形，此时阻力系数 $\zeta_i = 0.5$，称为管入口做得圆滑，则 ζ_i 可以小很多。

计算突然扩大、突然缩小的阻力损失时，都应按小管内的流速计算动能项。

2. 当量长度法

此法是将流体流过管件、阀门等所产生的局部阻力损失折合成相当于流体流过长度为 l_e 的同直径的管道时所产生的阻力损失。l_e 称为管件、阀门的当量长度。于是局部阻力损失可用下式计算：

$$h_f = \lambda \frac{l_e}{d} \frac{u^2}{2}$$

式中，l_e 值由实验测定。工业上为了使用方便，常用 $\frac{l_e}{d}$ 值表示，表 2-2 列出了某些管件和阀门的 $\frac{l_e}{d}$ 值。另外，ζ 值乘以 50 可以换算为 $\frac{l_e}{d}$ 值。

实际应用时，长距离输送以直管阻力损失为主；车间管路则往往以局部阻力为主。

2.3.4　流体在管路中的总阻力

总阻力损失的计算既可以用当量长度法表示，又可以用局部阻力系数法表示。总的阻力损失的当量长度法可表示为

$$\sum h_f = \lambda \frac{l}{d} \frac{u^2}{2} + \lambda \frac{\sum l_e}{d} \frac{u^2}{2} = \lambda \frac{(l + \sum l_e)}{d} \frac{u^2}{2}$$

总阻力损失的计算用局部阻力系数法表示为

$$\sum h_f = \lambda \frac{l}{d} \frac{u^2}{2} + \sum \zeta \frac{u^2}{2} = \left(\lambda \frac{l}{d} + \sum \zeta\right) \frac{u^2}{2}$$

需要注意的是，当管路中各段的流速不同时，则总阻力损失应按各段分别计算，再加和。

2.4　管路计算

2.4.1　简单管路计算

简单管路可以是管径不变的单一管路，也可以是由若干异径管段串联组成的管路。

如图 2-23 所示为一典型的简单管路系统。简单管路是单一管路，即没有分支和汇合的管路。

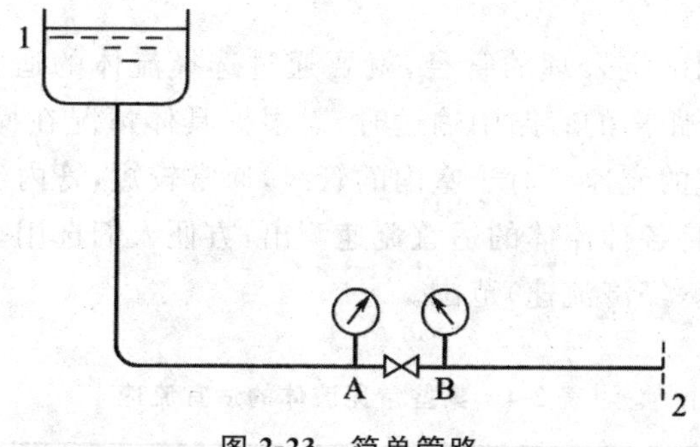

图 2-23　简单管路

简单管路的特点：通过各管段的质量流量不变，对不可压缩流体，则体积流量不变，整个管路的总摩擦损失为各管段摩擦损失之和。

该管路的阻力损失由三部分组成：h_{f1-A}、h_{fA-B}、h_{fB-2}。其中 h_{fA-B}是阀门的局部阻力。设起初阀门全开，各点虚拟压强分别为 P_1、P_A、P_B 和 P_2。因管子串联，各管段内的流量 V_s 相等。

现将阀门由全开转为半开，上述各处的流动参数发生如下变化：

①阀关小，阀门的阻力系数增大，h_{fA-B}增大，出口及管内各处的流量 V_s 随之减小。

②在管段 1-A 之间考察，流量降低使 h_{f1-A}随之减小，阀 A 处虚拟压强缎将增大。因 A 点高度未变，P_A 的增大即意味着压强 p_A 的升高。

③在管段 B-2 之间考察，流量降低使 h_{fB-2}随之减小，虚拟压强 P_B 将下降。同理，P_B 的下降即意味着压强 p_B 的减小。

由此可引出如下结论：

①任何局部阻力系数的增加将使管内的流量下降。

②下游阻力增大将使上游压强上升。

③上游阻力增大将使下游压强下降。

④阻力损失总是表现为流体机械能的降低，在等径管中则为总势能（以虚拟压强 P 表示）的降低。

下游情况的改变影响上游充分体现出流体作为连续介质的运动特性，表明管路应作为一个整体加以考察。

简单管路计算按其目的不同可分为设计型和操作型两类。这两类问题的计算方法都是联立求解连续性方程、机械能衡算方程、摩擦损失计算式，但由于这两类问题已知量不同，计算过程也不相同。

1. 设计型问题

设计型问题是指管路还没有存在，要按生产给定的输送任务，设计经济上合理的管路。

在化工生产中，管路配置是一项重要的技术问题，管路直径的大小与工程所需费用有着直接的关系。很显然，如果选用较小的管径，设备投资少，但在规定的流量下，管径越小其流速越大，流动阻力越大，能量损失增大，由此增大了输送流体的动力消耗。反之，则将使得设备投资增加。因此，选择的管径不宜太大或太小，要合理考虑，以设备折旧费用与动力消耗费用之和最小为确定原则。

如果要按照上述原则确定合理的管径，就要通过选择流体的适宜流速来达到这一目的。所以当流体以大流量在长距离的管路中输送时，需根据具体情况在操作费用与基建费用之间通过经济权衡来确定适宜的流速。对于室内的管线，通常较短，管内流速可选用经验数据。经过大量的实验，研究人员将各种流体的适宜流速测出，方便人们选用。表 2-4 所示为某些常见流体在管道中的适宜流速(经济流速)范围。

表 2-4　某些常见流体的适宜流速

流体种类及状况	适宜流速 u/(m/s)	流体种类及状况	适宜流速 u/(m/s)
水及低黏度液体	1～3	高压空气	15～25
黏度较大的液体	0.5～1.0	饱和水蒸气	20～40
低压空气	10～15	过热水蒸气	30～50

要选择合适的管子，首先要根据流体的工作压力和温度、流体的腐蚀性来确定管材和类型。一般常压流体可选用有缝钢管，高压流体可根据压强的高低选用合用的无缝钢管，一些特殊情况，则可选择合用的合金管及其他材料制造的管子。然后根据流体的性质由表 2-4 确定适宜流速，当适宜流速确定以后，可以由下式算出管径。即

$$d_i=\sqrt{\frac{4q_{V,s}}{\pi u}}$$

最后由计算所得的管径，从有关手册查取管子的标准，选用与计算内径相近的标准管径，通常可向偏大的内径选用。这种由计算数据去选用某种标准的过程，在化工计算中称为圆整。

通常设计型问题就是要首先选定适宜流速算出管径 d。在选择流速时，应考虑流体的性质，如黏度较大的流体，流速应较低；含有固体悬浮物的液体，为防止管路的堵塞，流速则不能取得太低；密度较大的液体，流速不宜高；而密度很小的气体，流速则可取得比液体的大得多；气体输送中，容易获得压力的气体，流速可高；而对一般气体，输送的压力来之不易，流速不宜太高；对于真空管路，流速的选择必须保证产生的压降低于允许值。

典型的设计型命题是已知管长、管件和阀门的设置及流体的输送量，需液点的压强和高度 J 选择管径、计算流体通过该管路系统的能量损失，以便最终确定供液点处的压强、高度或输送设备所加入的外功。

2. 操作型问题

操作型问题是指管路系统已定，要求核算出在给定条件下管路系统的输送能力或某项技术指标。

在这类问题中，如果输送能力未知，则平均流速 u 未知，而 λ 又是 u 的复杂函数，因此，在联立求解连续性方程、机械能衡算方程和摩擦损失计算式时就需要试差。因为 λ 变化范围不

大，试差计算时通常将 λ 作为试差变量，可取已进入阻力平方区的 λ 作为计算初值，或在其常见值 0.02～0.03 取一值作为初值。

这类问题的命题如下所示。

① 给定条件：d、l、$\sum\zeta$、ε、P_1、P_2。

计算目的：输送量 V_s。

② 给定条件：d、l、$\sum\zeta$、ε、P_2、V_s。

计算目的：P_1。

计算的目的不同，命题中需给定的条件亦不同。但是，在各种操作型问题中，有一点是完全一致的，即都是给定了 6 个变量，方程组有唯一解。在第一种命题中，为求得流量 V_s，必须先计算流速 u 和 λ。由于 λ 是一个复杂的非线性函数，故上述求解过程需试差或迭代。

由于此类命题中的流速为未知，阻力无法求取，要想确定管中的流速或流量，就必须采用试差法或迭代法。

2.4.2　复杂管路

1. 并联管路

由两个或两个以上简单管路并接而成的管路，称为并联管路，如图 2-24 所示。

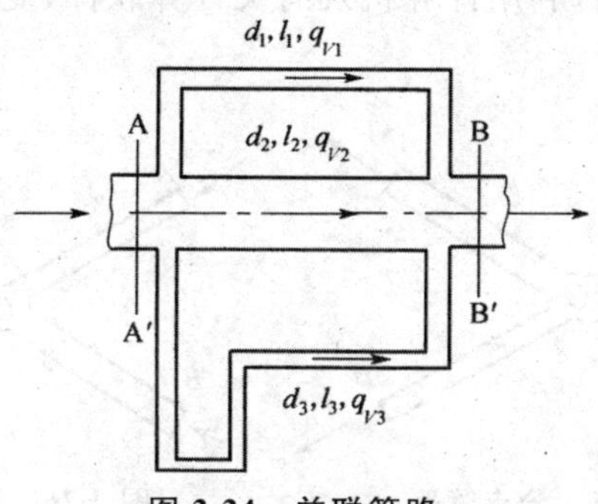

图 2-24　并联管路

主管中的流量为并联的各支管流量之和，对于不可压缩性流体，则有

$$q_V = q_{V1} + q_{V2} + q_{V3}$$

并联管路中各支管的能量损失均相等，即

$$\sum W_{f1} = \sum W_{f2} = \sum W_{f3} = \sum W_{fAB}$$

图 2-24 中，A-A' 与 B-B' 两截面之间的机械能差是由流体在各个支管中克服阻力造成的，因此，对于并联管路而言，单位质量的流体无论通过哪一根支管，能量损失都相等。所以，计算并联管路阻力时，可任选一根支管计算，但绝不能将各支管阻力加合在一起作为并联管路的阻力。

对于并联管路中的任一支路

$$\sum W_{fi}=\lambda_i\frac{\left(l+\sum l_e\right)_i}{d_i}\times\frac{u_i^2}{2}=\lambda_i\frac{\left(l+\sum l_e\right)_i}{d_i}\times\frac{1}{2}\left(\frac{4q_{Vi}}{\pi d_i^2}\right)^2=\frac{8\lambda_i q_{Vi}^2\left(l+\sum l_e\right)_i}{\pi^2 d_i^5}$$

可得并联管路中各支路的流量比为

$$q_{V1}:q_{V2}:q_{V3}=\sqrt{\frac{d_1^5}{\lambda_1\sum l_1}}:\sqrt{\frac{d_2^5}{\lambda_2\sum l_2}}:\sqrt{\frac{d_3^5}{\lambda_3\sum l_3}}$$

由此可知，在并联管路中，各支管的流量比与管径、管长、阻力系数有关。支管越长、管径越小、阻力系数越大，其流量越小，反之亦然。

2. 分支管路与汇合管路

分支管路是指流体由一根总管分流为几根支管的情况，如图 2-25 所示。总管流量等于各支管流量之和，对于不可压缩性流体，有

$$q_V=q_{V1}+q_{V2}$$

虽然各支管的流量不等，但在分支处 O 点的总机械能为一定值，表明流体在各支管流动终了时的总机械能与能量损失之和必相等，即

$$\frac{p_A}{\rho}+z_A g+\frac{1}{2}u_A^2+\sum W_{fOA}=\frac{p_B}{\rho}+z_B g+\frac{1}{2}u_B^2+\sum W_{fOB}$$

汇合管路是指几根支路汇总于一根总管的情况，如图 2-26 所示，其特点与分支管路类似。

将复杂管路的特点与简单管路的计算方法相结合，即可对复杂管路进行计算，只是过程繁杂，特别是会多次遇到试差。若利用计算机及有关计算软件，复杂管路的计算可大为简化和精确。这里从略。

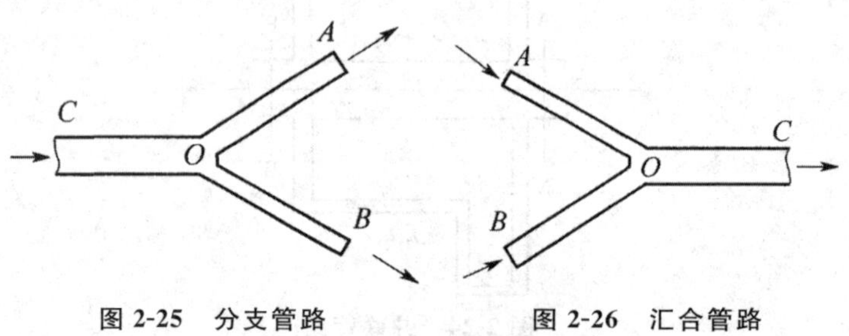

图 2-25　分支管路　　图 2-26　汇合管路

2.5　流体输送机械

2.5.1　离心泵

离心泵是化工生产中应用最广泛的泵，是一种常用的液体输送机械，属于动设备，运行过程中出现泄漏等故障的可能性相对较大，所以在化工生产中通常是将两台离心泵并联安装，一台运行一台备用。其特点是结构简单、流量均匀、操作方便、易于控制等。近年来，随着化学工

业的迅速发展，离心泵正朝着高效率、高转速、安全可靠方向发展。

如图 2-27 所示为离心泵的装置简图，其基本部件是旋转的叶轮和固定的泵壳。具有若干弯曲叶片的叶轮安装在泵壳内并紧固于泵轴上，泵轴可由电动机带动旋转。泵壳中央的吸入口与吸入管路相连接，在吸入管路底部装有单向底阀。泵壳侧旁的排出口与排出管路相连接，其上装有调节阀。

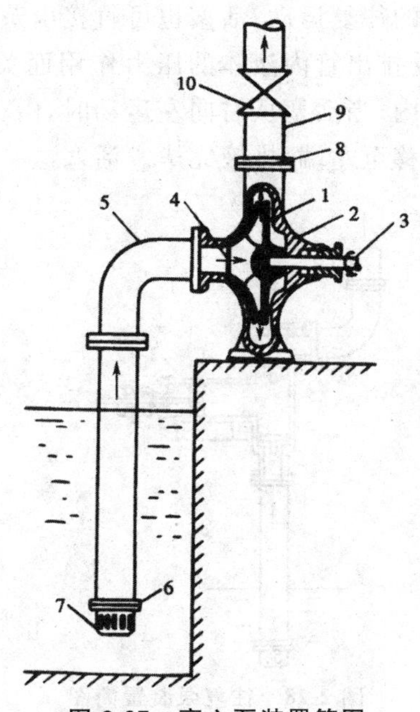

图 2-27 离心泵装置简图

1—叶轮；2—泵壳；3—泵轴；4—吸入口；5—吸入管；6—单向底阀；
7—滤网；8—排出口；9—排出管；10—调节阀

离心泵在启动前需先向壳内充满被输送的液体，启动后泵轴带动叶轮一起旋转，迫使叶片间的液体旋转。液体在惯性离心力的作用下自叶轮中心被甩向外周并获得了能量，使流向叶轮外周的液体的静压力增高，流速增大。液体离开叶轮进入泵壳后，因壳内流道逐渐扩大而使液体减速，部分动能转换成静压能。于是，具有较高压力的液体从泵的排出口进入排出管路，被输送到所需的场所。当液体自叶轮中心甩向外周的同时，在叶轮中心产生低压区。由于贮槽液面上方的压力大于泵吸入口的压力，致使液体被吸进叶轮中心。因此只要叶轮不断地旋转，液体便连续地被吸入和排出。由此可见，离心泵之所以能输送液体，主要是依靠高速旋转的叶轮，液体在惯性离心力的作用下获得了能量，提高了压力。

离心泵启动时，如果泵内存有空气，由于空气密度很小，旋转后产生的离心力小，因而叶轮中心区所形成的低压不足以将贮槽内的液体吸入泵内，虽启动离心泵也不能输送液体。此种现象称为气缚，表示离心泵无自吸能力，所以在启动前必须向壳内灌满液体。离心泵装置中吸入管路的底阀的作用是防止启动前灌入的液体从泵内流出，滤网则可以阻拦液体中的固体颗粒被吸入而堵塞管道和泵壳。排出管路上装有调节阀，可供开工、停工和调节流量时使用。

2.5.2 往复泵

往复泵是容积式输送机械，其结构如图 2-28 所示。往复泵的主要部件包括泵缸、活塞、活塞杆、吸入阀以及排出阀。其中吸入阀和排出阀均为单向阀。活塞由电动的曲柄连杆机构带动，把曲柄的旋转运动变为活塞的往复运动；活塞也可直接由蒸汽机驱动。当活塞从左向右运动时，泵缸内形成低压，排出阀受排出管内液体的压力作用而关闭；吸出阀由于受池内液压的作用而打开，池内液体被吸入缸内；当活塞从右向左运动时，由于缸内液体压力增加，吸入阀关闭，排出阀打开向外排液。活塞移至左端，排液完毕。活塞这一来回称为一个工作循环。

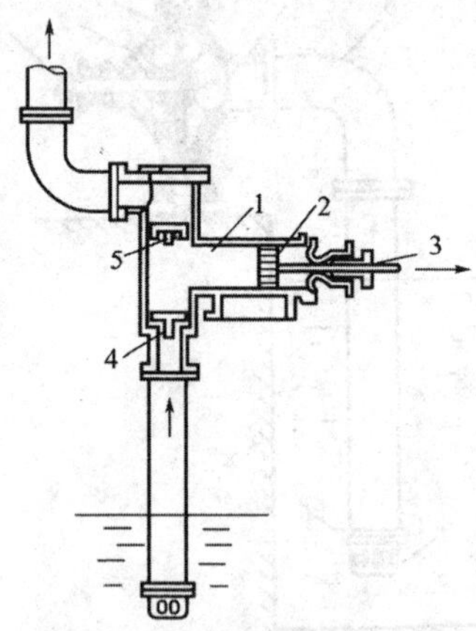

图 2-28　往复泵装置简图

1—泵缸；2—活塞；3—活塞杆；4—吸入阀；5—排出阀

往复泵是依靠活塞的往复运动直接以压力能的形式向液体提供能量。为耐高压，活塞和连杆往往用柱塞代替。活塞在左右两端之间移动的距离称为冲程。在一个循环中，吸液、排液各一次，交替进行。这类泵称为单动泵，其输送液体不连续。如果活塞两侧都装有阀室，活塞的每一次行程都在吸液和向管路排液，因而供液连续，这类往复泵称为双动往复泵(图 2-29)。

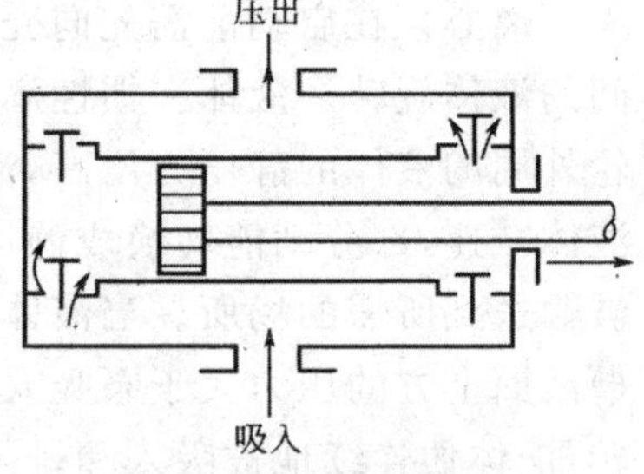

图 2-29　双动往复泵

根据往复泵的工作原理可知，往复泵的低压是靠工作室的容积的扩张增大造成的。因此，往复泵启动时无须先将液体充满泵体，亦即往复泵具有自吸能力。但是，和离心泵相同，往复泵的安装高度同样受到限制，因为它们都是依赖外界与泵内压差吸入液体的。

2.5.3 齿轮泵

齿轮泵的结构如图 2-30 所示，泵壳内有两个齿轮，一个是靠电机带动旋转，称为主动轮，另一个是靠与主动轮相啮合而转动，称为从动轮。两齿轮与泵体间形成吸入和排出两个空间。当齿轮按图 2-30 中所示的箭头方向转动时，吸入空间内两轮的齿互相拨开，形成了低压而将液体吸入,液体分两路在齿轮与壳体的空隙间被齿轮推动前进,并随齿轮转动达到排出空间。由于排出空间两个齿轮的齿互相合拢,齿端与外壳间缝隙很小,使液体不致返回,于是形成高压由排液口排出。

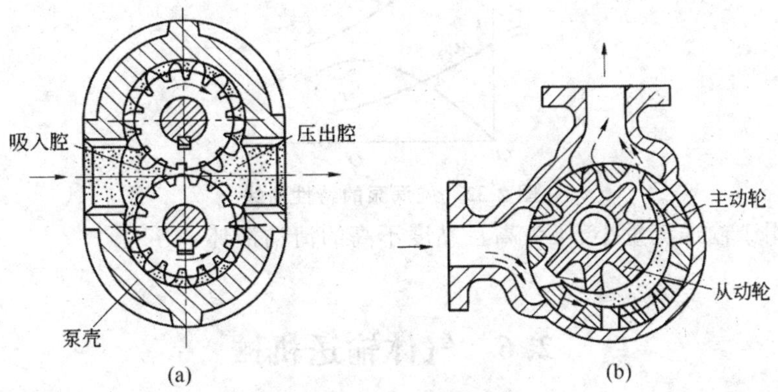

图 2-30　齿轮泵的结构

泵可用于输送黏稠液体以至膏状物,例如,向离心油泵的填料函灌注封油。但不能输送有固体颗粒的悬浮液。

2.5.4　旋涡泵

旋涡泵是两种特殊类型的离心泵,其结构如图 2-31 所示,也是由叶轮与泵壳组成。其泵壳呈圆形,叶轮为一圆盘,四周铣有凹槽,呈辐射状排列。泵的吸入口与排出口由与叶轮间隙极小的间壁隔开。与离心泵的工作原理相同,旋涡泵也是借离心力的作用给液体提供能量。当叶轮在泵壳内旋转时,泵内液体在随叶轮旋转的同时又在引水道与各叶片之间作反复的迂回运动,因而被叶片拍击多次,获得较高能量,压头较高。

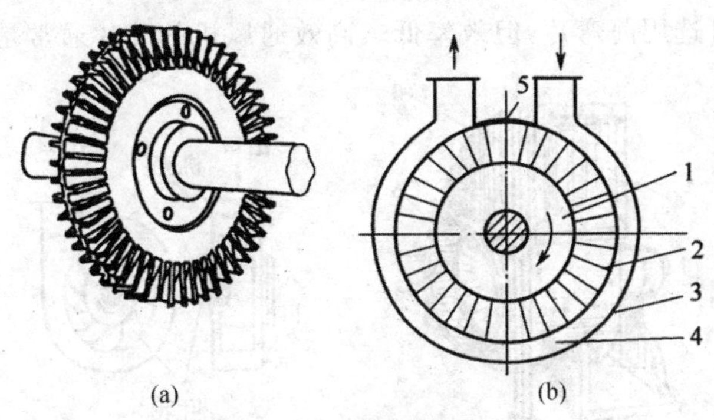

图 2-31　旋涡泵的结构

(a)叶轮形状;(b)内部示意

1—叶轮;2—叶片;3—泵壳;4—引水道;5—吸入口与排出口的间壁

旋涡泵的特性曲线如图 2-32 所示,其压头与功率随流量的增加而减少,因而启动旋涡泵时应全开出口阀,并采用旁路调节流量。由于泵内液体剧烈旋涡运动造成较大的能量损失,故旋涡泵的效率较低,一般为 20%～50%。

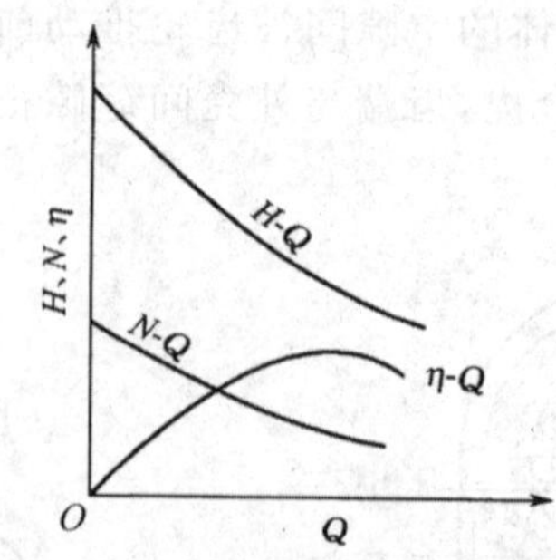

图 2-32　旋涡泵的特性曲线

旋涡泵适用于输送流量小、压头高且黏度不高的清洁液体。

2.6　气体输送机械

2.6.1　离心式通风机

离心通风机的工作原理与离心泵完全相同。通常按离心式通风机产生的风压大小可分为：

①低压通风机的终压低于 1 kPa(表压)。

②中压通风机的风压为 1～300 kPa(表压)。

③高压通风机的风压为 3～1 500 kPa(表压)。

如图 2-33 所示为低压离心式通风机的示意图。离心通风机是由蜗形机壳和多叶片的叶轮组成,其叶轮直径大、叶片数目多、气体流道成方形或圆形。叶片有平直、前弯和后弯状。若通风机要求风量大,可选用前弯片,但效率低。高效通风机的叶片通常是后弯片。

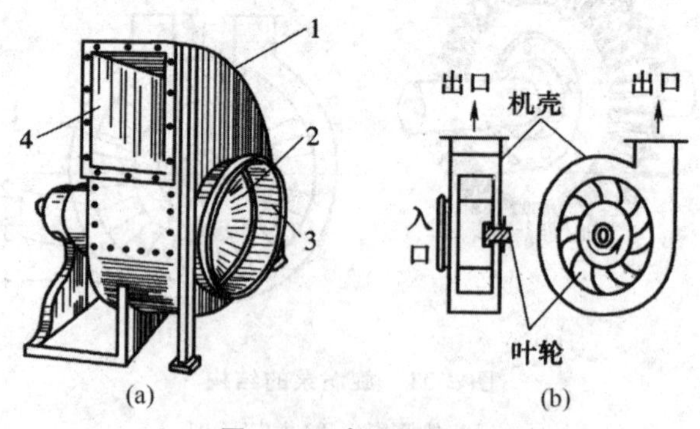

图 2-33　离心通风机

1—机壳;2—叶轮;3—吸入口;4—排出口

2.6.2 鼓风机

1. 离心式鼓风机

离心式鼓风机又称为透平鼓风机，其主要构造和工作原理与离心式通风机类似，但由于单级鼓风机不可能产生很高的风压。故压头较高的离心式鼓风机都是多级的。如图 2-34 所示为一台五级离心式鼓风机。离心式鼓风机的出口表压强一般不超 294×10^3 Pa。

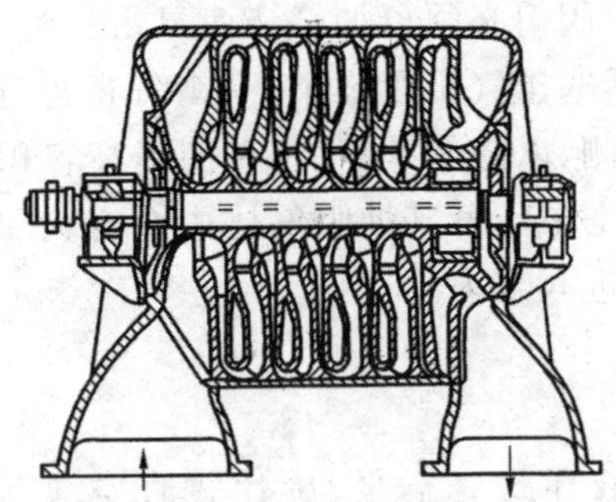

图 2-34　五级离心式鼓风机

2. 罗茨鼓风机

罗茨鼓风机的结构如图 2-35 所示，其工作原理与齿轮泵极为相似。因转子端部与机壳、转子与转子之间缝隙很小，当转子做旋转运动时，可将机壳与转子之间的气体强行排出，两转子的旋转方向相反，可将气体从一侧吸入，从另一侧排出。如果改变转子的旋转方向，则可以使吸入口与排出口互换。

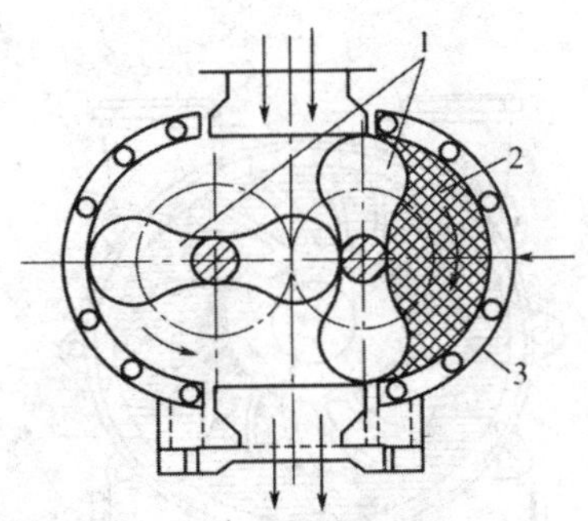

图 2-35　罗茨鼓风机的结构

1—工作转子；2—气体体积；3—机壳

罗茨鼓风机属于正位移型，其风量与转速成正比，而与出口压强无关。罗茨鼓风机的风量为 0.03～9 m^3/s，出口压强不超过 80 kPa。出口压强太高，泄漏量增加，效率降低。

罗茨鼓风机的出口应安装稳压气柜与安全阀，流量用旁路调节，出口阀不能完全关闭。罗茨鼓风机工作时，温度不能超过 85 ℃，否则会因转子受热膨胀而发生卡住现象。

2.6.3 真空泵

真空泵就是在负压下吸气以维持系统中所需的真空度的设备，常用于减压蒸馏、真空干燥、真空过滤等单元操作过程。以下就几种常见类型的真空泵加以介绍。

1. 往复式真空泵

往复式真空泵的构造和作用原理虽与往复式压缩机基本相同，但因其在低压下操作，汽缸内外压差很小，所用吸入和排出阀门必须更加轻巧而灵活。为了降低余隙的影响，真空泵汽缸左右两端之间设有平衡气道，活塞排气阶段终了，平衡气道连通很短时间，使残留于余隙中的气体可以从活塞一侧流到另一侧、以降低其压力，从而提高容积系数值。

往复式真空泵属于干式真空泵。若其抽吸气体中含有大量蒸汽，则必须将可凝性气体通过冷凝或其他方法除去之后再进入泵内。

2. 旋转式真空泵

旋转式真空泵有多种，如液环式真空泵、旋片式真空泵等。工业上水环式真空泵应用较多。

水环式真空泵简称水环泵，其结构如图 2-36 所示，它由圆柱形泵壳、偏心安装的叶轮和有吸、排气口的端盖等组成。水环泵启动前必须先向泵内加入适量的清水。叶轮旋转时将水甩向壳壁，形成一个等厚的水环，在水环与叶轮轮毂之间形成一个月牙形工作空间。由于水环的密封作用，该空间被叶片分割成若干个大小不同的密封室。随着叶轮的旋转，叶轮右半侧密封室的容积由小变大形成真空，泵从吸气口吸入气体；而叶轮左半侧密封室的容积由大变小，使气体从排气口排出。

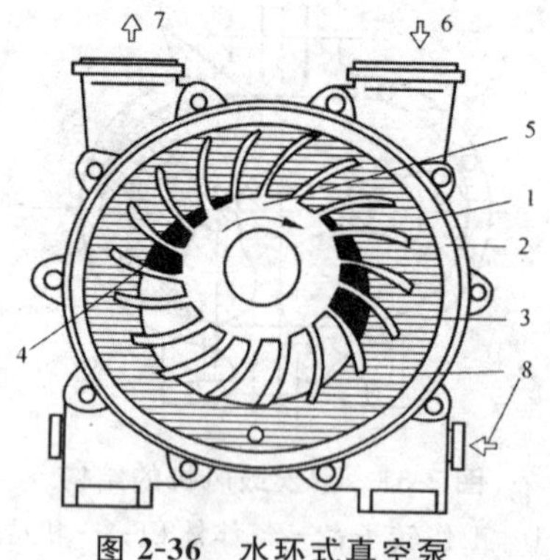

图 2-36 水环式真空泵

1—叶轮；2—泵缸；3—吸气空腔；4—排气空腔；5—轮毂；

6—泵吸气口；7—泵排气口；8—工作液体

水环泵的效率比较低，通常为 30%左右，所产生的最大真空度为 83 kPa，由于水环泵没有阀门和摩擦面，适用于抽除含尘气体等。

3. 喷射式真空泵

喷射泵是利用流体高速射流时形成的低压将流体吸入泵内，在泵内与喷射流体混合后一并排出。如图 2-37 所示。其工作介质既可是水也可是蒸汽。喷射泵既可用于吸送气体也可用于吸送液体；既有单级的也有多级的；在化工过程中常用于抽真空，故又称喷射式真空泵。

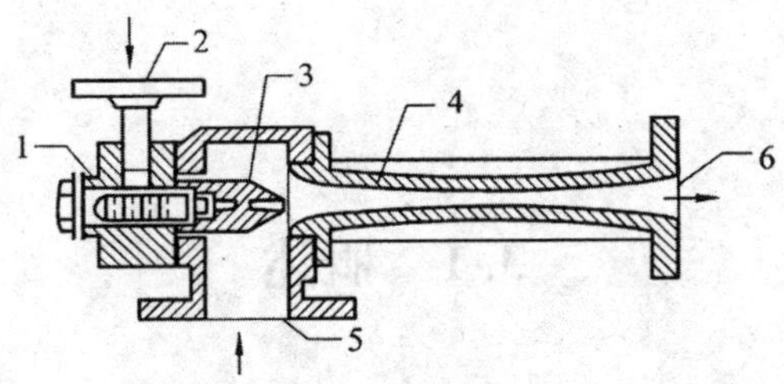

图 2-37　单级喷射泵的结构

1—泵体；2—工作流体入口；3—喷嘴；
4—混合室；5—吸入口；6—压出口

第3章　沉降与过滤过程

3.1　概述

沉降技术主要用于非均相(不同形态或不同物质之间有明显的界面)混合物的分离。

非均相物系包括固体颗粒混合物(颗粒间为气相分隔),由固体颗粒与液体构成的悬浮液,由互不相溶的液体构成的乳浊液,由固体颗粒(或液滴)与气体构成的含尘气体(或含雾气体)。非均相物系分离的主要方法是沉淀和过滤分离技术。非均相物系的分离目的主要是回收有用物质,净化分散介质和除去废液、废气中的有害物质(汽车尾气处理,气体除尘)等。

沉降俗称沉淀,主要是利用被分离物质之间密度差异进行分离的方法。可以应用在污水处理等领域。

在实际应用中通常需要沉降与过滤配套运用。污水生化污泥处理工艺产生大量的污泥,在污泥沉降后含水率为95%～98%,需要进一步脱水处理。常见的脱水技术之一便是过滤。过滤就是在重力或压差作用下,是悬浮液中的液体通过多孔介质,固体被多孔物质截留的操作。

3.2　重力沉降

3.2.1　重力沉降原理

重力沉降是依靠颗粒在重力场中发生的沉降作用而将颗粒从流体中分离出来。为简单计,先来探讨单个球形颗粒的沉降分离原理。

1. 自由沉降速度

单一颗粒在流体中的沉降过程,或颗粒群在流体中分散得较好且颗粒之间不接触和碰撞的沉降过程称为自由沉降。当单一球形颗粒置于静止流体介质中,如果颗粒的密度 ρ_s 大于流体密度 ρ 时,则颗粒将在重力作用下作沉降运动。此时颗粒受到重力 F_g、浮力 F_b 和阻力 F_d 三个力的作用,其中重力方向向下,浮力和阻力的方向向上,如图3-1所示。

图 3-1　沉降颗粒的受力情况

当颗粒直径为 d、密度为 ρ_s、流体的密度为 ρ 时，则有

重力

$$F_g=\frac{\pi}{6}d^3\rho_s g$$

浮力

$$F_b=\frac{\pi}{6}d^3\rho g$$

阻力

$$F_d=\xi\frac{\pi d^2}{4}\frac{\rho u^2}{2}$$

式中，u 为颗粒与流体之间的相对运动速度，m/s。

根据牛顿第二定律，颗粒重力沉降运动的基本方程式为

$$F_g-F_b-F_d=ma \tag{3-1}$$

式中，a 为重力沉降加速度，m/s。

颗粒开始沉降的瞬间，速度 $u=0$，因此阻力 F_d 为零，所以加速度 a 具有最大值。颗粒开始沉降后，阻力 F_d 随运动速度 u 的增大而增加，而加速度 a 却逐渐减小。当运动速度 u 增大到某一数值 u_t 时，阻力、浮力和重力达到平衡，即合力为零，此时颗粒的加速度 $a=0$，颗粒开始作匀速沉降运动。

在匀速沉降阶段，颗粒相对于流体的运动速度称为沉降速度 u_t。实际上沉降速度也随颗粒沉降加速阶段的终了速度。

当 $a=0$ 时，$u=u_t$ 代入式(3-1)可得出颗粒沉降速度的计算式为

$$u_t=\sqrt{\frac{4gd(\rho_s-\rho)}{3\xi\rho}}$$

式中，u_t 为颗粒的自由沉降速度，m/s；g 为重力加速度，m/s^2。

2. 阻力系数 ξ

颗粒的阻力系数 ξ 与颗粒相对于流体运动的雷诺数及颗粒的球形度 φ_s 有关，如图 3-2 所示。重力沉降时，颗粒相对于流体运动时的雷诺数定义为

$$Re_1=\frac{du_t\rho}{\mu}$$

式中，μ 为流体的黏度，Pa · s。

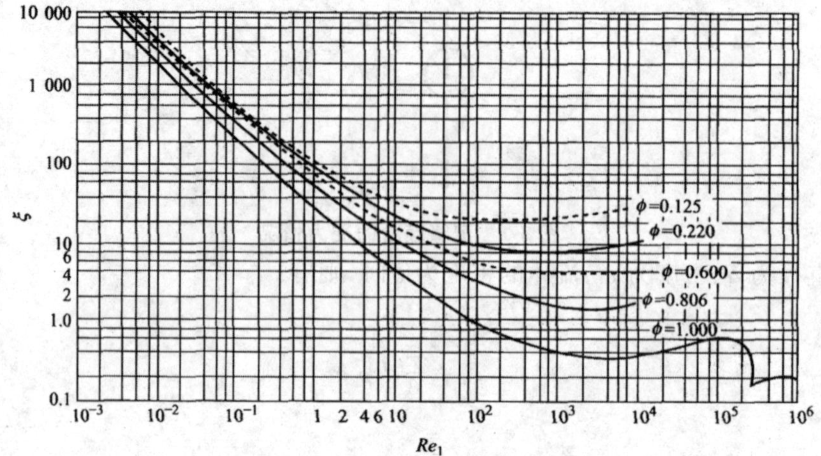

图 3-2 ξ-Re_1 关系曲线

由图 3-2 可以看出，根据雷诺数 Re_1 的大小，可将球形颗粒的曲线分为三个区域：

层流区（$10^{-4}<Re_1<1$）又称为斯托克斯(Stokes)定律区

$$\xi=\frac{24}{Re_1}$$

过渡区（$1<Re_1<10^3$）又称为艾伦(Allen)定律区

$$\xi=\frac{18.5}{Re_1^{0.6}}$$

湍流区（$10^3<Re_1<2\times10^5$）又称为牛顿(Newton)定律区

$$\xi\approx0.44$$

颗粒在各区的沉降速度式为

层流区

$$u_t=\frac{d^2(\rho_s-\rho)g}{18\mu}\text{（斯托克斯公式）}$$

过渡区

$$u_t=0.27\sqrt{\frac{d(\rho_s-\rho)gRe_1^{0.6}}{\rho}}\text{（艾伦公式）}$$

湍流区

$$u_t=1.74\sqrt{\frac{d(\rho_s-\rho)g}{\rho}}\text{（牛顿公式）}$$

3. 影响沉降速度的因素

影响沉降速度的主要因素如下所示。

（1）颗粒的形状

同一种固体物质，颗粒的球形度越小，非球形颗粒的形状及其投影面积对沉降速度影响越显著，沉降阻力越大，沉降速度越小。

(2)器壁效应

当容器直径远远大于颗粒直径时,器壁效应可以忽略,否则,容器直径与颗粒直径比越小,器壁效应越大,沉降速度越小。

(3)颗粒的体积分率

当颗粒的体积分数小于0.2%时,理论计算值的偏差在1%以内。当颗粒体积分数较高时,由于颗粒间相互作用明显,便发生干扰沉降。

(4)流体的黏度

在层流沉降区内,由流体黏性引起的表面摩擦力占主要地位。在湍流区,流体黏性对沉降速度已无影响,流体在颗粒后半部出现的边界层分离所引起的形体阻力占主要地位。在过渡区,表面摩擦阻力和形体阻力二者都不可忽略。在整个范围内,随雷诺数增大,表面摩擦阻力的作用逐渐减弱,而形体阻力的作用逐渐增长。

3.2.2 重力沉降设备

1.降尘室

降尘室是依靠重力沉降从气流中分离出固体颗粒的设备,如图3-3(a)所示为典型的降尘室结构图。含尘气体进入沉降室后,颗粒随气流有一水平向前的运动强度 u,同时,在重力作用下,以沉降速度 u_t 向下沉降。只要颗粒能够在气体通过降尘室的时间降至室底,便可从气流中分离出来。颗粒在降尘室的运动情况示于图3-3(b)中。设降尘室的长度为 l,m;宽度为 b,m;高度为 H,m。降尘室的生产能力(即含尘气通过降尘室的体积流量)为 $q_{V,s}$,m^3/s;则位于降尘室最高点的颗粒沉降到室底所需的时间为

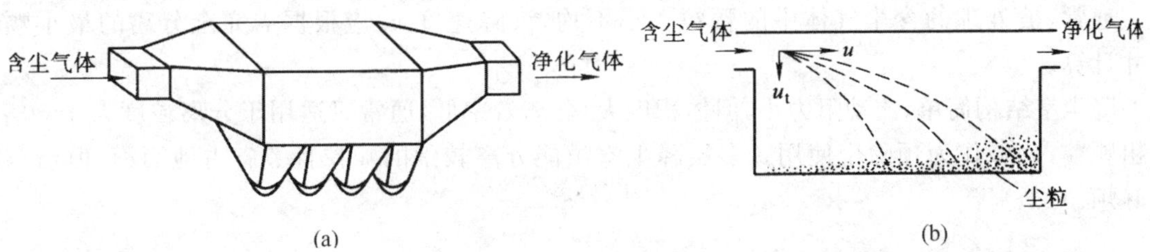

图3-3 降尘室

(a)降尘室;(b)颗粒在降尘室中的运动情况

$$\theta_t = \frac{H}{u_t}$$

气体通过降尘室的时间为

$$\theta = \frac{l}{u}$$

如果要使颗粒被分离出来,则气体在降尘室内的停留时间至少要等于颗粒的沉降时间,即

$$\theta \geqslant \theta_t \text{ 或 } \frac{l}{u} \geqslant \frac{H}{u_t} \tag{3-2}$$

气体在降尘室内的水平通过速度由降尘室的生产能力和降尘室的尺寸决定,即

$$u=\frac{q_{V,s}}{Hb}$$

将上式代入(3-2)可得

$$q_{V,s}\leqslant blu_t \tag{3-3}$$

式(3-3)表明,理论上降尘室的生产能力只与其沉降面积 bl 及颗粒的沉降速度 u_t 有关,而与降尘室高度 H 无关。所以对于一定尺寸的降尘室,为了增大气体处理量,往往将降尘室设计成多层的,即在室内均匀设置多层水平隔板,构成多层降尘室,结构如图 3-4 所示。通常隔板间距为 40～100 mm。降尘室高度的设计还应保证气流通过降尘室的流动处于层流状态,因为气速过高会干扰颗粒的沉降或将已沉降的颗粒重新扬起。

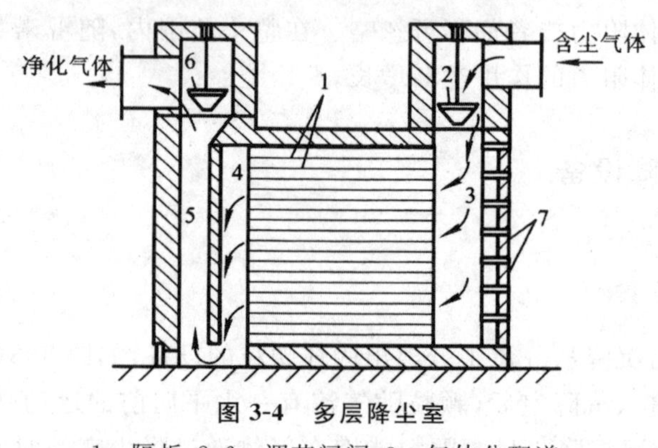

图 3-4　多层降尘室

1—隔板;2,6—调节闸阀;3—气体分配道;
4—气体集聚道;5—气道;7—清灰口

对设置了 n 层水平隔板的降尘室,其生产能力为

$$q_{V,s}=(n+1)blu_t$$

通常,被处理的含尘气体中的颗粒大小不均,沉降速度 u_t 应根据需完全分离的最小颗粒尺寸计算。

降尘室结构简单,流动阻力小,但体积庞大,分离效率低,通常只适用于分离粒度大于 50 μm 的粗颗粒,一般作为预除尘使用。多层降尘室虽能分离较细的颗粒且节省占地面积,但清灰比较麻烦。

2. 沉降槽

沉降槽也称为增稠器或澄清器,是重力沉降设备,用于提高悬浮液浓度并同时得到澄清液。若分离目的是为了得到含固体粒子的沉淀物时,所用设备为增稠器;当沉降分离的目的是为了得到澄清液时,所用设备称为澄清器。悬浮液的增稠常作为过滤分离的预处理,以减小过滤设备的负荷。

沉降槽具有双重作用。首先要从料浆中分出大量清液,在任何时候,液体向上的速度都必须小于颗粒的沉降速度。因此,为了保证清液向上及增浓液向下的通过能力,沉降槽应有足够的沉降面积。其次,沉降槽必须达到增浓液规定的增浓程度,而增浓程度取决于颗粒在槽中的停留时间。为此,为了保证底流紧聚所需的时间,沉降槽加料口以下应有足够的高度。

要使沉降槽获得满意的澄清效果,在接近槽顶处必须保持一个微量固体含量区。在微量固体含量区中的颗粒近于自由沉降的状态,使被带到该区的颗粒依靠超过清液向上的速度而下沉。如果该区域太浅,一些小颗粒有可能随溢流液体从顶部溢出。由于通过上部清液区液体的体积流量等于料浆与底流中液体的体积流量之差,因此,底流中固体物的浓度和生产能力决定了澄清区的状况。

为了提高给定尺寸和类型的沉降槽的处理能力,还可以通过添加凝聚剂或者絮凝剂来提高颗粒的沉降速度。凝聚剂或者絮凝剂都能促使细微颗粒或胶粒结合成大颗粒而加速沉降。凝聚是通过加入电解质,改变颗粒表面的电性,使颗粒相互吸引而结合;絮凝则是加入高分子聚合物或高聚电解质,使颗粒相互团聚成絮状。常见的凝聚剂和絮凝剂是无机电解质,聚丙烯酰胺、聚乙胺和淀粉等高分子聚合物。

如图 3-5 所示为一种典型构造的连续沉降槽。连续槽进料、排清液、排沉渣都是连续进行的。悬浮液于沉降槽中心液面下 0.3～1 m 处连续加入,颗粒向下沉降至器底,底部缓慢旋转的齿耙(转速为 0.025～0.5 r/min)将沉降颗粒收集至中心,然后从底部中心处出口连续排出;沉降槽上部得到澄清液体,由四周溢流管连续溢出。

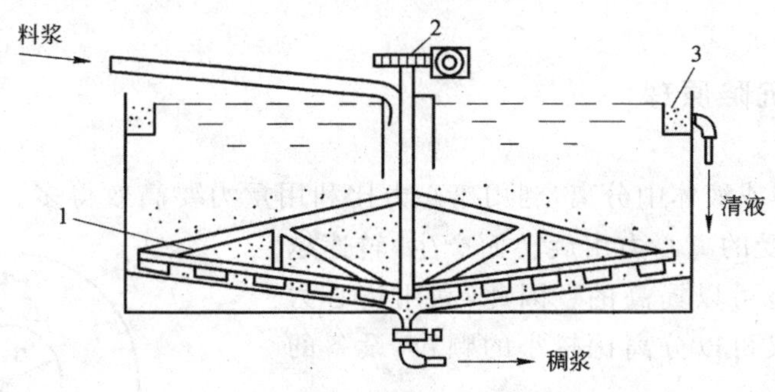

图 3-5　连续沉降槽

1—齿耙;2—转动机构;3—溢流槽

3. 分级器

分级是利用颗粒的沉降速度不同将悬浮液中不同粒度的颗粒进行粗略的分离,或将不同密度的颗粒进行分类,实现分级操作的设备称为分级器。如图 3-6 所示为一个双锥分级器。混合粒子由上部加入,水经可调锥与外壁的环形间隙向上流过。沉降速度大于水在环隙处上升流速的颗粒进入底流,而沉降速度小于水流速的颗粒则被溢流带出。通过调节可调锥位置的高低,可调节水在环隙处的上升流速,从而控制带出颗粒的粒径范围。

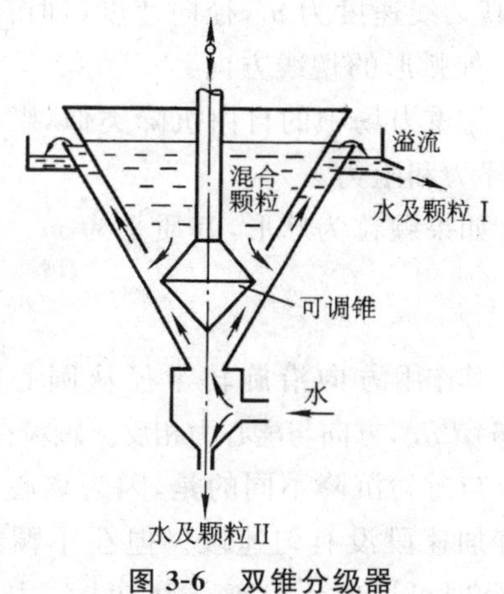

图 3-6　双锥分级器

如图 3-7 所示为另一类重力沉降分级器,它是由几个直径不同的柱体容器串联而成,含有固体颗粒的气体或液体垂直进入后,沉降较快的颗粒会沉降到靠近入口端的槽中,沉降较慢的颗粒会沉降到靠近出口端的槽中,使粒径不同的颗粒得以分离。

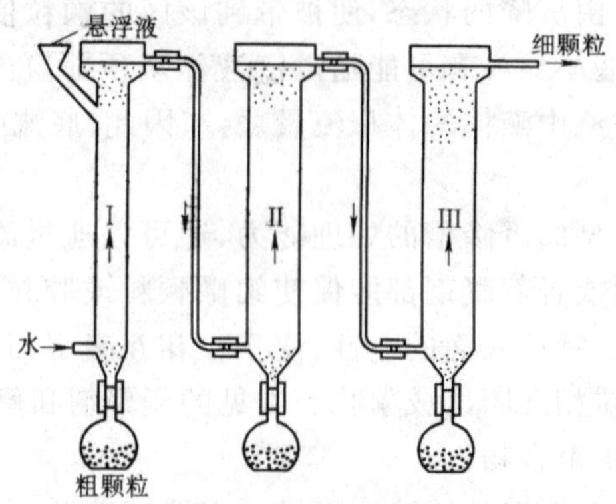

图 3-7 重力沉降分级器

3.3 离心沉降

3.3.1 离心沉降原理

为使颗粒从气体或液体中分离，利用离心力比利用重力要高效得多。与颗粒所受重力固定不变相比，颗粒所受的离心力由旋转而产生，转速越大，离心力亦越大，是可以提高的。因此，利用离心力作用的分离设备不仅可以分离比较小的颗粒，设备的体积亦可缩小。

当颗粒在离心力场中沉降时，其路径成弧形，如图3-8中的虚线 ABC 所示。

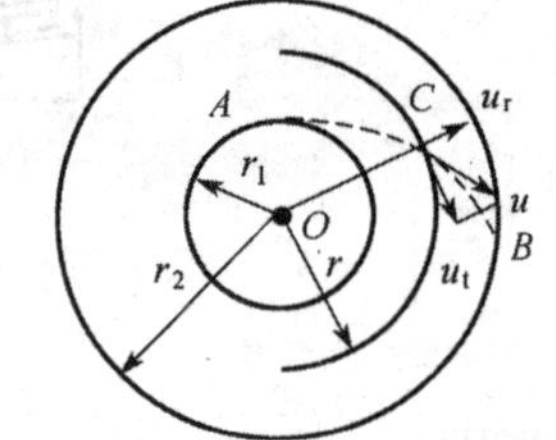

图 3-8 颗粒在旋转流场中的运动

当颗粒位于距旋转中心 O 的距离为 r 的点 C 处时，其切线速度为 u_t，径向速度（即沉降速度）为 u_r，绝对速度即为此二者的合速度 u，其方向为点 C 处弧形的切线方向。

与重力场中的自由沉降类似，颗粒在离心力场中自由沉降时，共受到三个力的作用：离心力、浮力和阻力。

如果颗粒为球形，其质量为 m，离心加速度为 a_r，旋转半径为 r，则离心力的大小为

$$ma_r=\frac{mu_t^2}{r}=m\omega r^2$$

其作用方向沿旋转半径从圆心指向外。浮力等于颗粒所排开的流体所受的离心力，即 $(\pi/6)d^3\rho a_r$，方向与离心力相反。颗粒在运动中所受的阻力为 $\xi(\pi/4)d^2\rho u_r^2/2$，其方向指向旋转中心。

与重力沉降不同的是，因为离心加速度随旋转半径的增大而变大，故离心场中的沉降过程只有加速段没有匀速段。但在小颗粒沉降过程中，加速度一般很小，可近似作为匀速沉降处理，此时可近似认为离心力减去浮力等于阻力，即

$$\frac{\pi}{6}(d^3)\frac{u_t^2}{r}(\rho_s-\rho)=\xi\left(\frac{\pi}{4}d^2\right)\frac{\rho u_r^2}{2}$$

推算出离心沉降速度 u_r 为

$$u_r=\sqrt{\frac{4d(\rho_s-\rho)u_t^2}{3\rho\xi r}}$$

工程中，通常将离心加速度 a_r 与重力加速度 g 之比称为离心分离因数 K_C，即

$$K_C=\frac{a_r}{g}=\frac{u_t^2}{gr}$$

离心分离因数 K_C 数值最大可达几千至几万，因此，同一颗粒在离心场中的沉降速度远远大于其在重力场中的沉降速度，利用离心沉降可将更小的颗粒从流体中分离出。

3.3.2 离心沉降设备

1. 旋风分离器

如图 3-9(a)所示为旋风分离器典型的结构形式，称为标准旋风分离器。分离器上部为圆筒形，下部为圆锥形。各部位尺寸均与圆筒直径成比例，比例标注于图中。含尘气体由圆筒上部的进气管切向进入，受器壁的约束由上向下作螺旋运动。在惯性离心力作用下，颗粒被抛向器壁，再沿壁面落至锥底的排灰口而与气流分离。旋风分离器的底部是封闭的，因此气流到达底部后反转方向，在中心轴附近由下而上做螺旋运动，净化后的气体最后由顶部排气管排出。通常，把下行的螺旋形气流称为外旋流，上行的螺旋形气流称为内旋流(又称为气芯)。内、外旋流气体的旋转方向相同。外旋流的上部是主要除尘区。图 3-9(b)中描绘了气流在器内的运动情况，这种双层螺旋运动只是大致的运动情况，实际情况要复杂得多。

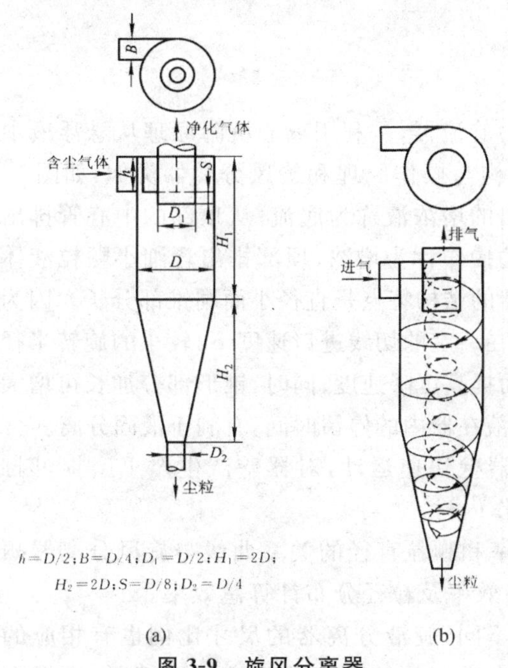

图 3-9 旋风分离器

(a)标准旋风分离器；(b)运动情况

旋风分离器内的静压强在器壁附近最高，仅稍低于气体进口处的压强，往中心逐渐降低，

在气芯中可降至气体出口压强以下。旋风分离器内的低压气芯由排气管入口一直延伸至底部出灰口。因此，如果出灰口或集尘室密封不良，便易漏入气体，把已收集在锥形底部的粉尘重新卷起，严重降低分离效果。

旋风分离器因其结构简单，造价低廉，没有活动部件，可用多种材料制造，适用温度范围广，分离效率较高，所以至今仍在化工、冶金、机械、食品、轻工等行业广泛采用。

选择旋风分离器时，首先应根据系统的物性，结合各型设备的特点，选定旋风分离器的类型；然后依据含尘气体的体积流量，要求达到的分离效率，允许的压力降计算决定旋风分离器的型号与个数。工业常用旋风分离器的类型及操作性能见表 3-1。严格地按照上述三项指标计算指定型式的旋风分离器尺寸与个数，需要知道该型设备的粒级效率及气体中颗粒的粒度分布数据或曲线。但实际中往往缺乏这些数据。因此难以对分离效率做出准确计算，只能在满足生产能力及允许压力降的同时，对效率做粗略的考虑。

表 3-1　旋风分离器的结构及性能

型号 / 性能	XLT/A 型	XLP/B 型	XLK 型（扩散式）
适宜气速/(m/s)	12～18	12～20	12～20
除尘粒度/μm	>10	>5	>5
含尘浓度/(g/m^3)	4.0～50	>0.5	1.7～200
阻力系数 ζ	5.0～5.5	4.8～5.8	7～8

2.旋液分离器

旋液分离器又称为水力旋流器，是利用离心沉降原理从悬浮液中分离固体颗粒的设备，它的结构与操作原理和旋风分离器类似，如图 3-10 所示。旋液分离器底部排出的增浓液称为底流；从顶部的中心管排出的称为溢流。顶部排出清液的操作称为增浓，顶部排出含细小颗粒液体的操作称为分级。旋液分离器的结构特点是直径小而圆锥部分长。因为液固密度差比气固密度差小，在一定的切线进口速度下，较小的旋转半径可使颗粒受到较大的离心力而提高沉降速度；同时，锥形部分加长可增大液流的行程，从而延长了悬浮液在器内的停留时间，有利于液固分离。

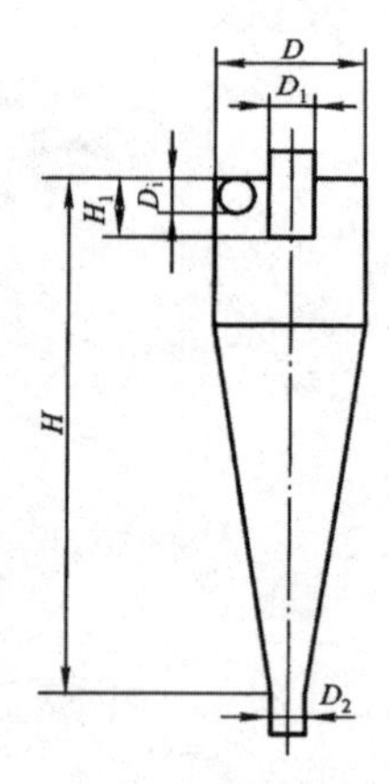

	增浓	分级
D_i	$D/4$	$D/7$
D_1	$D/3$	$D/7$
H	$5D$	$2.5D$
H_1	$0.3\sim0.4D$	$0.3\sim0.4D$

图 3-10　旋液分离器

旋液分离器中颗粒沿器壁快速运动，对器壁产生严重磨损，因此，旋液分离器应采用耐磨材作内衬。

旋液分离器的粒级效率和颗粒直径的关系曲线与旋风分离器颇为相似，并且同样可根据粒级效率及粒径分布计算总效率。

按增浓或分级用途的不同，旋液分离器的尺寸比例也有相应的变化，如图 3-10 中的标注。在进行旋液分离器设计或选型时，应根据工艺的不同要求，对技术指标或经济指标加以综合权衡，以确定设备的最佳结构及尺寸比例。例如，用于分级时，分割粒径通常为工艺所规定，而用于增浓时，则往往规定总收率或底流浓度。从分离角度考虑，在给定处理量时，选用若干小直径旋液分离器并联运行，其效果要比使用一个大直径的旋液分离器好得多。正因如此，多数制造厂家都提供不同结构的旋液分离器组，使用时可单级操作，也可并联操作，以获得更高的分离效率。

旋液分离器不仅可用于悬浮液的增浓、分级，而且还可用于不互溶液体的分离，气液分离以及传热、传质和雾化等操作中，因而广泛应用于多种工业领域中。

近年来，各国研究者对超小型旋液分离器（指直径小于 15 mm 的旋液分离器）进行开发。超小型旋液分离器组适用于微细物料悬浮液的分离操作，颗粒直径可小到 2～5 μm。

3. 管式离心机

管式离心机的转鼓为壁面上无通孔的狭长管，如图 3-11 所示。它竖直地支撑于机架上的一对轴承之间，电机通过传动装置从上部驱动。转鼓上端设有轻、重液排出口，下端的中空轴与转鼓内腔相通，并通过轴封装置与进料管相连。

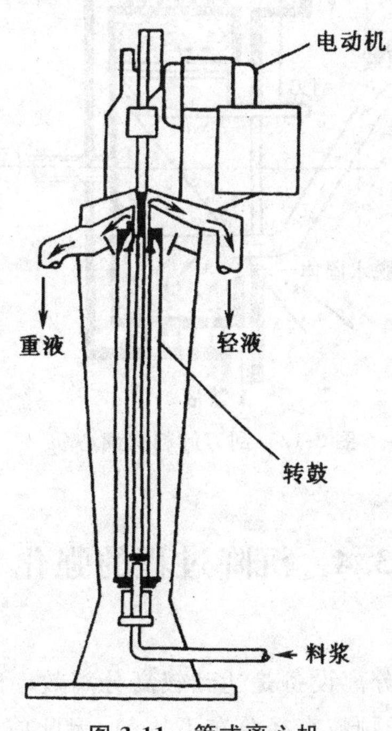

图 3-11　管式离心机

管式离心机的转鼓直径一般为 70～160 mm。其长度与直径之比一般为 4～8。这种转鼓允许大幅度地增加转速，转鼓的转速一般为 15 000 r/min 左右，分离因数可达 8 000～50 000。离心机启动后，料液由进料管进入转鼓底部，在转鼓内从下向上流动的过程中，由于轻、重组分的密度不同而分成内、外两液层。外层为重液，内层为轻液，到达顶部后，轻液与重液分别从各自的溢流口排出。其轻液通过轴周围环状挡板溢流而出，而重液则通过转鼓前端的内径可更换的环状溢流堰外面引出。

为使转鼓内料液能以与转鼓相同的转速随转鼓一起高速旋转，转鼓内常设有十字形挡板，用以对液体加速。

管式离心机的优点为：①分离强度高；②结构紧凑和密封性好。缺点为：①容量小；②生产能力低。

4. 刮刀卸料式离心机

如图 3-12 所示为刮刀卸料式离心机的示意图。悬浮液从加料管进入连续运转的卧式转鼓，机内设有耙齿以使沉积的滤渣均布于转鼓内壁。待滤饼达到一定厚度时，停止加料，进行洗涤、沥干。然后，借液压传动的刮刀逐渐向上移动，将滤饼刮入卸料斗卸出机外，继而清洗转鼓。整个操作周期均在连续运转中完成，每一步骤均采用自动控制的液压操作。

刮刀卸料式离心机连续运转，生产能力较大，劳动条件好，适宜于过滤连续生产工艺过程中大于 0.1 mm 的颗粒。对细、黏颗粒的过滤往往需要较长的操作周期，采用此种离心机不够经济，而且刮刀卸渣也不够彻底。使用刮刀卸料时，晶体颗粒也会遭到一定程度的破损。

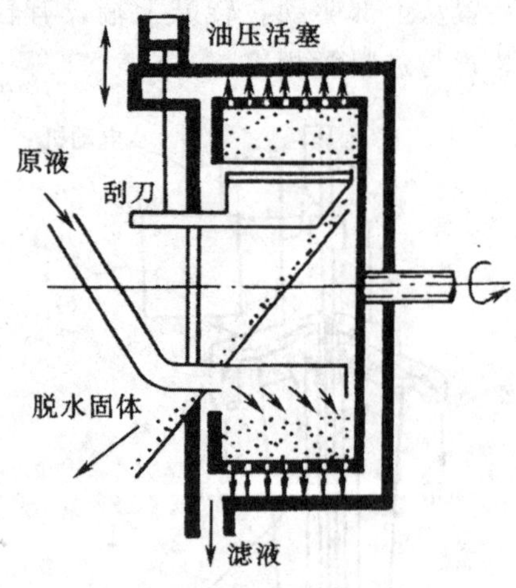

图 3-12　刮刀卸料式离心机

3.4　沉降过程的强化

在颗粒沉降中，选择合适的分离设备是达到较高分离效率的关键。

对气-固混合物系来说，由于颗粒直径分布不均匀，因此应根据颗粒的粒径分布选择合适的分离设备。如 $d>50\ \mu m$，可用重力沉降设备；$d>5\ \mu m$ 可用离心沉降设备；$d<5\ \mu m$ 可用袋滤器、电除尘或湿式除尘器。

对液-固混合物系，不仅要考虑颗粒粒径分布，还要考虑其含固量大小，以便选用合适的设备进行分离。如含固量小于 1%，可采用沉降槽、沉降离心机、旋液分离器；颗粒粒径 $d>50\ \mu m$ 的采用过滤离心机；$d<50\ \mu m$ 的采用压差过滤设备；含固量为 1%～10%，可采用板框压滤机；含固量在 10%以上的可采用过滤离心机；含固量大于 50%的可采用真空过滤机等。

沉降过程中，如果颗粒粒径很小，则可以通过加入混凝剂或絮凝剂，使分散的细小颗粒或胶体粒子聚集成较大颗粒的方法，从而易于沉降。混凝剂通常是一些低分子电解质，如硫酸亚铁、氯化铁、氯化铝、硫酸铝等；絮凝剂则是指如明胶、聚丙烯酰胺、聚合硫酸铁等的一些高分子聚合物。加入这些化学药剂后的沉降机理可分为以下四种。

(1)压缩双电层机理

当加入电解质后，悬浮液中离子浓度增高，扩散层厚度减薄，ξ电位降低，颗粒间排斥力减小，颗粒能进一步靠拢并迅速凝聚。

(2)吸附架桥机理

由于高分子聚合物的加入，使其长链与固体颗粒之间发生架桥，形成粗大的絮凝体，加速固体的沉降。

(3)吸附电中和机理

由于加入电解质，使颗粒表面的电荷被中和，颗粒间排斥力减小，颗粒凝聚沉降。

(4)沉淀物网捕机理

加入的电解质在悬浮液中结晶时，将固体颗粒作为晶核一同形成大的结晶团而沉降。

但是，混凝剂或絮凝剂的加入量并非越多越好。投加量过多，效果反而下降，因此，对不同料浆的絮凝处理，应通过一定量的实验从而确定投入量。

3.5　过滤

3.5.1　过滤原理

过滤是将悬浮液中的固、液两相有效地加以分离的常用方法，借过滤操作可获得清净的液体或获得作为产品的固体颗粒。

过滤操作是利用重力或人为造成的压差使悬浮液通过某种多孔性过滤介质，悬浮液中的固体颗粒被截留，滤液则穿过介质流出。

1.过滤方式

(1)滤饼过滤

滤饼过滤是指固体物质沉降与过滤介质表白而形成滤饼层的操作。如图3-13(a)所示为简单的滤饼过滤设备示意图，过滤时悬浮液置于过滤介质的一侧。过滤介质常用多孔织物，其网孔尺寸未必一定须小于被截留的颗粒直径。在过滤操作开始阶段，会有部分颗粒进入过滤介质网孔中发生架桥现象，使得小于孔道直径的细小颗粒也能被拦截，如图3-13(b)所示，但同时有少量颗粒穿过介质而混于滤液中。随着滤渣的逐步堆积，在介质上形成了一个滤渣层，称为滤饼。不断增厚的滤饼才是真正有效的过滤介质，而穿过滤饼的液体则变为清净的滤液。通常，在操作开始阶段所得到滤液是浑浊的，待滤饼形成之后返回重滤。尽管有“架桥现象”，在选用过滤介质时，仍应使5%以上的颗粒大于过滤介质孔径，否则容易出现“穿滤”现象。

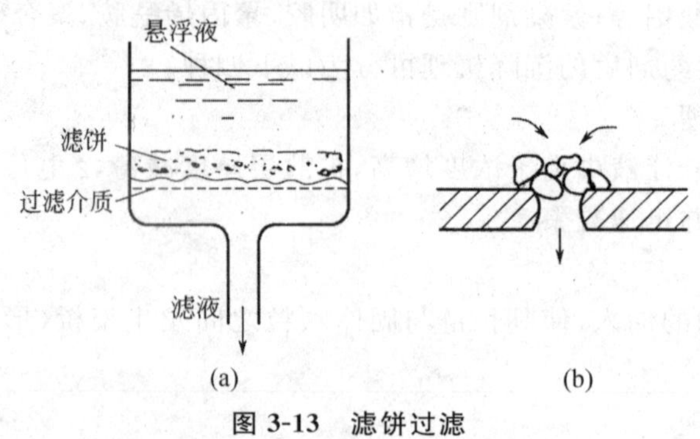

图 3-13　滤饼过滤

(a)简单的设备示意图;(b)架桥现象

(2)深层过滤

深层过滤是指固体颗粒并不形成滤饼,而是沉积于较厚的颗粒过滤介质内部的操作,如图 3-14 所示。此时,颗粒尺寸小于介质孔隙,颗粒可进入长而曲折的通道。在惯性和扩散作用下,进入通道的固体颗粒趋向通道壁面并借静电与表面力附着其上。深层过滤常用于净化含固量很少(颗粒的体积数<0.1%)的悬浮液。

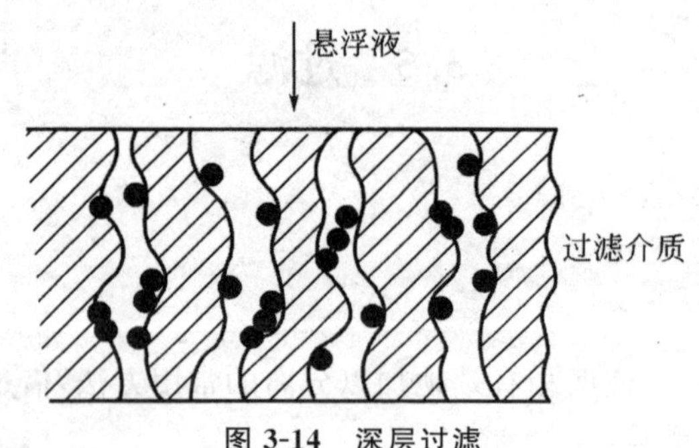

图 3-14　深层过滤

(3)膜过滤

除以上两种过滤方式外,尚有以压差为推动力、用人工合成带均匀细孔的膜作过滤介质的膜过滤,它可分离小于 1 μm 的细小颗粒。

膜过滤又分为微孔过滤和超滤,微孔过滤截留 0.5~50 μm 的颗粒,超滤截留 0.05~10 μm 的颗粒,而常规过滤截留 50 μm 以上的颗粒。作为一种精密分离技术,膜过滤可以实现分子级过滤,它是利用膜孔隙的选择透过性进行两相分离的技术。以膜两侧的流体压差为推动力,使溶剂、无机离子、小分子等透过膜,而截留微粒及大分子。近年来膜过滤技术发展很快,已应用于许多行业。

2.过滤介质

过滤介质是滤饼的支承物,它应具有足够的力学强度和尽可能小的流动阻力,同时,还应具有相应的耐腐蚀性和耐热性。

工业上常用的过滤介质主要有下面几类。

(1)织物介质

织物介质又称为滤布,包括由棉、毛、丝、麻等天然纤维及合成纤维制成的织物,以及由玻璃丝、金属丝等织成的网。这类介质能截留颗粒的最小直径为5～65 μm。织物介质在工业上应用最为广泛。

(2)堆积介质

堆积介质是由各种固体颗粒(细砂、木炭、石棉、硅藻土)或非编织纤维等堆积而成,多用于深床过滤中。

(3)多孔固体介质

多孔固体介质是具有很多微细孔道的固体材料,如多孔陶瓷、多孔塑料及多孔金属制成的管或板,能拦截1～3 μm的微细颗粒。

(4)多孔膜

多孔膜是指膜过滤的各种有机高分子膜和无机材料膜。广泛使用的是粗醋酸纤维素和芳香聚酰胺系两大类有机高分子膜。

3. 滤饼与助滤剂

滤饼是真正有效的过滤介质。当滤饼两侧的压力差增大时,颗粒的形状和颗粒间的空隙不会发生明显变化,单位厚度床层的流动阻力可视为恒定不变,这类滤饼称为不可压缩滤饼。相反,若滤饼中的固体颗粒受压会发生变形,则当滤饼两侧的压力差增大时,颗粒的形状和颗粒间的空隙会有明显的改变,单位厚度饼层的流动阻力随着压力差的增大而增大,这种滤饼称为可压缩滤饼。

为了降低可压缩滤饼的过滤阻力,可以向悬浮液中混入或预涂在过滤介质上某种质地坚硬的能形成疏松饼层的固体颗粒或纤维状物质,从而改善滤饼层的性能,使滤液得以畅流。这种预混或预涂的固体颗粒物质称为助滤剂。

对助滤剂的基本要求如下:

①应能形成多孔饼层的刚性颗粒,使滤饼有良好的渗透性及较低的流动阻力。

②应有化学稳定性,不与悬浮液发生化学反应,不溶于液相中。

③在过滤操作压力范围内,应具有不可压缩性,以保持滤饼的较高空隙率。

常用的助滤剂有硅藻土、珍珠岩粉、活性炭和石棉粉等。助滤剂有预涂法和掺滤法两种用法,预涂是将含助滤剂的悬浮液先行过滤,均匀地预涂在过滤介质表面,然后过滤料浆;掺滤是将助滤剂混入料浆中一起过滤,当滤饼为产品时,则不可使用掺滤法。

4. 滤饼的洗涤

某些过滤过程需要回收滤饼中残留的滤液或除去滤饼中的可溶性盐,则在过滤过程结束时用清水或其他液体通过滤饼流动的工程称为洗涤。在洗涤过程中,洗出液中的溶质浓度与洗涤时间 τ_w 的关系如图3-15所示。

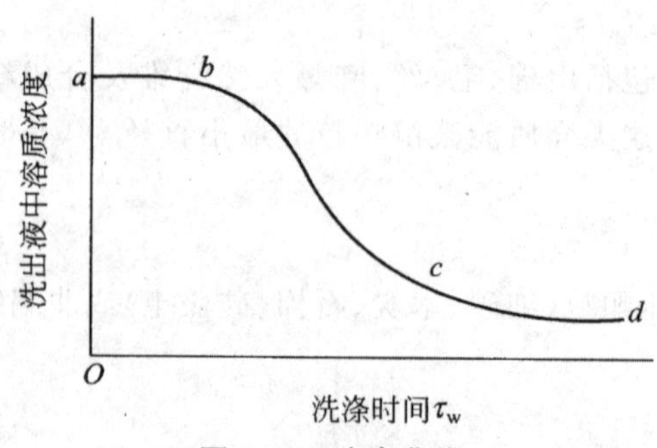

图 3-15　洗涤曲线

图 3-15 中曲线的 ab 段表示洗出液基本上是滤液，它所含的溶质浓度几乎未被洗涤液所稀释。在滤渣颗粒细小，滤饼不发生开裂的理想情况下，滤饼空隙中 90％的滤液在此阶段被洗涤液所置换，此过程可以称为置换洗涤。此阶段所需之洗涤量约等于滤饼的全部空隙容积（εAL）。

图 3-15 中曲线的 bc 段，洗出液中溶质浓度急骤下降。此阶段所用的洗涤液量与前一阶段洗涤液用量大体相当。

图 3-15 中曲线的 cd 段是滤饼中的溶质逐步被洗涤液沥取带出的阶段，洗出液中溶质浓度很低。只要洗涤液用量足够，滤饼中的溶质浓度可低至所需要的程度。但若洗涤的目的旨在回收溶质，洗出液浓度过低将使回收费用增加。因此，洗涤终止时的溶质浓度应从经济角度加以确定。

图 3-15 所示的洗涤曲线、洗涤液用量和洗涤速率都应通过大量的实验以确保方案的可靠性。

5.过滤速度

过滤速度是指单位时间内通过过滤面积的滤液体积，用符号 u 表示。由于过滤为不稳定过程，需按下式表示瞬间过滤速度

$$u=\frac{\mathrm{d}V}{A\,\mathrm{d}\theta}=\frac{\mathrm{d}q}{\mathrm{d}\theta}$$

式中，u 为瞬时过滤速度，$m^3/(m^2 \cdot s)$即 m/s；V 为滤液体积，m^3；A 为过滤面积，m^2；q 为单位过滤面积所得的滤液量，m^3/m^2，这里有 $q=\frac{V}{A}$；θ 为过滤时间，s。

6.过滤方程

过滤时，滤液在滤饼与过滤介质的微小通道中流动，由于通道形状相互交联又毫无规则，难以对流体流动规律进行理论分析，因此经常将如图 3-16(a)所示的真实流动简化为长度均为 l_e 的一组平行细管中的流动，如图 3-16(b)所示，并有以下要求：

①细管的内表面积之和等于滤饼内颗粒的全部表面积。

②细管的内部流动空间等于滤饼内的全部空隙体积。

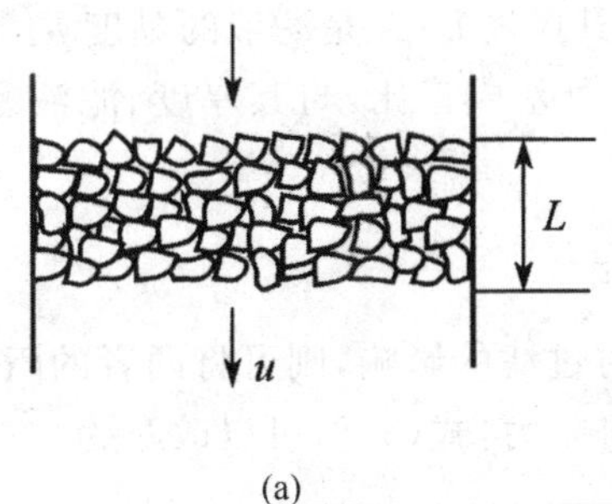

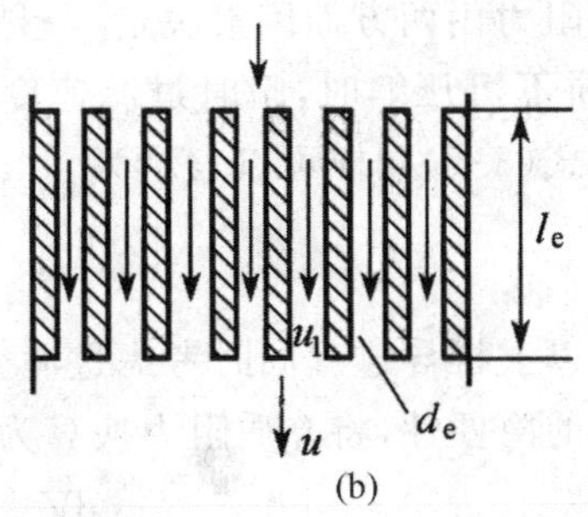

(a)　　　　　　　　(b)

图 3-16　流体在滤饼汇总流动的简化模型

(a)滤饼；(b)简化模型

根据以上设定，可求得图 3-16(b)中这些虚拟的细管的当量直径 d_e。

$$d_e=\frac{4\times 流量截面积}{润湿周边长}$$

上式分子、分母同乘以细管长度 l_e，则有

$$d_e=\frac{4\times 细管的流动空间}{细管的全部内表面}$$

设定滤饼的体积为 V_e，其空隙率为 ε(空隙体积/滤饼体积)，滤饼的比表面为 a_B(单位体积的滤饼层所具有的表面积)，如果忽略因颗粒相互接触而使裸露的颗粒表面减少，则 a_B 与颗粒的比表明 a 的关系为 $a_B=a(1-\varepsilon)$。

由上述假定可知，细管的流动空间$=\varepsilon V_c$，细管的全部内表面积$=a_B V_c=a(1-\varepsilon)V_c$。

因此有

$$d_e=\frac{4\varepsilon}{a(1-\varepsilon)} \tag{3-4}$$

由于滤饼的微小通道的直径很小，阻力很大，因而这时液体的流速也很小，属于层流，则根据哈根-泊谡叶公式，可推得虚拟细管中的流动阻力损失为

$$\Delta p_f=\Delta p_1=\frac{32\mu l_e u_1}{d_e^2} \tag{3-5}$$

式中，Δp_1 为通过滤饼的压强，Pa；u_1 为滤液在虚拟细管中的流速，m/s，根据连续性方程可知 $u_1=u/\varepsilon$；μ 为滤液的黏度，Pa·s；l_e 为细管长度，m，与滤饼厚度 L 成比例，有 $l_e=K_0 L$，K_0 为无量纲的比例常数。

将式(3-4)及 $u_1=u/\varepsilon$ 和 $l_e=K_0 L$ 代入式(3-5)，整理可得

$$u=\frac{dV}{A\,d\theta}=\frac{\varepsilon^3}{2K_0 a^2(1-\varepsilon)^2}\frac{\Delta p_1}{\mu L} \tag{3-6}$$

令$\frac{\varepsilon^3}{2K_0 a^2(1-\varepsilon)^2}=\frac{1}{r}$，则有

$$u=\frac{dV}{A\,d\theta}=\frac{\Delta p_1}{\mu r L} \tag{3-7}$$

式中，r 为滤饼的比阻，与滤饼的比面积、空隙率等关系有关。对于不可压缩滤饼，r 为常数。式(3-6)称为康采尼式。由式(3-7)可推断出，瞬时速度的大小由两个相互抗衡的因素决定：一是阻碍滤液流动的因素 μrL，即过滤阻力；二是促使滤液流动的压力差 Δp_1，即为过滤推动

力。过滤阻力由两方面因素决定，一是滤饼的特征 r 及其厚度 L；二是滤液的黏度 μ。式(3-7)表明，滤饼不可压缩时，瞬时过滤速度与滤饼两侧的压力差成正比，与其厚度、滤液黏度成反比。因此式(3-7)同样可以表示为

$$u=\frac{\mathrm{d}V}{A\mathrm{d}\theta}=\frac{\text{过滤推动力}}{\text{过滤阻力}} \tag{3-8}$$

如果以上推导过程同时考虑过滤介质以及滤饼层对过滤的影响，则可将两者的阻力相加，为了计算的简便性，将介质阻力换算为厚度为 L_e 的滤饼阻力，式(3-8)可以改写为

$$u=\frac{\mathrm{d}V}{A\mathrm{d}\theta}=\frac{\Delta p_1}{\mu rL}=\frac{\Delta p_2}{\mu rL_e}=\frac{\Delta p}{\mu r(L+L_e)} \tag{3-9}$$

式中，Δp_2 为通过过滤介质的压降，Pa；Δp 为通过滤饼和过滤介质的总压强，Pa，这里有 $\Delta p=\Delta p_1+\Delta p_2$。

过滤时，滤饼厚度 L 随时间增加，滤液量与之成正比例。如果获得单位体积滤液时，在过滤介质上被截留的滤液体积为 c($\mathrm{m^3}$滤饼・$\mathrm{m^{-3}}$滤液)，则得到的滤液为 V 时，截留的滤渣体积为 cV，而滤渣层厚度为 L，则滤渣体积可由下面式子表示为

$$cV=AL$$

或

$$L=\frac{cV}{A}$$

对于过滤介质

$$L_e=\frac{cV_e}{A}$$

式中，V_e 为滤出厚度为 L_e 的一层滤饼所获得的滤液量。需要注意的是，V_e 是一个虚拟量，实际上并不存在。V_e 根据过滤介质和滤饼的特性进行取值。

综上所述，式(3-9)可以写成

$$u=\frac{\mathrm{d}V}{A\mathrm{d}\theta}=\frac{\Delta pA}{\mu rc(V+V_e)} \tag{3-10}$$

若需要考虑滤饼的压缩性，应计入比阻 r 随过滤压力的变化。比阻与过滤压力的关系需通过实验求出，其结果多整理成下列形式的经验公式

$$r=r_0\Delta p^s \tag{3-11}$$

式中，r_0、s 均为实验常数。其中，s 为压缩指数，滤饼的可压缩性越大，s 值越大。对于不可压缩滤饼，$s=0$。几种典型物料 s 的数值见表 3-2。

表 3-2　几种典型物料的压缩指数

物料	硅藻土	碳酸钙	钛白(絮凝)	高岭土	滑石	黏土	硫化锌	氢氧化铝
s	0.0l	0.19	0.27	0.33	0.51	0.56～0.6	0.69	0.9

将式(3-11)代入式(3-10)，并且令 $K=\dfrac{2\Delta p^{1-s}}{\mu r_0 c}$

可推得

$$\frac{\mathrm{d}V}{\mathrm{d}\theta}=\frac{KA^2}{2(V+V_e)} \tag{3-12}$$

或

$$\frac{\mathrm{d}q}{\mathrm{d}\theta}=\frac{K}{2(q+q_e)} \tag{3-13}$$

其中

$$q_e=\frac{V_e}{A}$$

式(3-12)和式(3-13)为过滤基本方程的微分式，表示任意瞬间的过滤速度，其中 K、q_e（或 V_e）通常称为过滤常数。过滤常数的值需由实验测定。

3.5.2　过滤设备

1. 板框压滤机

板框压滤机是一种历史较久，且仍沿用不衰的间歇式压滤机。它由多块带凹凸纹路的滤板和滤框交替排列组装于机架而构成，如图 3-17 所示。滤板和滤框的个数在机座长度范围内可自行调节，一般为 10～60 块不等，过滤面积为 2～80 m²。

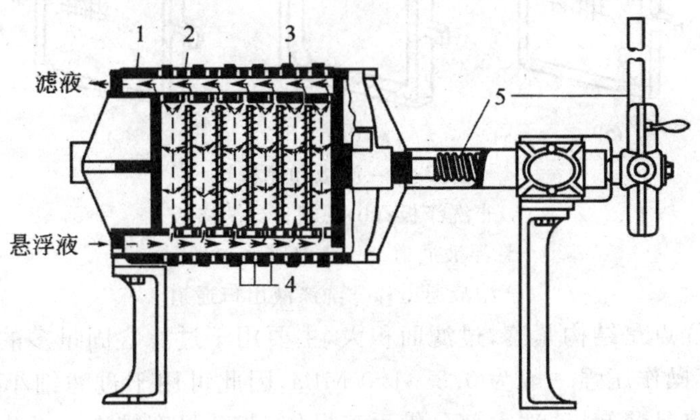

图 3-17　板框压滤机

1—固定头；2—滤板；3—滤框；
4—滤布；5—压紧装置

板和框的四角开有圆孔，组装后构成供料浆、滤液、洗涤液进出的通道，如图 3-18 所示。为了便于对板、框进行区别，常在板框的外侧铸有小钮或其他标志，如 1 钮为非洗涤板、2 钮为框、3 钮为洗涤板，组装时：非洗涤板→框→洗涤板→框→非洗涤板→框→……顺序排列。

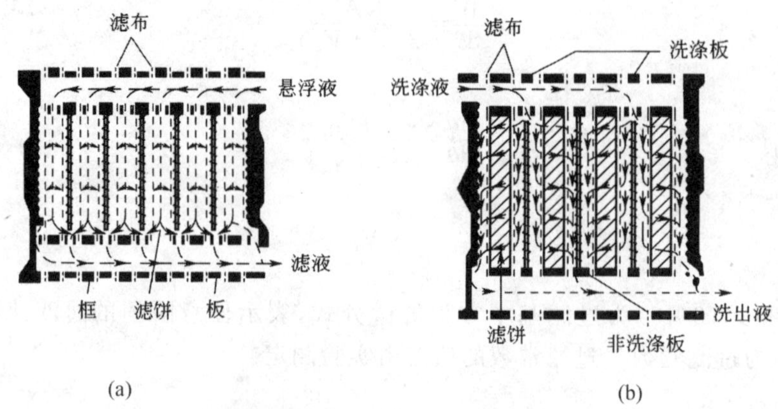

图 3-18　板框压滤机操作简图

(a)过滤阶段;(b)洗涤阶段

操作开始前,先将四角开孔的滤布覆盖于板和框之间,借手动、电动或液压传动使螺旋杆转动压紧板和框。过滤时悬浮液从通道 1[图 3-19(b)]进入滤框,滤液穿过框两边滤布,由每块滤板的下角进入通道 3 排出机外[图 3-19(a)]。待框内充满滤饼,即停止过滤。

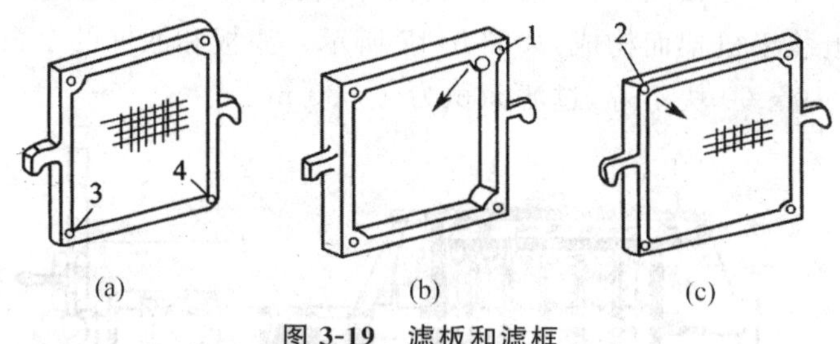

图 3-19　滤板和滤框

(a)非洗涤板;(b)滤框;(c)洗涤板

1—悬浮液通道;2—洗涤液入口通道;

3—滤液通道;4—洗涤液出口通道

板框压滤机的优点是结构紧凑,过滤面积大,主要用于过滤含固量多的悬浮液。由于它可承受较高的压差,其操作压强一般为 0.3～1.0 MPa,因此可用于过滤细小颗粒或液体黏度较高的物料。它的缺点是装卸、清洗大部分借手工操作,劳动强度较大。近代各种自动操作板框压滤机的出现,使这一缺点在一定程度上得到克服。

2. 厢式压滤机

厢式压滤机与板框压滤机相比,外表相似,但厢式压滤机仅由滤板组成。每块滤板凹进的两个表面与另外的滤板压紧后组成过滤室。料浆通过中心孔加入,滤液在下角排出,带有中心孔的滤布覆盖在滤板上,滤布的中心加料孔部位压紧在两壁面上或把两壁面的滤布用编织管缝合。如图 3-20 所示为厢式压滤机的示意图。实际上,自动厢式压滤机在工业上已达到较高的自动化程度。

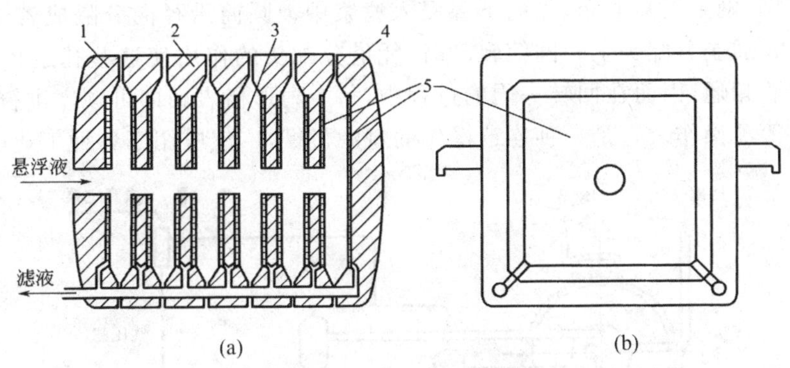

图 3-20 厢式压滤机

(a)厢式压缩机;(b)滤板

1,4—端头;2—滤板;3—滤饼空间;5—滤布

3. 叶滤机

叶滤机由许多滤叶组成。滤叶是由金属多孔板或多孔网制造的扁平框架,内有空间,外包滤布,将滤叶装在密闭的机壳内,为滤浆所浸没。滤浆中的液体在压力作用下穿过滤布进入滤叶内部,成为滤液后从其一端排出。过滤完毕,机壳内改充清水,使水循着与滤液相同的路径通过滤饼进行洗涤,故为置换洗涤。最后,滤饼可用振动器使其脱落,或用压缩空气将其吹下。

如图 3-21 所示为加压叶滤机的示意图,滤叶可以水平放置也可以垂直放置,滤浆可用泵压入也可用真空泵抽入。

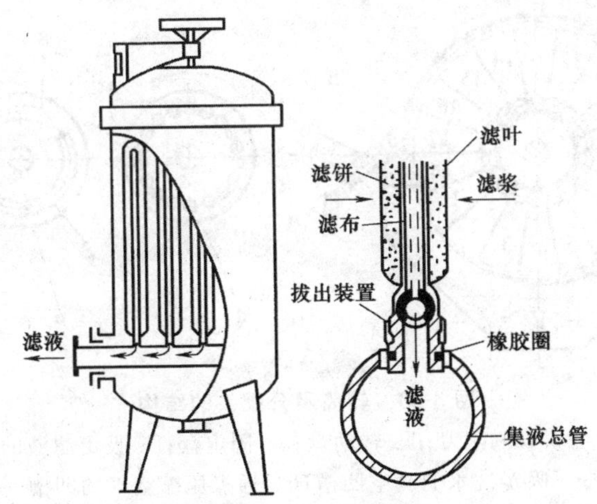

图 3-21 加压叶滤机

叶滤机也是间歇操作设备。它具有过滤推动力大,过滤面积大,滤饼洗涤较充分等优点。其生产能力比压滤机还大,而且机械化程度高,较节省劳动力。但是,叶滤机构造较为复杂,造价较高,粒度差别较大的颗粒可能分别聚集于不同的高度,故洗涤不均匀。

4. 转筒真空过滤机

如图 3-22 所示为转筒真空过滤机的示意图,设备的主体是一个能转动的水平圆筒,其表面有一层金属网，网上覆盖滤布，筒的下部浸入滤浆中。圆筒沿径向分隔成若干扇形格，每格都有单独的孔道通至分配头上。圆筒转动时，凭借分配头的作用使这些孔道依次分别与真空管及压缩空气管相通，因而在回转一周的过程中，每个扇形格表面即可顺序进行过滤、洗涤、吸干、吹松、卸饼等项操作。它是一种连续操作的过滤机械，广泛应用于各种工业中。

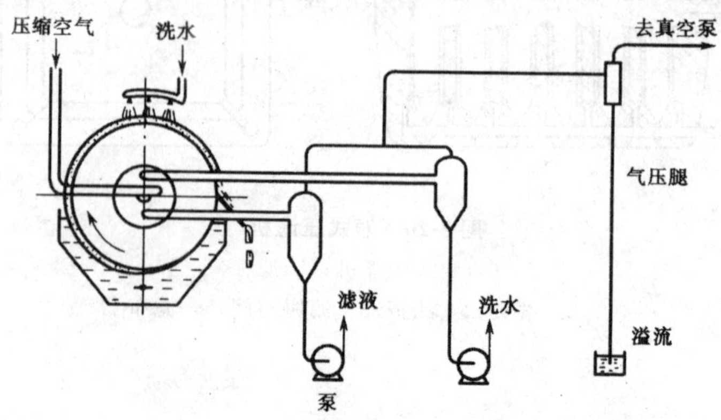

图 3-22　转筒真空过滤机

如图 3-23 所示，分配头由紧密贴合着的转动盘与固定盘构成。转动盘随着筒体一起旋转，固定盘内侧面各凹槽分别与各种不同作用的管道相通。在转动盘旋转一周的过程中，转筒表面的不同位置上，同时进行过滤—吸干—洗涤—吹松—卸饼等操作。如此连续运转，整个转筒表面便构成了连续的过滤操作。

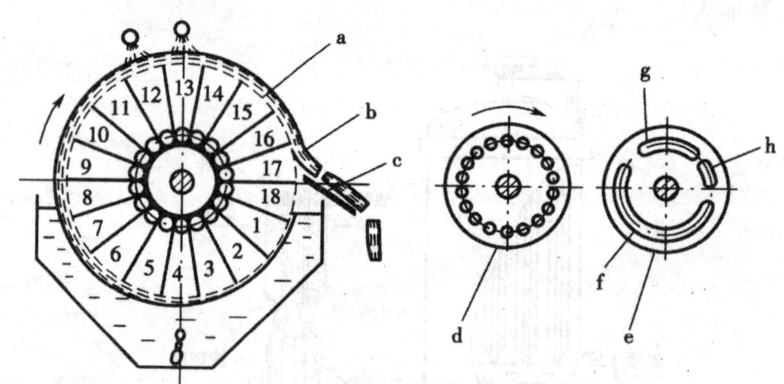

图 3-23　转筒及分配头的结构

a—转筒；b—滤饼；c—割刀；d—转动盘；e—固定盘；f—吸走滤液的真空凹槽；
g—吸走洗水的真空凹槽；h—通入压缩空气的凹槽

转筒的过滤面积一般为 5～40 m^2，浸没部分占总面积的 30%～40%。转速可在一定范围内调整，通常为 0.1～3 r/min。滤饼厚度一般保持在 40 mm 以内，转筒过滤机所得滤饼中液体含量很少低于 10%，常达 30%（体积）左右。

转筒真空过滤机能连续自动操作，节省人力，生产能力大，特别适宜于处理量大而容易过滤的料浆，对难以过滤的胶体物系或细微颗粒的悬浮物，如果采用预涂助滤剂措施也比较方便。该过滤机附属设备较多，投资费用高，过滤面积不大。此外，由于它是真空操作，因而过滤推动力有限，尤其不能过滤温度较高（饱和蒸汽压高）的滤浆，滤饼的洗涤也不充分。

5. 三足式离心机

三足式离心机是一种常用的人工卸料的间歇式离心机，其主要部件为一篮式转鼓，为便于拆卸并减轻转鼓的摆动，将转鼓、外壳和联动装置都固定在机座上，机座则借拉杆悬挂在三个支柱上，故称三足式离心机，如图 3-24 所示。操作时，将料浆加入转鼓后启动，滤液经转鼓和滤布由机座底部排出，滤渣沉积于转鼓内壁。过滤完毕，继续运转一段时间以沥干滤液或减少滤饼中含液量，必要时可进行洗涤。停车卸料，清洗设备。

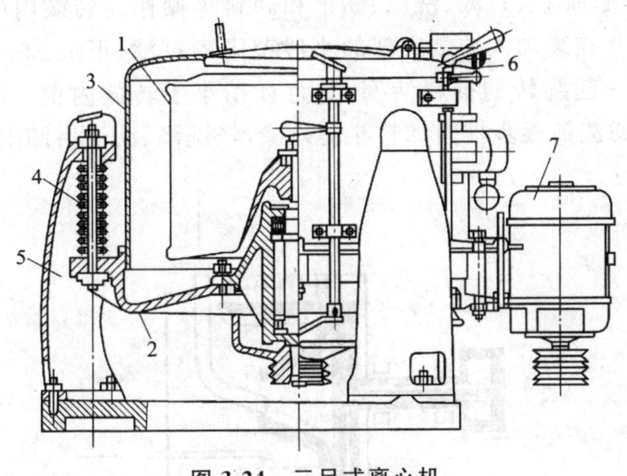

图 3-24 三足式离心机

1—转鼓；2—机座；3—外壳；4—拉杆；
5—支柱；6—制动器；7—电机

三足式离心机的转鼓直径大多在 1 m 左右，分离因数一般在 430～655 之间。设备结构简单，运转周期可灵活掌握，多用于小批量物料的处理，颗粒破损较轻。但是三足式离心机需要从设备上部卸渣，工作量大，很不方便。轴承和传动装置在机座下部，检修不便，如果液体漏入，则设备易被腐蚀。

6. 卧式刮刀卸料式离心机

如图 3-25 所示为卧式刮刀卸料式离心机的示意图。卧式刮刀卸料离心机是连续操作的离心过滤机，进料、分离、洗涤、甩干、卸料和洗网等均在转鼓全速运转下连续自动进行。

进料阀定时开启，悬浮液经进料管加入卧式转鼓内。在离心力作用下，滤液经滤网和转鼓上的小孔被甩至鼓外排出，固体颗粒则被截留，机内设有耙齿将沉积的滤渣均布于转鼓内壁的滤网上。当滤饼达到一定厚度，进料阀自动关闭。然后冲洗阀自动开启，洗涤水经冲洗管喷淋在滤渣上。洗涤完毕后持续甩干一定时间，刮刀在液压传动下上升，将滤饼

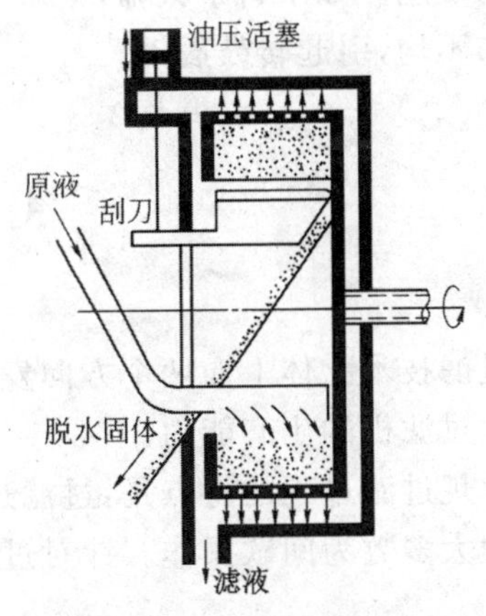

图 3-25 卧式刮刀卸料离心机

刮入卸料斗沿倾斜的溜槽卸出。刮刀架至极限位置后退下，冲洗阀开启，清洗滤网，进入下一周期。卧式刮刀卸料离心机的每一个操作周期为 35～90 s，连续运转，生产能力大，劳动条件好，适宜于过滤固体粒径大于 0.1 mm 的悬浮液。采用刮刀卸料时，不可避免地颗粒会有一定程度的磨损。

7. 活塞往复式卸料离心机

如图 3-26 所示活塞往复式卸料离心机的示意图。活塞往复式卸料离心机也是一种自动卸料的连续操作离心机，加料、过滤、洗涤、沥干和卸料等操作在转鼓内的不同部位同时进行。料液由旋转的锥形料斗连续加入转鼓底部的小段范围内过滤，形成 25～75 mm 厚的滤饼层。转鼓底部装有与转鼓一起旋转的推料活塞，其直径稍小于转鼓内壁。活塞与料斗一起作 30 次/min 的往复运动，滤渣被逐步推向加料斗的外缘，经洗涤、沥干后卸出转鼓外。

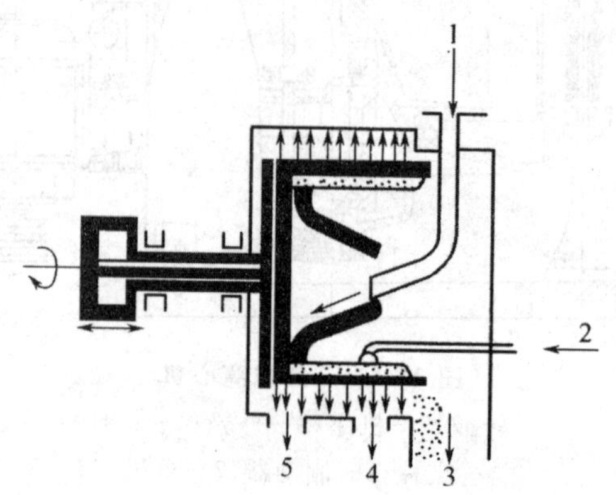

图 3-26　活塞往复式卸料离心机

1—原料液；2—洗涤液；3—脱液固体；
4—洗出液；5—滤液

活塞往复式卸料离心机转速低于 1 000 r/min，生产能力大，每小时可处理 0.3～2.5 t 固体，适合于过滤粒径大于 0.15 mm、固含量小于 10%的悬浮液，颗粒破损程度小，常用于食盐、硫酸铵、尿素等产品的生产中。与卧式刮刀卸料离心机相比，控制系统较简单，但对悬浮液浓度较为敏感。如果料浆太稀，则来不及过滤即直接流出转鼓；如果料浆太稠，则流动性差，使滤渣分布不均，引起转鼓震动。

3.6　过滤过程的强化

过滤技术大体上向两个方向发展，一是开发新的过滤方法和过滤设备；二是提高过滤速率以加大过滤机的生产能力。

常规过滤过程的特点是：过滤过程需要使用介质，过滤阻力随着操作时间延长而加大，过滤过程大多数为间歇操作。针对过滤过程特点，开发出各种强化过滤过程的新技术。

(1)改变悬浮液汇总的颗粒聚集状态

采取措施对料浆进行预处理,使细小颗粒聚集成较大颗粒。预处理包括添加凝聚剂、絮凝剂、调节物理条件(加热、冷冻、超声波震动、电磁场处理)等。

(2)改变滤饼结构

滤饼结构如空隙率、可压缩性等对过滤速率影响很大。为获得较高的过滤速率,希望形成的滤饼较为疏松而且是不可压缩的。通常改变滤饼结构的方法是使用助滤剂。常用的助滤剂是一些不可压缩的粉状或纤维状固体,如硅藻土、膨胀珍珠岩、纤维素等。对助滤剂的基本要求如下:

①刚性,能承受一定压差而不变形。

②多孔性,以形成高空隙率的滤饼,如硅藻土层的空隙率可高达 80%～90%。

③尺度大体均匀,其大小有不同规格以适应不同的悬浮液。

④化学稳定性好,不与物料发生化学反应。

(3)改善过滤介质

将一般过滤介质改为固体薄膜,开发出膜过滤过程。按被截留颗粒尺寸的大小,可将膜过滤分为微滤、超滤、纳滤和渗透等。膜过滤以压差为推动力。

(4)改间歇过滤为连续过滤

为了使微米级凝胶物质的悬浮液脱水,设计了一种过滤和沉降相结合的双功能固一液分离技术。此过程采用循环操作,过滤速率很高,且滤渣脱水较彻底,无须机械排渣装置。

(5)动态过滤

动态过滤在传统的过滤装置中,滤饼不受搅动并不断增厚,固体颗粒连同悬浮液都以过滤介质为其流动的终端,因此称为终端过滤。这种过滤的主要阻力大多来自滤饼。为了保持初始阶段薄层滤饼的高过滤速率,可采用多种方法,如机械的、水力的或电场的人为干扰限制滤饼增长。这种有别于传统的过滤统称为动态过滤。如图 3-27 所示为动态过滤的一个例子。

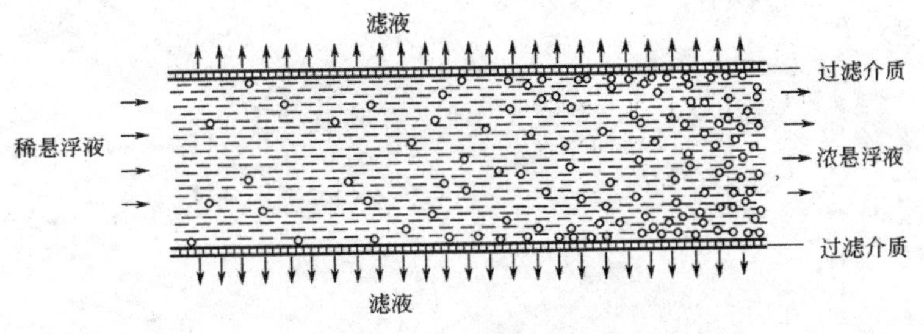

图 3-27　动态过滤的示意图

如图 3-28 所示为一种级式动态过滤机,它由一组旋转圆盘及相邻的固定滤面组成,圆盘带 3 个直叶片并以 200～700 r/min 的转速带动悬浮液旋转。悬浮液从一端进入,逐级流过转盘和静止滤面之间约为 3 mm 的缝隙,逐渐增浓,最后成为浓浆经控制阀排出。转盘在低速转动时,其上的叶片起着刮刀的作用,限制了过滤面上滤饼的厚度。转盘在高转速时由于造成流体内较大的速度梯度和剪切力,在 3 mm 间隙中只能够形成 1 mm 厚的滤饼,因而能够大幅度提高过滤的速率。

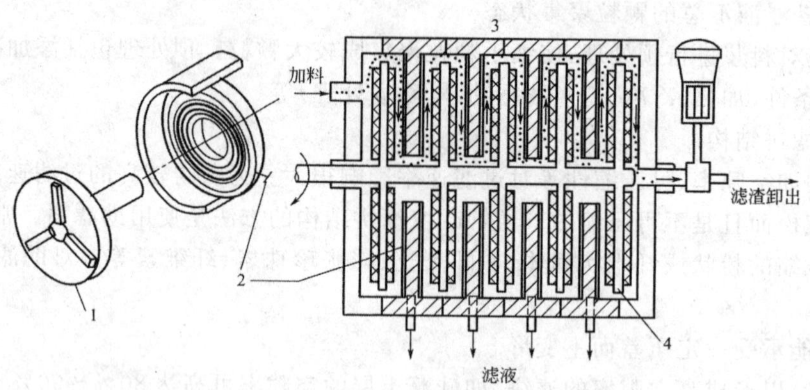

图 3-28 级式动态过滤机

1—旋转叶轮;2—固定滤板;3—悬浮液通道;4—叶轮

(6)引入外场作用

借助电场作用,开发出新型的固-液分离技术,诸如电渗析、错流电过滤、介电泳和介电过滤等。

第 4 章　传热过程

4.1　概述

热是能量的一种形式。热量是对热在传递过程中的度量,它是一个过程量而非状态量。根据热力学第二定律,凡是存在温度差的地方就会发生热量传递,并导致热量自发地从高温处向低温处传递,这一过程称为热量传递过程,简称传热。

4.1.1　传热的基本方式

根据传热机理的不同,热量传递有 3 种基本方式:热传导、热对流和热辐射。传热可依靠其中的一种方式或几种方式同时进行。这 3 种传热基本方式一般不单独存在,往往是相互伴随,同时出现。

1. 热传导

物体各部分之间不发生相对位移时,依靠分子、原子及自由电子等微观粒子的热运动而产生的热量传递称为热传导,又称为导热。

从微观的角度来看,气体、液体、导电固体或非导电固体的热传导机理是不同的。气体中,热传导是气体分子不规则热运动时相互碰撞的结果。温度较高的气体分子具有较大的运动动能,不同能量水平的分子相互碰撞使热量从高温处迁移到低温处。导电固体具有大量的自由电子,它们在固体晶格中的运动类似于气体分子,在导电固体中,自由电子的运动对热量传导起着重要作用。在非导电固体中,热传导是通过晶格的振动实现的。对于液体的热传导机理,目前还存在不同的观点:一种观点认为液体的热传导类似于气体,只是情况更复杂,因为液体的分子间距较小,分子间作用力对分子碰撞的影响比气体的大;另一种观点认为液体的热传导类似于非导电固体,主要靠弹性波的作用。

热传导现象可以用傅里叶(Fourier)定律来描述。

2. 热对流

热对流是指流体中质点发生相对位移而引起的热量传递。热对流仅发生在液体和气体中。由于引起流体质点相对位移原因的不同,对流可分为自然对流和强制对流。由于流体各部分温度的不均而形成了密度的差异,使流体发生相对运动而传热,这种过程称为自然对流传热。由于泵、风机或其他外力作用而引起的流体流动称为强制对流，在强制对流情况下进行的热量传递过程称为强制对流传热。在流体中发生强制对流传热的同时，往往伴随着自然对流传热。习惯上把流体与固体壁面间的传热，统称为对流传热。

3. 热辐射

热辐射是一种以电磁波传播能量的现象。物体会因各种原因发射出辐射能，其中物体因热的原因发出辐射能的过程称为热辐射。物体放热时，热能变为辐射能，以电磁波的形式在空间传播，当遇到另一物体，则部分或全部被吸收，重新又转变为热能。热辐射不仅是能量的转移，而且伴有能量形式的转化。此外，辐射能可以在真空中传播，不需要任何物质作媒介。

物体的热辐射能力与温度有关，物体只要在绝对零度以上，即能发射辐射能，而且温度越高辐射能力越强。

4.1.2 传热速率与热通量

在换热器中传热的快慢用传热速率来表示，传热速率是传热过程的基本参数。

传热速率（又称为热流量）是指在单位时间内通过传热面的热量，用 Q 表示，单位为 W。

热通量（又称为传热速度）是指单位传热面积的传热速率，用 q 表示，单位为 $\mathrm{W/m^2}$。

热通量和传热速率之间的关系为

$$q=\frac{\mathrm{d}Q}{\mathrm{d}S}$$

自然界中传递过程的普遍关系为：传递过程速率与过程的阻力成反比，与过程的推动力成正比。传热过程速率可表示为

$$\text{传热速率}=\frac{\text{传热推动力（温度差）}}{\text{传热热阻}}$$

如果传热温度以 Δt 表示，单位为 ℃；热阻用 R 或 R' 表示，则传热速率为

$$Q=\frac{\Delta t}{R}$$

或

$$q=\frac{\Delta t}{R'}$$

式中，R 为整个传热面的热阻，℃/W；R' 为单位传热面积的热阻，$\mathrm{m^2}$ · ℃/W。

对于不同的传热情况，找出热阻的表达方式，便能求得传热效率。为了提高传热速率或者热通量，关键在于检索传热过程中的热阻。

4.2 热传导

4.2.1 温度场与温度梯度

只要物体或者系统内部存在温度差，就有热量从高温部分向低温部分传递。因此研究热

传导必然涉及物体内部的温度分布，物体内各点的温度在任一瞬间的分布情况称为温度场。

温度场是空间位置和时间的函数，故温度场可表示为

$$t=f(x,y,z,\theta)$$

式中，t 为温度，℃；x、y、z 为空间中任意一点的坐标；用 θ 表示时间，s。

如果温度场内各点的温度随时间而变，则此温度场为非定态温度场。如果温度场内各点的温度不随时间而变，则此温度场为定态温度场。定态温度场的数学表达式为

$$t=f(x,y,z)$$

在特殊情况下，如果定态温度场中温度仅沿一个空间坐标而变，则此温度场为定态的一维温度场，即

$$t=f(x),\frac{\partial t}{\partial \theta}=0,\frac{\partial t}{\partial y}=\frac{\partial t}{\partial z}=0$$

温度场中具有相同温度的各点组成的面为等温面。显然，沿等温面而没有热量的传递，并且各等温面也互不相交。两等温面之间的温度差 Δt 和其间的垂直距离 Δn 之比的极限称为温度梯度，记作 gradt，数学表达式为

$$\mathrm{gradt}=\lim_{n\to 0}\frac{\Delta t}{\Delta x}=\frac{\partial t}{\partial n}$$

温度梯度是向量，其方向垂直于等温面，并以温度增加的方向为正，与热量传递方向相反，如图 4-1 所示。

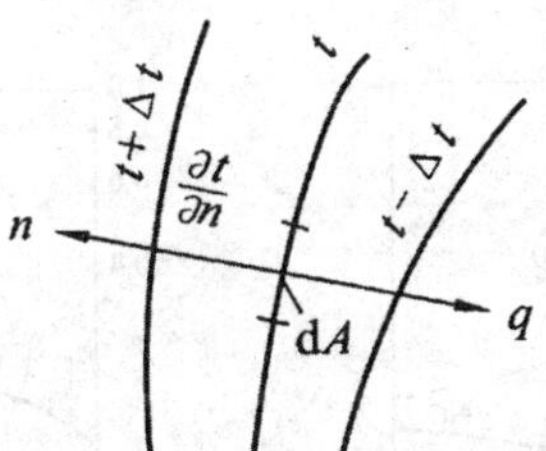

图 4-1 温度梯度与热传导的方向示意图

对于定态的一维温度场，温度梯度可表示为

$$\mathrm{gradt}=\frac{\mathrm{d}t}{\mathrm{d}x}$$

4.2.2 傅里叶定律

傅里叶定律是热传导的基本定律，它表示单位时间内传导的热量与温度梯度以及垂直与热流方向的截面积成正比，即

$$\mathrm{d}Q=-\lambda \mathrm{d}A\frac{\partial t}{\partial x}$$

式中，负号是指热流方向总是与温度梯度方向相反，即热量从高温向低温传递；Q 为单位时间传导的热量，简称传热效率，W；A 为导热面积，垂直于热流方向的表面积，m^2；λ 为物质的导热系数，W/(m·K)。傅里叶定律的表达式还可以写成导热热通量的形式

$$q=-\lambda\frac{\partial t}{\partial n}$$

4.2.3 热导率

热导率表示物质的导热能力，是物质的物理性质之一，其值常与物质的组成、结构、密度、压力和温度等有关，可用实验方法求得。下面分别讨论固体、液体和气体的热导率。

1. 固体的热导率

金属是良好的导热体。纯金属的热导率一般随温度升高而略有减小。金属的纯度对热导率的影响很大。

非金属的建筑材料或绝缘材料的热导率与其组成、结构的致密程度以及温度等有关。通常 λ 值随密度的增大或温度的升高而增加。

大多数均一的固体，其热导率在一定温度范围内与温度约成直线关系，可用下式表示

$$\lambda=\lambda_0(1+\alpha t)$$

式中，λ、λ_0 分别为固体在温度 t、273 K 时的热导率，W/(m·K)或 W/(m·℃)；α 为温度系数，对大多数金属材料 α 为负值，而对大多数非金属材料 α 为正值。

如图 4-2 所示，(a)和(b)分别给出了常见金属固体和非金属固体的热导率随温度的变化情况。金属的热导率与材料的纯度有关，合金材料热导率小于纯金属。各种固体材料的热导率均与温度有关。

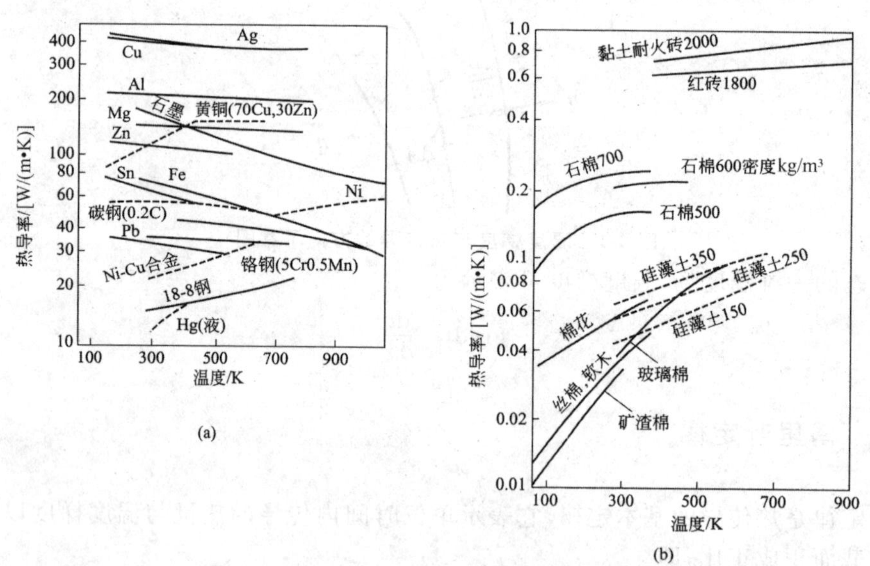

图 4-2 一些常见固体材料的热导率

(a)金属；(b)一些非金属

2. 液体的热导率

非金属液体的热导率较小，但比固体绝热材料大，金属液体的热导率很大。如图 4-3 所示，为一些非金属液体的热导率随温度的变化情况。

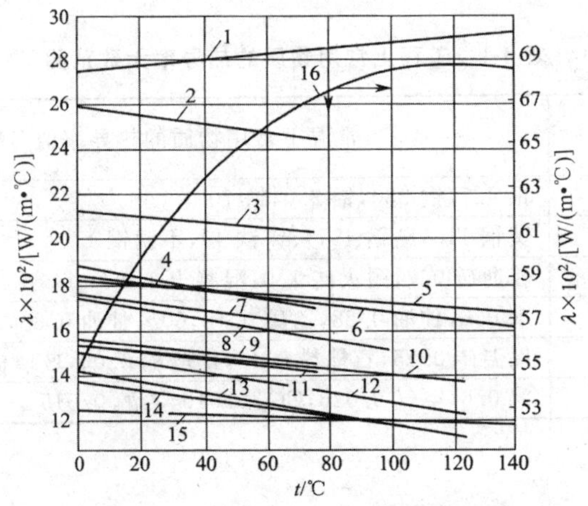

图 4-3　一些非金属液体的热导率

1—无水甘油；2—蚁酸；3—甲醇；4—乙醇；5—蓖麻油；
6—苯胺；7—醋酸；8—丙酮；9—丁酮；10—硝基苯；
11—异丙苯；12—苯；13—甲苯；14—二甲苯；
15—凡士林油；16—水

从图 4-3 中不难看出，其中水的热导率很大；除水和甘油外，绝大多数液体的热导率随温度升高而略有减小。另外，一般来说，纯液体的热导率比其溶液的热导率大。

3. 气体的热导率

气体的热导率随温度的升高而增大。在相当大的压力变化范围内，气体的热导率与压力的关系不是很大，只有在压力大于 2×10^{8} Pa 或者很低时，热导率才随压力的升高而增大。气体的热导率很小，对导热不利，却对保温有力。玻璃棉、软木等材料就是由于内部空隙存在气体，所以平均热导率较小。几种常用气体的热导率如图 4-4 所示，表 4-1 给出了工程上常用物质的热导率大致范围。

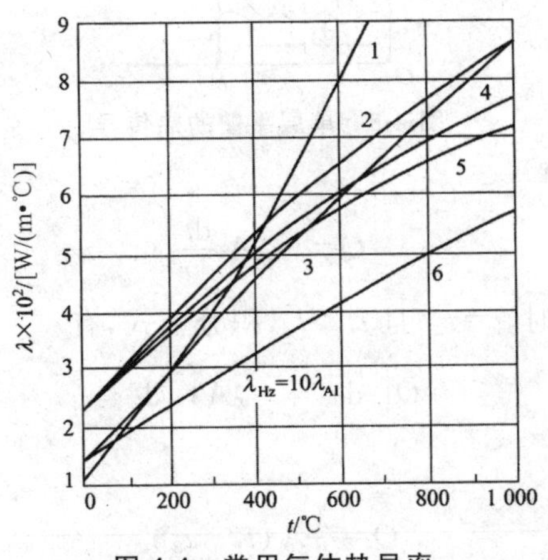

图 4-4　常用气体热导率

1—水蒸气；2—氧气；3—二氧化碳；
4—空气；5—氮气；6—氩

表 4-1 工程上常用物质的热导率大致范围

物质种类	热导率范围/[W/(m·℃)]	常温下常用物质的热导率值/[W/(m·℃)]
纯金属	20～400	银 427,铜 380,铝 230,铁 70
合金	10～130	黄铜 110,碳钢 45,灰铸铁 40,不锈钢 17
建筑材料	0.2～2.0	普通砖 0.7,耐火砖 1.0,混凝土 1.3
液体	0.1～0.7	水 0.6,甘油 0.28,乙醇 0.18,60%甘油 0.38,60%乙醇 0.3
绝热材料	0.02～0.2	保温砖 0.15,石棉粉 0.13,矿渣棉 0.06,玻璃棉 0.04,膨胀珍珠岩 0.04
气体	0.01～0.6	氢 0.6,空气 0.025,CO_2 0.015,乙醇 0.015

4.2.4 平壁的稳态热传导

1. 单层平壁的稳态热传导

如图 4-5 所示的平壁,壁厚为 b,面积为 A,假设平壁材料均匀,导热系数 λ 不随温度变化而变化,平壁的温度只沿垂直于壁面的 x 轴变化,故等温面皆为垂直于 x 轴的平行平面,此导热过程为一维定态热传导。

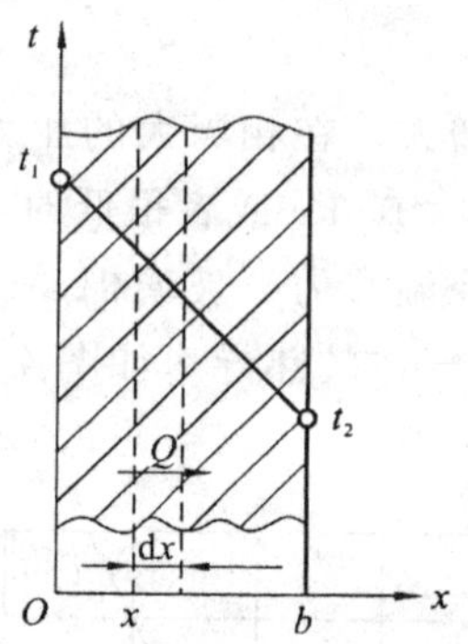

图 4-5 单层平壁的热传导

对于一维稳定热传导,有

$$Q=-\lambda A\frac{\mathrm{d}t}{\mathrm{d}x}$$

当 $x=0$ 时,$t=t_1$;$x=b$ 时,$t=t_2$;且 $t_1>t_2$,积分上式,有

$$Q\int_0^b \mathrm{d}x=-\lambda A\int_{t_1}^{t_2}\mathrm{d}t$$

积分后,得

$$Q=\frac{\lambda}{b}A(t_1-t_2) \tag{4-1}$$

式中,Q 为导热速率,即单位时间通过平壁的热量,W 或 J/s;A 为平壁的传热面积,m^2;b 为平壁的厚度,m;λ 为平壁的导热系数,W/(m·℃)或 W/(m·K);t_1、t_2 为平壁两侧的温度,℃。

式(4-1)为单层平壁热传导速率的计算式。此式还可改写为下面的形式

$$Q=\frac{t_1-t_2}{\frac{b}{\lambda A}}=\frac{\Delta t}{R}=\frac{推动力}{阻力}$$

式中，$\Delta t=t_1-t_2$ 为导热推动力；$R=\frac{b}{\lambda A}$称为导热热阻。

式(4-1)也可用热通量表示

$$q=\frac{Q}{A}=\frac{\Delta t}{\frac{b}{\lambda}}=\frac{t_1-t_2}{R'}$$

此时，热阻 $R'=\frac{b}{\lambda}$，$m^2 \cdot ℃/W$。

如果将积分式 $Q\int_0^b dx=-\lambda A\int_{t_1}^{t_2} dt$ 的上限从 $x=b, t=t_2$ 改为某一点 $x=x, t=t$，然后积分得

$$Q=\frac{\lambda}{b}A(t_1-t_2)$$

则平壁内任意位置的温度可表示为

$$t=t_1-\frac{Qx}{\lambda A}$$

由此可知，当 λ 视为常数时，平壁内沿 x 轴的温度变化呈线性关系。

2. 多层平壁的稳态热传导

在工业生产中常见的是多层平壁，如锅炉的炉墙。现以一个三层平壁为例，说明通过多层平壁导热量的计算。如图 4-6 所示，已知平壁面积为 A，各层厚度为 b_1、b_2 和 b_3，导热系数分别为 λ_1、λ_2 和 λ_3，且为常数；两侧表面温度为 t_1 和 t_4，并且有 $t_1>t_4$，层与层之间接触良好，界面温度为 t_2 和 t_3。

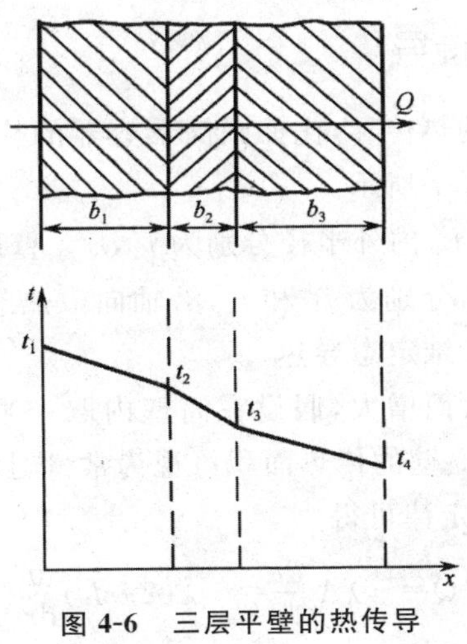

图 4-6 三层平壁的热传导

在定态热传导是，通过各层的热传导速率必相等，即

$$Q=Q_1=Q_2=Q_3$$

$$Q=\frac{\lambda_1 A(t_1-t_2)}{b_1}=\frac{\lambda_2 A(t_2-t_1)}{b_2}=\frac{\lambda_3 A(t_3-t_4)}{b_3}$$

由上式可得

$$\Delta t_1=t_1-t_2=Q\frac{b_1}{\lambda_1 A}=QR_1$$

$$\Delta t_2=t_2-t_3=Q\frac{b_2}{\lambda_2 A}=QR_2$$

$$\Delta t_3=t_3-t_4=Q\frac{b_3}{\lambda_3 A}=QR_3$$

将以上三式相加，并整理可得

$$Q=\frac{\Delta t_1+\Delta t_2+\Delta t_3}{R_1+R_2+R_3}=\frac{t_1-t_4}{\frac{b_1}{\lambda_1 A}+\frac{b_2}{\lambda_2 A}+\frac{b_3}{\lambda_3 A}} \tag{4-2}$$

式(4-2)为三层平壁热传导速率方程式。

对 n 层平壁，其传热速率方程可表示为

$$Q=\frac{t_1-t_{n+1}}{\sum_{i=1}^{n}\frac{b_i}{\lambda_i A}}=\frac{\sum \Delta t}{\sum R}=\frac{\text{总推动力}}{\text{总阻力}}$$

式中，下标 i 表示平壁的序号。

由此可知，多层平壁热传导的总推动力为各层温度差之和，即总温度差；总热阻为各层热阻之和。

4.2.5 圆筒壁的稳态热传导

1. 单层圆筒壁的稳态热传导

化工生产中常遇到圆筒壁的热传导，比如圆筒形容器的热传导、圆筒形设备的热传导，等等。单层圆筒壁的热传导如图 4-7 所示。

设有一单层圆筒壁，其长为 L，内外半径分别为 r_1，r_2。壁厚 $\delta=r_2-r_1$，筒壁的导热系数 λ 为常数，圆筒内外表面温度恒定，分别为 t_1 和 t_2，沿轴向散热忽略不计，温度仅沿半径方向变化。通过此圆筒壁的导热属于一维定态导热。

由于传热面积随半径的增大而增大，假设在筒壁内取一半径为 r，厚度为 $\mathrm{d}r$ 的微元圆筒壁。由于 $\mathrm{d}r$ 很小。这个微元圆筒壁的传热面积可视为常量，且 $A=2\pi rL$。又设该微元圆筒壁内的温度变化为 $\mathrm{d}t$，则由傅里叶定律可得

$$Q=-\lambda A\frac{\mathrm{d}t}{\mathrm{d}r}=-\lambda(2\pi rL)\frac{\mathrm{d}t}{\mathrm{d}r} \tag{4-3}$$

将式(4-3)分离变量积分并整理得

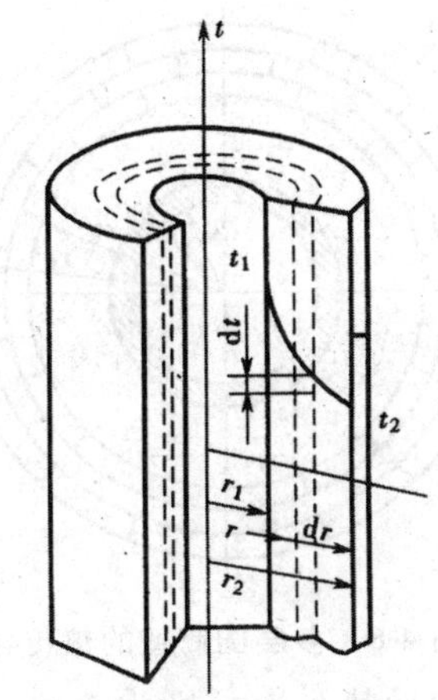

图 4-7 单层圆筒壁的热传导

$$Q=\frac{2\pi L\lambda(t_1-t_2)}{\ln\frac{r_2}{r_1}}=\frac{t_1-t_2}{\frac{\ln\frac{r_2}{r_1}}{2\pi L\lambda}}=\frac{\Delta t}{R} \tag{4-4}$$

式中，R 为圆筒壁导热热阻，$R=\frac{\ln\frac{r_2}{r_1}}{2\pi L\lambda}$。

式(4-4)便为单层圆筒壁的热传导速率方程式。该式也能够写成与平壁热传导方程式相类似的形式，即

$$Q=\frac{A_m\lambda(t_1-t_2)}{r_2-r_1} \tag{4-5}$$

将式(4-5)与式(4-4)相比，可得平均面积为

$$A_m=\frac{2\pi L(r_2-r_1)}{\ln\frac{r_2}{r_1}}=2\pi r_m L$$

其中

$$r_m=\frac{r_2-r_1}{\ln\frac{r_2}{r_1}}$$

或

$$A_m=\frac{2\pi L(r_2-r_1)}{\ln\frac{2\pi L r_2}{2\pi L r_1}}=\frac{A_2-A_1}{\ln\frac{A_2}{A_1}}$$

式中，r_m 为圆筒壁的对数平均半径，m；A_m 为圆筒壁的内外表面积的对数平均面积，m^2。

2. 多层圆筒壁的稳态热传导

多层圆筒壁(以三层为例)的热传导如图 4-8 所示。

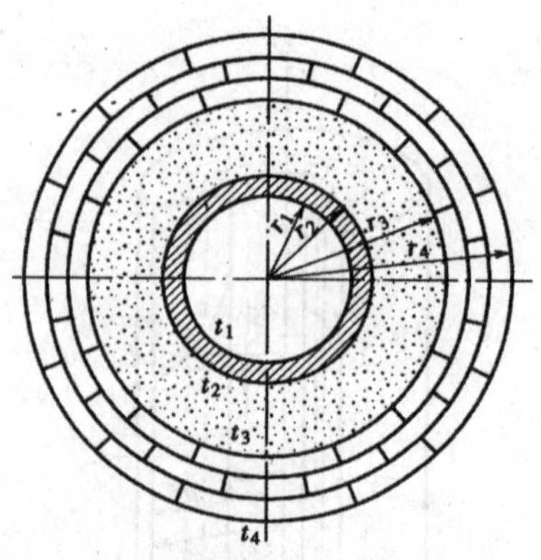

图 4-8　多层圆筒壁的热传导

假设各层之间接触良好，各层的导热系数分别为 λ_1，λ_2 和 λ_3，厚度分别为 $b_1=r_2-r_1$、$b_2=r_3-r_2$ 和 $b_3=r_4-r_3$。根据串联传热的原则，可写出三层圆筒壁的热传导速率方程式为

$$Q=\frac{\Delta t_1+\Delta t_2+\Delta t_3}{R_1+R_2+R_3}=\frac{t_1-t_4}{\frac{\ln\frac{r_2}{r_1}}{2\pi L\lambda_1}+\frac{\ln\frac{r_3}{r_2}}{2\pi L\lambda_2}+\frac{\ln\frac{r_4}{r_3}}{2\pi L\lambda_3}}$$

或

$$Q=\frac{t_1-t_4}{\frac{b_1}{\lambda_1 A_{m1}}+\frac{b_2}{\lambda_2 A_{m2}}+\frac{b_3}{\lambda_3 A_{m3}}}$$

对 n 层圆筒壁，有

$$Q=\frac{t_1-t_{n+1}}{\sum_{i=1}^{n}\frac{\ln\frac{r_{i+1}}{r_i}}{2\pi L\lambda_i}}$$

或

$$Q=\frac{t_1-t_{n+1}}{\sum_{i=1}^{n}\frac{b_i}{\lambda_i A_i}}$$

需要注意的是，对圆筒壁的热传导，通过各层的热传导速率都是相同的，但是热通量却都不相等。

4.3　对流传热

4.3.1　对流传热过程

流体的宏观流动使传热速率加快。现以流体流过平壁壁面时与其交换热量为例加以说明。如图4-9所示为热、冷流体流过平壁壁面两侧交换热量过程中，某流动截面A-A上热、冷流体的温度分布。热、冷流体的主体温度分别为T及t，对应的壁面两侧温度为T_w及t_w，热流体流过壁面时被冷却，冷流体被加热，故$T>T_w>t_w>t$。

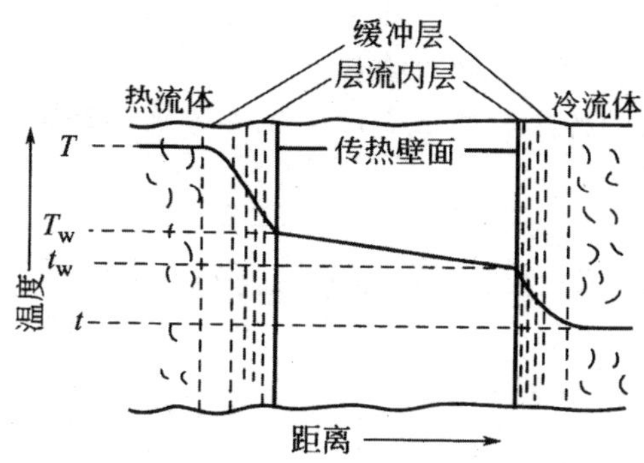

图4-9　对流传热的温度分布

以热流体为例展开讨论，由于热流体流过壁面时，流体中的任一微元不仅向壁面传递着来自热流体主体的热量，而且流体微元本身也放出部分热量，结果，热流密度q随着距离壁面的距离降低而增加。

如果流体以层流状态流过壁面，在垂直于壁面的方向上，热量传递以传导方式进行，由傅里叶定律及上段所述的热流体流过壁面时热流密度q随距壁面距离变化的规律，可以推出在截面A-A上，热流体的温度梯度随着距壁面的距离降低而增加，温度分布为一曲线。

当流体以湍流状态流过平壁时，湍流脉动促使流体在截面A-A上混合，流体主体温度趋向均一，过渡区域温度分布不像湍流主体那么均匀，但也不像层流内层那样变化明显，只有在层流内层中才有明显的温度梯度，显然流体湍动会使壁面附近处流体的温度梯度加大。由于流体在层流内层中的热量传递仅以传导方式进行，流体流过固体壁面时与该壁面所交换的热量可以表示为

$$q=-\lambda\left(\frac{\partial T}{\partial y}\right)_{y=0}$$

式中，y为热流体中某点距固体壁面的法向距离，$\left(\frac{\partial T}{\partial y}\right)_{y=0}$为$y=0$时的温度梯度，也就是流体在壁面处的温度梯度，故此温度梯度的增大，必导致热流密度的增大，传热过程被强化。

对流传热过程大致可分以下两大类型。

(1)无相变对流传热

无相变对流传热又分为以下两种。

①流体自然对流传热。当静止流体与不同温度固体壁面接触，在流体内部产生温度差异。流体内部温度不同导致流体密度的不同从而产生了浮力，密度大的流体往下沉，密度小的朝上浮。于是，在流体内部发生了流动。这种流动为流体自然对流。在这种类型的传热中，流体只作自然对流。

②流体强制对流传热。由于外界机械能的输入，如在泵、风机或搅拌器的作用下，流体被迫流过固体壁面的传热。

(2)相变对流传热

相变对流传热又分为以下两种。

①蒸汽冷凝传热。蒸汽遇到温度低于其饱和温度的冷固体壁面时,蒸汽放热并冷凝成液体,凝液在重力作用下沿壁面流下,这种传热类型称为蒸汽冷凝传热。

②液体沸腾传热。液体从固体壁面吸收热量而沸腾,在液体内部产生气泡,气泡在浮升时因继续发生液体气化而长大的传热类型称为液体沸腾传热。沸腾传热还可分为大空间沸腾及流动沸腾过程。

4.3.2 对流传热速率方程——牛顿冷却定律

壁面对流体的加热或冷却由于对流的存在变得非常复杂。严格的数学处理要求推导出流体中的温度分布,求出壁面上的温度梯度,再求出热流密度。目前,只有少数简单的情况才能获得计算热流密度的解析式。即使如此,理论计算的结果也并不准确,这是由于自然对流的影响难以定量估计的缘故。工程上将对流传热的热流密度写成如下的形式:

流体被加热时

$$q=\alpha(t_w-t) \tag{4-6}$$

流体被冷却时

$$q=\alpha(T-T_w) \tag{4-7}$$

式中,α 为对流传热系数,W/(m^2·℃);T_w、t_w 为壁温,℃;T、t 为流体的某代表性温度,通常取横截面上的流体平均温度。为将其与截面上各点的温度相区别,以下将横截面上的平均温度简称为主体温度。

式(4-6)、式(4-7)称为牛顿冷却定律。注意牛顿冷却定律并非理论推导的结果,它只是一种推论,即假设热流密度与 ΔT 成正比。实际上在不少情况下,热流密度并不与温度差成正比,此时,对流传热系数 α 值不为常数而与 ΔT 有关。同时应当注意到,对流传热过程按牛顿冷却定律来处理并未改变问题的复杂性,凡影响热流密度的因素都将影响对流传热系数的数值。按牛顿冷却定律,实验的任务是测定各种不同情况下的对流传热系数,并将其关联成经验表达式以供设计时使用。

4.3.3 影响对流传热系数的因素

通过对对流传热过程的初步考察可以发现,影响对流传热系数的因素如下所示。

(1)引起流动的原因

流体可以有强制对流和自然对流两种,强制对流所造成的流体湍动程度和壁面附近的温度梯度远大于自然对流,因而其对流传热系数远高于自然对流传热系数。

(2)流动形态

流体流动型态的不同,对流传热的机理也是不同的。一般来说,湍流时对流传热系数大大高于层流时的情况。湍动程度越大,则层流内层越薄,对流传热系数越大。这是流动状况影响的另一种体现。

(3)流体的性质

对层流内层中的热传导和自然对流中的环流速度有影响，因而对对流传热过程有重要影响。流体的黏度越小则层流内层越薄，热导率越大，则导热性能越好；比热容越大，则相同流体温变时吸收或放出的热量越多；流体的密度越大则惯性力越大，层流内层越薄。气体的热导率远小于液体，因而前者对流传热系数远小于后者。

(4)传热面

传热面的表面形状、流道尺寸、传热面摆放方式等因素都会影响传热系数。传热面表面形状直接影响着流体的湍动程度。波纹状、翅片状或其他异形表面能够使流体在雷诺数很低时便达到湍流，或使流体获得比换热面为平滑面时更大的湍动程度。

4.3.4　对流传热过程的量纲分析

根据理论分析及有关实验研究可知，影响对流传热系数 α 的因素有流速 u、传热设备的特征尺寸 l、流体的密度 ρ、黏度 μ 比热容 c_p、导热系数 λ 以及单位质量流体受到的浮力 $\beta g\Delta t$ 等物理量。它们可表示为

$$\alpha=f(u,l,\mu,\lambda,c_p,\beta g\Delta t)$$

由上式可知，影响该过程的物理量有 7 个，而它们涉及的基本量纲只有 4 个，分别为长度 L、温度 T、质量 M、时间 θ。根据 π 定理，利用量纲分析法获得的特征数关联式中，无量纲特征数的数目应为 3，这 3 个无量纲特征数的关系为

$$\frac{\alpha l}{\lambda}=C\left(\frac{lu\rho}{\mu}\right)^a\left(\frac{c_p\mu}{\lambda}\right)^b\left(\frac{\beta g\Delta t l^3\rho^2}{\mu^2}\right)^c$$

将式中的各特征数用相应符号表示，可写成

$$Nu=CRe^aPr^bGr^c \tag{4-8}$$

此式为无相变条件下对流传热系数的特征数关联式的一般形式，式中各特征数的名称、符号和意义见表 4-2。

表 4-2　特征数名称的符号和意义

特征数名称	符号	意义
努塞尔数 Nu	$Nu=\frac{\alpha l}{\lambda}$	包含对流传热系数的特征数
雷诺数 Re	$Re=\frac{lup}{\mu}$	流体流动状态和湍动程度对对流传热的影响
普兰特数 Pr	$Pr=\frac{c_p\mu}{\lambda}$	流体物性对对流传热的影响
格拉晓夫数 Gr	$Gr=\frac{\beta g\Delta t l^3\rho^2}{\mu^2}$	自然对流对对流传热的影响

不同情况下的对流传热，C、n、k、g 由实验测定。特征数关联式是一种经验公式，因此，在使用这些经验公式计算对流传热系数 α 时，应注意以下几点。

①关联式中各特征数的数值应在实验所进行的数值范围内，使用时不能超出适用范围，否则将增加计算值与真实值之间的误差。

②对流传热中，流体的温度沿流动方向逐渐变化。确定特征数中流体的物性参数如 μ、λ、c_p、ρ 及 β 等数值所依据的温度称为定性温度。不同关联式定性温度的规定不同，有用流体进、出口温度的算术平均值 t_m，也有用壁面温度 t_w 或膜温度 $\frac{t_m+t_w}{2}$。所以在使用这些经验关联式时，必须按公式的规定选用定性温度。

③参与对流传热过程的传热面几何尺寸一般不止一个。而关联式中所用特征尺寸 l 一般是选用对于流体的流动和传热有决定性影响的尺寸。如流体在管内作强制对流传热时，特征尺寸为圆管的管径 d；对于非圆形管路，通常取当量直径 d_e。特征数是量纲为 1 的数群，每个特征数所涉及的物理量必须采用统一的单位制。

4.3.5 无相变时对流传热系数的经验关联式

1. 圆形直管内强制湍流的对流传热系数

对于强制湍流，自然对流的影响可以不计，式(4-8)中 Gr 数可以略去而简化为

$$Nu=CRe^{a}Pr^{b}$$

许多研究者对不同的流体在光滑圆管内进行了大量的实验，发现在下列条件下：

①$Re>10\ 000$ 即流动是充分湍流的。

②$0.7<Pr<160$(不适用于液体金属)。

③流体是低黏度的。

④进口段只占总长的很小一部分，而管内流动是充分发展的。

系数 C 为 0.023，指数 a 为 0.8，当流体被加热时 $b=0.4$，当流体被冷却时 $b=0.3$，即

$$Nu=0.023Re^{0.8}Pr^{b}$$

或

$$\alpha=0.023\frac{\lambda}{d}\left(\frac{du\rho}{\mu}\right)^{0.8}\left(\frac{c_p\mu}{\lambda}\right)^{b} \tag{4-9}$$

式中，特征尺寸为管内径 d，定性温度为进、出口处流体主体温度在进、出口的算术平均值。

Pr 数的指数与热流方向有关是不难理解的。流体被加热时，层流内层的温度高于主体温度，流体被冷却时，情况相反。对液体来说，一方面，温度升高，黏度减小；层流内层减薄；另一方面，液体的热导率随温度升高而减小，但不显著。所以，层流内层温度升高的总效果，使对流传热系数增大，这就是流体受热时的指数 b 比冷却时为高的原因。对气体来说，层流内层的温度升高，黏度增大，层流内层加厚，虽然气体的热导率 A 也随温度升高而增大，但总效果使热阻变大，对流传热系数减小。大多数的气体 Pr 数小于 1，故气体受热时的指数 b 仍比冷却时为大。实验结果表明，受热时 $b=0.4$，冷却时 $b=0.3$ 对于气体依然适用。

如以上所列条件得不到满足，应对计算结果加以修正。

①对于高黏度液体，因黏度 μ 的绝对值较大，固体表面与主体温度差带来的影响更为显

著，此时引入一个无量纲的黏度比，按下式计算：

$$\alpha=0.027\frac{\lambda}{d}\left(\frac{du\rho}{\mu}\right)^{0.8}\left(\frac{c_p\mu}{\lambda}\right)^{0.33}\left(\frac{\mu}{\mu_w}\right)^{0.14}$$

式中，μ 为液体在主体平均温度下的黏度；μ_w 为液体在壁温下的黏度。此式适用于 $Re>10^4$、$Pr=0.5\sim100$ 的各种液体，但不适用于液体金属。

引入壁温下的黏度 μ_w，须先知壁温。这使计算过程复杂化。但对工程计算，取以下数值已可满足要求。

液体被加热时

$$\left(\frac{\mu}{\mu_w}\right)^{0.14}=1.05$$

液体被冷却时

$$\left(\frac{\mu}{\mu_w}\right)^{0.14}=0.95$$

②对于 $\frac{l}{d}<30\sim40$ 的短管，因管内流动尚未充分发展，层流内层较薄，热阻小。因此对于短管，按式(4-9)计算的对流传热系数偏低，需乘以 1.02～1.07 的系数加以修正。

③对 $Re=2\,000\sim10\,000$ 的过渡流，因湍流不充分，层流内层较厚，热阻大而 α 小。此时式(4-9)的计算结果需乘以小于 1 的校正系数 f，即

$$f=1-\frac{6\times10^5}{Re^{1.8}}$$

④式(4-9)是根据圆形直管的实验数据整理出来的。对于流体在弯曲管道内的流动，由于离心力的作用，扰动加剧，使对流传热系数增加。实验结果表明，弯管中的 α' 可按下式计算：

$$\alpha'=\alpha\left(1+1.77\frac{d}{R}\right)$$

式中，α 为直管的对流传热系数，W/(m^2·℃)；d 为管内径，m；R 为弯管的曲率半径，m。

⑤流体在非圆形管中强制湍流的对流传热系数的计算有两个途径。一是沿用圆形直管的计算公式，而将定性尺寸代之以当量直径 d_e。这种方法比较简便，但计算结果的准确性欠佳。因此对一些常用的非圆形管道，可直接根据实验找到计算对流传热系数的经验公式。

任何特征数关系式都可加以变换，使每个变量在方程式中单独出现。如将式(4-9)脱去括号，可得

$$\alpha = 0.023\frac{\rho^{0.8}c_p^{0.4}\lambda^{0.6}}{\mu^{0.4}}\frac{u^{0.8}}{d^{0.2}}$$

当流体的种类和管径一定时，对流传热系数 α 与 $u^{0.8}$ 成正比。

在其他因素不变时，管径 d 对 α 影响不大。至于各物理性质对 α 影响的大小，只要比较各自的指数便可一目了然。

2. 流体在圆形直管内作强制层流对流传热

流体在管内作强制层流时，应考虑自然对流的影响，并且热流方向对 α 的影响更加显著，情况比较复杂，关联式的误差比湍流的为大。

当管径较小，流体与壁面间的温度差较小且流体的黏度较大时，自然对流对强制层流的传

热的影响可以忽略,此时对流传热系数可用西德尔(Sieder)和塔特(Tate)关联式计算

$$Nu=1.86Re^{\frac{1}{3}}Pr^{\frac{1}{3}}\left(\frac{d}{l}\right)^{\frac{1}{3}}\left(\frac{\mu}{\mu_{w}}\right)^{0.14} \tag{4-10}$$

式(4-10)应用范围:$Re<2\ 300$,$0.6<Pr<6\ 700$,$RePr(d/l)>100$。

3.流体在圆形直管中作过渡流对流传热

当 $Re=2\ 300\sim10\ 000$ 时,对流传热系数可先用湍流时的公式计算,然后把算得的结果乘以校正系数 φ,即可得到过渡流下的对流传热系数。φ 可由下式计算

$$\varphi=1-\frac{6\times10^{5}}{Re^{1.8}}$$

此外,下面的关联式也可以用来估算圆形直管内过渡流的对流传热系数

$$\frac{h}{c_{p}\rho u}=1.86Re^{\frac{-2}{3}}Pr^{\frac{-2}{3}}\left(\frac{d}{l}\right)^{\frac{1}{3}}\left(\frac{\mu}{\mu_{w}}\right)^{-0.14} \tag{4-11}$$

式(4-11)应用范围:$2\ 100<Re<6\ 000$,$l/d<100$。

4.流体在圆弯管内作强制对流传热系数

流体在弯管内作流动时,由于离心力的作用,流体扰动加剧,从而增大了流体的湍动程度,使对流传热系数较直管内的大,这时传热系数的算法可先按直管经验式计算,再乘以大于1的校正系数

$$h'=h\left(1+1.77\frac{d}{R}\right)$$

式中,h' 为弯管中的对流传热系数,$W/(m^{2}\cdot K)$;h 为直管中的对流传热系数,$W/(m^{2}\cdot K)$;R 为弯管轴的弯曲半径,m。

5.液体在非圆形管中作强制对流传热系数

液体在非圆形管中作强制对流传热系数通常有两种方法计算,第一种是采用上述关联式,只要将管内径改为当量直径即可。在传热中当量直径又有两种。

①传热当量直径。例如,在套管换热器环形截面内传热当量直径为

$$d'_{e}=4\times\left(\frac{\text{流动截面积}}{\text{传热周边}}\right)=4\times\frac{\pi}{4}\times\frac{d_{1}^{2}-d_{2}^{2}}{d_{2}}$$

式中,d_1 为套管换热器外管内径,m;d_2 为套管换热器内管外径,m。

②流体力学当量直径,$d_e=4\times$(流动截面积/被流体润湿的周边)。

传热计算中,究竟采用哪个当量直径,由选用的传热系数关联式决定。

第二种方法对常用的非圆形管道,可直接通过实验求得计算 h 的关联式。例如,套管环隙,用水和空气进行实验,可得 h 的关联式为

$$h=0.02\frac{\lambda}{d_{e}}\left(\frac{d_{1}}{d_{2}}\right)^{0.53}Re^{0.8}Pr^{\frac{1}{3}} \tag{4-12}$$

式(4-12)应用范围:$Re=12\ 000\sim220\ 000$,$\frac{d_1}{d_2}=1.65\sim17$。

4.3.6　有相变时对流传热系数的经验关联式

1. 蒸汽冷凝传热

当饱和蒸汽与低温壁面相接触时，蒸汽放出潜热，并在壁面上冷凝成液体。

（1）冷凝方式

①膜状冷凝：若冷凝液能润湿壁面，则在壁面上形成一层完整的液膜。

②滴状冷凝：若冷凝液不能润湿壁面，冷凝液在壁面上形成许多液滴，并沿壁面落下。

滴状冷凝时，大部分壁面直接暴露在蒸汽中，由于没有液膜阻碍热流，因此 $\alpha_{滴状}>\alpha_{膜状}$，但在生产中滴状冷凝是不稳定的，冷凝器的设计常按膜状冷凝来考虑。

（2）膜状冷凝的传热系数

①单根水平圆管外蒸汽冷凝时，有

$$\alpha=0.725\left(\frac{\rho^2 g\lambda^3 r}{d_\circ \Delta t\mu}\right)^{\frac{1}{4}}$$

②多根水平圆管（垂直排列）外蒸汽冷凝时，有

$$\alpha=0.725\left(\frac{\rho^2 g\lambda^3 r}{n^{\frac{2}{3}} d_\circ \Delta t\mu}\right)^{\frac{1}{4}}$$

式中，r 为蒸汽的比汽化焓，J/kg；ρ 为冷凝液的密度，kg/m^3；λ 为冷凝液的导热系数，W/(m·℃)；μ 为冷凝液的黏度，Pa·s；Δt 为饱和蒸汽的温度与冷凝壁面的温度差，℃；n 为水平管束在垂直方向上的根数；$d_\circ$ 为换热管外径，m。

③蒸汽在垂直管外的冷凝时，有

$$Re=\frac{4M}{\mu}$$

式中，M 为冷凝负荷，即单位长度润湿周边上冷凝液的质量流量，$M=\frac{W}{b}$；W 为冷凝液的质量流量，kg/s；b 为冷凝液的润湿周边，对于圆管，$b=d_\circ\pi$；μ 为冷凝液的黏度，Pa·s。

当 $Re<2\ 100$ 时，有

$$\alpha=1.13\left(\frac{\rho^2 g\lambda^3 r}{\mu l\Delta t}\right)^{\frac{1}{4}}$$

当 $Re>2\ 100$ 时，有

$$\alpha=0.007\ 7\left(\frac{\rho^2 g\lambda^3}{\mu^2}\right)^{\frac{1}{3}}Re^{0.4}$$

冷凝时的传热速率为

$$Q=\alpha bl\Delta t$$

$$Re=\frac{4\alpha l\Delta t}{r\mu}$$

用试差法判断冷凝液的流动类型。

（3）影响冷凝传热的因素

单组分饱和蒸汽冷凝时，热阻主要集中在冷凝液膜内，液膜的厚度及其流动状况是影响冷

凝传热的关键因素。

①流体物性。液体的密度、黏度、导热系数、汽化热都影响 α 值。如果 ρ 增大，μ 降低，则 α 增大；如果 λ 增大，则 α 增大；若 r（比汽化焓）增大，则 α 增大。所有物质中，水蒸气的冷凝传热系数最大，一般为 10 000 W/(m^2·℃)左右。

②液膜两侧的温度差。液膜呈滞流流动时，$\Delta t=t_s$（蒸汽温度）$-t_w$，Δt 增大，液膜厚度增大，则 α 降低。

③蒸汽的流速和流向。蒸汽运动时和液膜间会产生摩擦力，若蒸汽和液膜同向流动，则摩擦力将使液膜厚度变薄，使 α 增大；若两者逆向流动，则 α 减小。如摩擦力超过液膜重力，则液膜会被蒸汽吹离壁面。此时随蒸汽流速的增加，α 急剧增大。

④冷凝壁面的布置。水平放置的管束，上部各排管子冷凝液流下使下部管液膜变厚，则 α 变小。垂直方向上管排数越多，α 越小。为增大 α 值，可将管束由直列改为错列或减小垂直方向上管排数目。

⑤蒸汽中不凝性气体含量。蒸汽冷凝时，不凝性气体在液膜表面形成气膜，冷凝蒸汽到达液膜表面冷凝前先要通过气膜，增加了一层附加热阻。由于气体 λ 很小，α 急剧下降，故必须考虑不凝性气体的排除。

2. 液体沸腾传热

对于沸腾传热系数，目前没有比较理想的计算公式，下面公式仅供粗略计算。

$$\alpha=1.163m\Delta t^{n-1}$$

$$Q=\alpha A\Delta t=1.163m\Delta t^{n}A$$

式中，α 为核状沸腾传热系数，W/(m^2·℃)；Δt 为壁温 t_w 与饱和蒸汽温度 t_s 之差；A 为传热面积，m^2；m、n 分别为与液体有关的经验常数，具体可见表 4-3。

表 4-3　经验常数 m、n 的值

物料	压力(绝压)/(10^5 Pa)	m	n	Δt 范围/℃	Δt_c/℃	加热体
水	1.03	245	3.14	3～6	>6	水平管
水	1.03	560	2.35	6～19	19	垂直管
氧	1.03	56	2.47	3～6	>6	垂直管
氮	1.03	2.5	2.67	3～7	>7	垂直管
氟利昂-12	4.2	12.5	3.82	7～11	>11	水平管
丙烷	1.4～2.5	540	2.5	4～8	—	水平管
	12	765	2.0	8～14	28	垂直管
正丁烷	1.4～2.5	150	2.64	4～8	—	水平管
苯	1.03	0.13	3.87	25～50	50	垂直管
	8.1	14.3	3.27	8～22	22	垂直管

续表

物料	压力(绝压)/(10^5 Pa)	m	n	Δt 范围/ ℃	Δt_c/℃	加热体
苯乙烯	1.03	262	2.05	11～28	—	水平管
甲醇	1.03	29.5	3.25	6～8	>8	垂直管
乙醇	1.03	0.58	3.73	22～33	33	垂直管
四氯化碳	1.03	2.7	2.90	11～22	—	垂直管
丙酮	1.03	1.90	3.85	11～22	22	水平管

液体与高温壁面接触被加热汽化并产生气泡的过程称为沸腾。工业上液体沸腾的方法可分为两种。

①大容积沸腾：将加热壁面浸没在液体中，液体在壁面处受热沸腾。

②管内沸腾：液体在管内流动时受热沸腾。

(1)液体沸腾曲线

如图 4-10 所示为常压下水在容器内沸腾传热。

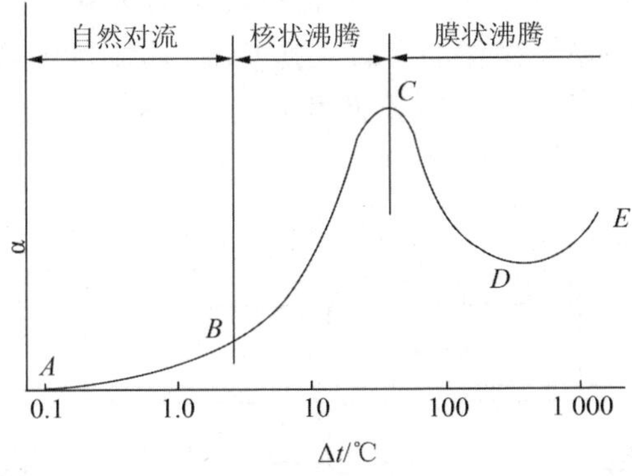

图 4-10 沸腾温度对沸腾传热系数的影响

AB 段：加热表面上的液体轻微受热，使液体内部产生自然对流，没有气泡从液体中逸出液面，仅在液体表面上发生蒸发，α 较低。此阶段称为自然对流区。

BC 段：在加热表面的局部位置上开始产生气泡，该局部位置称为汽化核心。气泡的产生、脱离和上升使液体受到强烈的扰动，因此 α 急剧增大。此阶段称为核状沸腾。

CD 段：加热面上气泡增多，气泡产生的速度大于它脱离表面的速度，表面上形成一层蒸汽膜，由于蒸汽的导热系数低，气膜的附加热阻使 α 急剧下降。此阶段称为不稳定的膜状沸腾。

DE 段：气膜稳定，由于加热面 t_w 高，热辐射影响较大，α 升高，此时称为稳定膜状沸腾。从核状沸腾到膜状沸腾的转折点 C 称为临界点。C 点的 Δt_C、α_C 分别称为临界温度差和临界沸腾传热系数。工业生产中总是设法使沸腾装置控制在核状沸腾下工作，因为此阶段 α 大，t_w 小。

(2)影响沸腾传热的因素

影响沸腾传热的因素如下所示。

①流体的物性。流体的导热系数、密度、黏度和表面张力等对沸腾传热有重要影响。

②温度差。温度差是控制沸腾传热的重要因素，应尽量控制在核状沸腾阶段进行操作。

③操作压强。提高沸腾压强，相当于提高液体的饱和温度，使液体的表面张力和黏度均减小，有利于气泡的形成和脱离，强化了沸腾传热。在相同温度差下，操作压强升高，则 α 增大。

④加热面的状况。加热面越粗糙，气泡核心越多，越有利于沸腾传热。一般地，新的、清洁的、粗糙的加热面 α 较大。当表面被油脂玷污后，α 急剧下降。

此外，加热面的布置情况对沸腾传热也有明显的影响。

4.4 两流体间传热过程的计算

4.4.1 热量衡算

热量衡算方程反映了冷、热流体在传热过程中温度变化的相互关系。根据能量守恒定律，在传热过程中，如果忽略热损失，单位时间内热流体放出的热量等于冷流体吸收的热量。

如图 4-11 所示为一稳态逆流操作的套管式换热器，热流体走管内，冷流体走环隙。由于冷、热流体沿壁面平行流动，而流动方向彼此相反，所以称为逆流。如果方向相同，则称为并流。

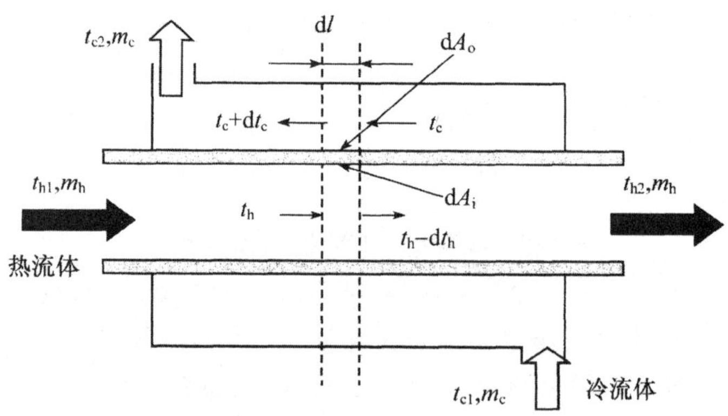

图 4-11 套管换热器中的传热过程

对于换热器的一个微元段 dl，冷、热流体之间的热量传递满足

$$dQ=m_h dH_h=m_c dH_c \tag{4-13}$$

式中，m 为流体质量流率，kg/s；dH 为单位质量流体焓值增量，kJ/kg；dQ 为微元传热面积 dA 上的传热速率，W；下标 h 和 c 分别表示热流体和冷流体。

对于整个换热器，其热量的衡算式为

$$Q=m_h(H_{h1}-H_{h2})=m_c(H_{c2}-H_{c1}) \tag{4-14}$$

式中，Q 为整个换热器的传热速率，或称为换热器的热负荷，W；H 为单位质量流体焓值，kJ/kg；下标 1 和 2 分别表示流体的进口和出口。

如果换热器中的流体均无相变，且流体的比热容不随流体温度变化而为常数时，式(4-13)和式(4-14)可分别表示为

$$dQ=m_h c_{ph} dt_h = m_c c_{pc} dt_c S$$

$$Q=m_h c_{ph}(t_{h1}-t_{h2})=m_c c_{pc}(t_{c2}-t_{c1})$$

式中，c_p 为流体的定压比热容，kJ/(kg · ℃)；t_h 和 t_c 分别为热流体和冷流体的温度，℃。

如果换热器中的流体有相变，如冷流体被加热沸腾，冷流体的进口为饱和液体，出口为饱和蒸汽的情况下，有

$$Q=m_h c_{ph}(t_{h1}-t_{h2})=m_c r$$

式中，r 为冷流体的汽化潜热，kJ/kg。如果冷流体在换热器的进出口处存在液体过冷和蒸汽过热，则应加入显热部分，即

$$Q=m_h c_{ph}(t_{h1}-t_{h2})=m_c[c_{pl}(t_s-t_{c1})+r+c_{pv}(t_{c2}-t_s)]$$

式中，t_s 为冷流体的饱和温度，℃。

如果在换热器中存在热损失，则在换热器中的传热速率为

$$Q=m_h(H_{h1}-H_{h2})-Q'_h=m_c(H_{c2}-H_{c1})+Q'_c$$

式中，Q'_h 为热流体对环境的散热量，W；Q'_c 为冷流体对环境的散热量，W。

4.4.2 总传热速率微分方程和总传热系数

1.总传热速率微分方程

设通过间壁换热器任一微元面积 dA，两侧流体间进行热交换的总传热速率方程为

$$dQ=K(T-t)dA=K\Delta t dA \tag{4-15}$$

式中，dQ 为通过微元传热面积 dA 的传热速率，W；K 为局部总传热系数，W/(m^2 · ℃)；Δt 为局部传热温度差，℃；T 为换热器任一截面上热流体的平均温度，℃；t 为换热器任一截面上冷流体的平均温度，℃。

式(4-15)为总传热速率微分方程式，也是总传热系数 K 的定义式。总传热系数在数值上等于单位温度差下的总传热通量。总传热系数的倒数 $1/K$ 代表间壁两侧流体传热过程的总热阻。总传热系数 K 和对流传热系数 α 的单位完全一样，但应注意其中温度差所代表的范围并不相同。

由于换热器中沿程流体的温度、物性都是变化的，因此温度差 Δt 和总传热系数 K 一般也是变化的，具有局部性质。对(4-15)进行积分，可得到总传热速率方程。

应当指出的是，总传热系数必须和所选择的传热面积相对应，因此有

$$dQ=K_o(T-t)dA_o=K_i(T-t)dA_i=K_m(T-t)dA_m$$

式中，K_o、K_i、K_m 分别表示基于管外表面积、管内表面积和内外侧平均表面积的总传热系数，W/(m^2 · ℃)；A_o、A_i、A_m 分别表示换热管外表面积、内表面积和内外侧的平均表面积，m^2。

由于 dQ 与$(T-t)$和选择的基准面积无关，故

$$\frac{K_o}{K_i}=\frac{dA_i}{dA_o}=\frac{d_i}{d_o} \text{或} \frac{K_o}{K_m}=\frac{dA_m}{dA_o}=\frac{d_m}{d_o}$$

式中，d_o、d_i、d_m 分别为换热管外径、内径和内外径的平均直径，m。

如果选择的传热面积不同，K 值也不同。通常换热器的标准是指管外表面积，因此 K 应用较多。手册中所列的 K 值，如果无特别的说明，可视为基于外表面积的 K。对于平壁和薄管壁，则不必考虑 K 和 A 的对应关系。

2.总传热系数

总传热系数(简称传热系数)K 是评价换热器性能的一个重要参数，又是换热器的传热计算所需的基本数据。确定 K 值和分析其影响因素具有重要的意义。K 的数值与流体的物性、传热过程的操作条件及换热器的类型等诸多因素有关，因此 K 值的变动范围较大。在换热器的传热计算中，K 值的来源有：K 值的计算、实验查定、经验数据等。

(1)总传热系数的计算

两流体通过管壁的传热包括以下过程：①热流体在流动过程中把热量传给管壁的对流传热；②通过管壁的热传导；③管壁与流动中的冷流体之间的对流传热。

通过管壁之任一截面的热传导速率为

$$dQ=\frac{\lambda(T_w-t_w)}{b}dA_m$$

式中，T_w-t_w 为管壁任一截面两侧的温度差，℃；b 为管壁的厚度，m；λ 为管壁材料的导热系数，W/(m·℃)；A_m 为管壁内、外侧面积的平均面积，m^2。

由于

$$\begin{aligned}\Delta t&=T-t\\&=(T-T_w)+(T-t_w)+(t_w-t)\\&=dQ\left(\frac{1}{\alpha_i dS_i}+\frac{1}{\lambda dS_m}+\frac{1}{\alpha_o dS_o}\right)\end{aligned}$$

由于$\frac{dS_o}{dS_i}=\frac{d_o}{d_i}$，$\frac{dS_o}{dS_m}=\frac{d_o}{d_m}$，便可得

$$\frac{dQ}{dS_o}=\frac{T-t}{\frac{d_i}{\alpha_i d_i}+\frac{bd_o}{\lambda d_m}+\frac{1}{\alpha_o}}$$

于是可得

$$K_o=\frac{1}{\frac{d_i}{\alpha_i d_i}+\frac{bd_o}{\lambda d_m}+\frac{1}{\alpha_o}} \tag{4-16}$$

同理可得

$$K_i=\frac{1}{\frac{1}{\alpha_i}+\frac{bd_i}{\lambda d_m}+\frac{1}{\alpha_o}\frac{d_i}{d_o}} \tag{4-17}$$

$$K_m=\frac{1}{\frac{d_m}{\alpha_i d_i}+\frac{b}{\lambda}+\frac{d_m}{\alpha_o d_o}} \tag{4-18}$$

式(4-16)、式(4-17)和式(4-18)为总传热系数的计算式。

(2)污垢热阻

换热器在使用过程中,传热速率 Q 会逐渐下降,这是由于传热表面有污垢积累的缘故。因而,在计算 K 时,污垢热阻通常是不能被忽视的。污垢层一般比较薄,因而以外表面积为基准时,总热阻为

$$\frac{1}{K_o}=\frac{1}{\alpha_i}\frac{d_o}{d_i}+R_{si}\frac{d_o}{d_i}+\frac{b}{\lambda}\frac{d_o}{d_m}+R_{so}+\frac{1}{\alpha_o}$$

式中,R_{si}、R_{so}分别为管内和管外的污垢热阻,又称为污垢系数,$m^2 \cdot ℃/W$。

若流体容易结垢,换热器使用一定时间后,污垢热阻会增加,从而使传热速率严重下降。所以换热器要根据具体工作条件,定期清洗。

(3)提高总传热系数途径的分析

如果提高总传热系数就要设法减小热阻,但在不同传热过程中,各分热阻的大小可能并不相同。通常,必须设法减小起决定作用的热阻,才可能有效地提高 K 值。

例如,当管壁及污垢热阻可忽略时,对薄管壁来说有

$$\frac{1}{K}=\frac{1}{\alpha_o}+\frac{1}{\alpha_i}$$

如果 $\alpha_i \geqslant \alpha_o$,则 $K \approx \alpha_o$。

由此可知,总热阻由热阻大的那一侧的对流传热所控制,即当两个对流传热系数相差较大时,要提高 K 值,关键在于提高对流传热系数较小一侧的 α;若两个 α 相差不大时,则必须同时提高两侧的 α,才能提高 K 值。在实际的换热器中,污垢热阻也可能成为传热过程中的主要热阻。此时欲提高 K 值,只能首先设法减小污垢热阻,仅提高两侧的 α 则是无效的。

4.4.3 平均温度差和总传热速率方程

以逆流换热器为例来讨论传热平均温度差 Δt_m,对微元管段分析,可得如下关系式

$$K'(T-t)\mathrm{d}A=-q_{m1}c_{p1}\mathrm{d}T$$

$$K'(T-t)\mathrm{d}A=-q_{m2}c_{p2}\mathrm{d}t$$

由上两式可得

$$K'(T-t)\mathrm{d}A=-\frac{\mathrm{d}(T-t)}{\dfrac{1}{q_{m1}c_{p1}}-\dfrac{1}{q_{m2}c_{p2}}}=-\frac{\mathrm{d}(T-t)}{m}$$

式中,$m=\dfrac{1}{q_{m1}c_{p1}}-\dfrac{1}{q_{m2}c_{p2}}$。

对于定态操作,q_{m1}、q_{m2}是常数,取流体平均温度下的比热容,则 c_{p1}、c_{p2}也是常数,若以 K 值取代换热面各微元段的局部 K'值,则上式中只有 $\Delta t=T-t$ 沿换热面而变。分离变量,并在上下限 $A=0$ 时,$\Delta t_1=T_1-t_2$;$A=A$ 时,$\Delta t_2=T_2-t_1$ 间积分,得

$$mK\int_0^A \mathrm{d}A=-\int_{\Delta t_1}^{\Delta t_2}\frac{\mathrm{d}(T-t)}{T-t}=-\int_{\Delta t_1}^{\Delta t_2}\frac{\mathrm{d}\Delta t}{\Delta t}$$

$$mKA=\ln\frac{\Delta t_2}{\Delta t_1}$$

对整个换热面作热量衡算得

$$\frac{1}{q_{m1}c_{p1}}=\frac{T_1-T_2}{Q},\frac{1}{q_{m2}c_{p2}}=\frac{t_1-t_2}{Q}$$

则

$$m=\frac{\Delta t_1-\Delta t_2}{Q}$$

于是得

$$Q=KA\frac{\Delta t_1-\Delta t_2}{\ln\dfrac{\Delta t_2}{\Delta t_1}}=KA\Delta t_m \tag{4-19}$$

式(4-19)称为换热器的总传热速率方程。其中，A 为换热器的总传热面积；Δt_m 称为对数平均温度差。Δt_m 计算式为

$$\Delta t_m=\frac{\Delta t_1-\Delta t_2}{\ln\dfrac{\Delta t_2}{\Delta t_1}}$$

类比对数平均面积的计算，当$\dfrac{\Delta t_2}{\Delta t_1}<2$ 时，$\Delta t_m\approx\dfrac{\Delta t_1+\Delta t_2}{2}$。同样，我们也可以证明，冷、热流体并流流动时 Δt_m 的计算式同样适用。Δt_m 的计算式表明，在传热过程中，可用换热器两端温度差的某种组合来表示冷、热流体的平均传热温度差。

对数平均温度差恒小于算术平均温度差，特别是当换热器两端温度差相差悬殊时，对数平均温度差将急剧减小。在冷、热流体进出口温度相同的情况下，并流操作时两端推动力相差较大，其对数平均值必小于逆流操作。因此，就增加传热过程推动力而言，逆流操作总是优于并流操作。

当换热器一侧为饱和蒸汽冷凝，流体温度恒定时，无并流、逆流流动的区别，Δt_m 得以简化。即

$$\Delta t_m=\frac{t_1-t_2}{\ln\dfrac{T_s-t_1}{T_s-t_2}}$$

在实际操作的换热器内，纯粹的逆流和并流操作并不多见，经常采用错流、折流及其他的复杂流动形式。

在间壁式换热器定态操作中，单位时间热流体放出的热量或冷流体吸收的热量应该等于单位时间内通过间壁传递的热量。总传热速率方程为

$$Q=q_{m1}c_{p1}(T_1-T_2)=q_{m2}c_{p2}(t_2-t_1)=KA\Delta t_m$$

$$Q=q_{m1}r=q_{m2}c_{p2}(t_2-t_1)=KA\Delta t_m$$

$$Q=q_{m1}[r+c_{p1}(T_s-T_2)]=q_{m2}c_{p2}(t_2-t_1)=KA\Delta t_m$$

这两类方程的联立求解是处理间壁式换热过程计算问题的核心和出发点，对设计型和操作型问题都能很好地解决。

4.4.4 壁温的计算

在计算热损失和某些对流传热系数（如自然对流、强制层流、冷凝、沸腾等）时，都需要知道

壁温。对于稳态传热，有

$$Q=KA\Delta t_m=\frac{T-T_w}{\dfrac{1}{\alpha_1 A_1}}=\frac{T_w-t_w}{\dfrac{b}{\lambda A_m}}=\frac{t_w-t}{\dfrac{1}{\alpha_2 A_2}}$$

利用上式计算壁温，得

$$T_w=T-\frac{Q}{\alpha_1 A_1}$$

$$t_w=T_w-\frac{bQ}{\lambda A_m}$$

或

$$t_w=t+\frac{Q}{\alpha_2 A_2}$$

在一般管壁较薄的情况下，因壁阻很小，可认为管壁两侧的温度基本相等，即 $t_w \approx T_w$。若管内、外流体的平均温度为 T 和 t，管壁温度为 T_w，则壁温可用下式计算：

$$\frac{T-T_w}{T_w-t_w}=\frac{\dfrac{1}{\alpha_1 A_1}}{\dfrac{1}{\alpha_2 A_2}} \tag{4-20}$$

由此表明：传热面两侧的温度差之比等于两侧热阻之比，哪侧热阻大，哪侧温度差也大。壁温总是接近于对流传热系数较大、热阻较小一侧流体的温度。如果管壁较薄，$A_1 \approx A_2$，式(4-20)又可简化为

$$\frac{T-T_w}{T_w-t_w}=\frac{\alpha_2}{\alpha_1}$$

4.5　换热器

4.5.1　管式换热器

1. 套管式换热器

套管式换热器是由直径不同的直管制成的同心套管，并由 U 形弯头连接而成，如图 4-12 所示。在这种换热器中，一种流体走管内，另一种流体走环隙，两者皆可得到较高的流速，故传热系数较大。另外，在套管换热器中，两种流体可为纯逆流，对数平均推动力较大。

套管换热器结构简单，能承受高压，应用亦方便。特别是由于套管换热器同时具备传热系数大、传热推动力大及能够承受高压强的优点，在超高压生产过程中所用的换热器几乎全部是套管式。

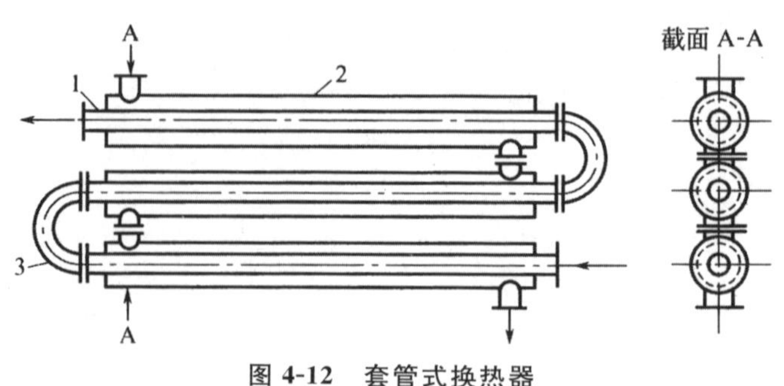

图 4-12　套管式换热器

1—内管；2—外管；3—U 形管

2. 列管式换热器

列管式换热器也称为管壳式换热器，是工业上应用最广泛的换热设备，其单位体积所具有的传热面积大、结构紧凑、传热效果好。由于结构坚固，而且可以选用的结构材料范围广，故适应性强、操作弹性较大，因此，在高温、高压和大型装置上多采用列管式换热器。

列管式换热器主要由壳体、管束、折流板、管板和封头等部件组成。管束安装在壳体内，两端固定在管板上。封头用螺栓与壳体两端的法兰相连。这种结构易于检修和清洗。在进行热交换时，一种流体由封头的进口接管进入，通过平行管束的管内，从另一端封头出口接管流出，称为管程；另一流体则由壳体的接管进入，在壳体内从管束的空隙处流过，通过折流板的引导，由壳体的另一个接管流出，称为壳程。

在列管式换热器中，由于管内外流体的温度不同，管束和壳体的温度和材料不同，因此它们的热膨胀程度也有差别。若两流体的温差较大，就可能由热应力引起设备的变形，管束弯曲，甚至破裂或从管板上松脱。因此，当两流体的温差超过 50 ℃时，就必须采用一定的热补偿措施。按热补偿的方法不同，列管式换热器可分为以下几种主要型式。

（1）固定管板式换热器

当冷、热流体的温差不大时，可采用固定管板的结构型式，如图 4-13 所示，即两端管板与壳体是连成一体的。这种换热器的特点是结构简单，制造成本低。但是由于壳程不易清洗或检修，要求壳程流体必须是洁净而且不易结垢的流体。当两流体的温差较大时，应考虑热补偿。图 4-13 中示出具有膨胀节的壳体。当壳体和管束的热膨胀不同时，膨胀节即发生弹性变形，以适应壳体和管束不同的热膨胀程度。这种热补偿方法简单，但是不宜用于两流体温差过大和壳程流体压力过高的场合。

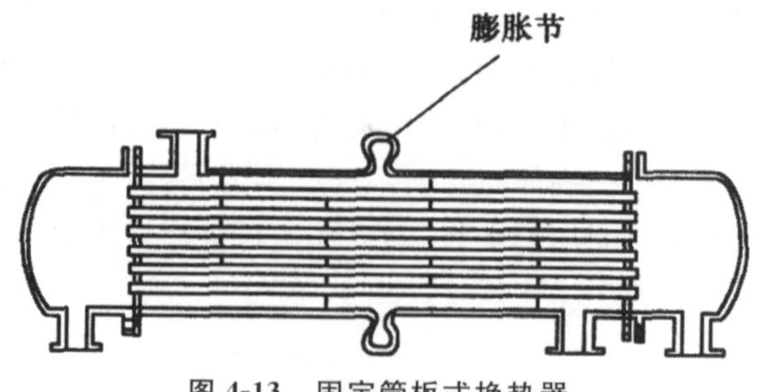

图 4-13　固定管板式换热器

(2)浮头式换热器

浮头式换热器的结构如图 4-14 所示,它的两端管板只有一端与壳体以法兰实行固定连接,这一端称为固定端;另一端的管板不与壳体连接而可相对于壳体滑动,这一端称为浮头端。因此,这种型式换热器的管束热膨胀不受壳体的约束,壳体与管束之间不会因热膨胀程度的差异而产生热应力。在换热器的检修和清洗时,只要将整个管束从固定端抽出即可进行。但是其缺点是结构较复杂,金属耗量较多,造价较高。浮头式换热器适用于冷、热流体温差较大,壳程介质腐蚀性强、易结垢的情况。

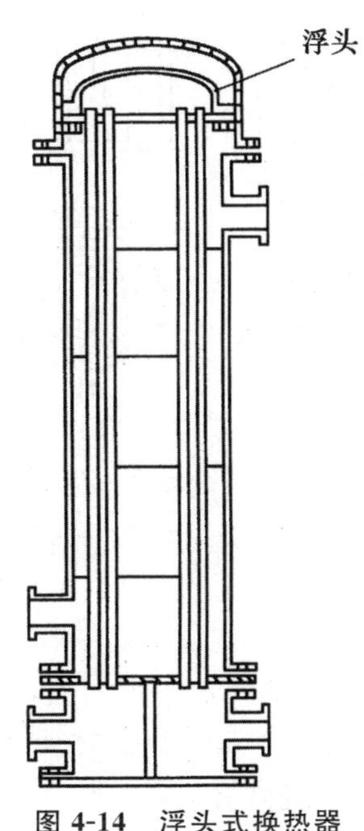

图 4-14　浮头式换热器

(3)U 形管式换热器

U 形管式换热器的管束是由 U 字形弯管组成,如图 4-15 所示。管子的两端固定在同一块管板上,弯曲端不加固定,使每根管子具有自由伸缩的余地而不受其他管子或壳体的影响。这种换热器壳程易于清洗,而清除管子内壁的污垢则比较困难,且制造时需要不同曲率的模子弯管,管板的有效利用率较低。此外,损坏的管子也难以调换,U 形管管束的中心部分空间对换热器的工作存在不利影响。由于上述缺点,这种型式的换热器的应用受到很大的限制。

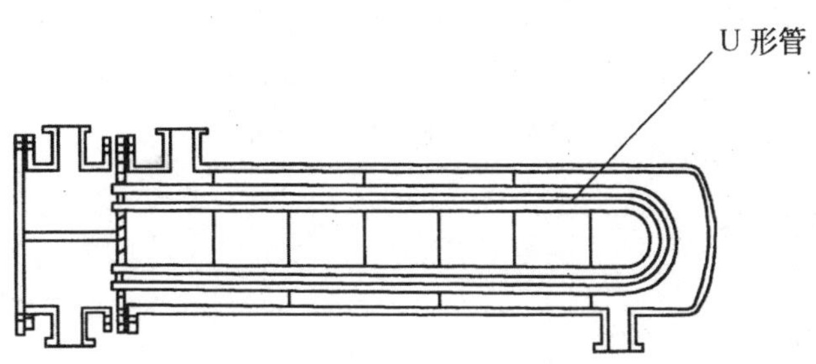

图 4-15　U 形管式换热器

3. 沉浸式蛇管换热器

沉浸式蛇管换热器是将金属管绕成各种与容器相适应的形状，并沉浸在容器内的液体中，如图 4-16 所示。其优点是结构简单、制造方便、管内能承受高压并可选择不同材料以利防腐，管外便于清洗。缺点是管外容器中的流动情况较差，对流传热系数小，平均温差也较低。适用于反应器内的传热、高压下的传热以及强腐蚀性介质的传热。欲提高管外流体的对流传热系数，可在容器内安装机械搅拌器或鼓泡搅拌器。

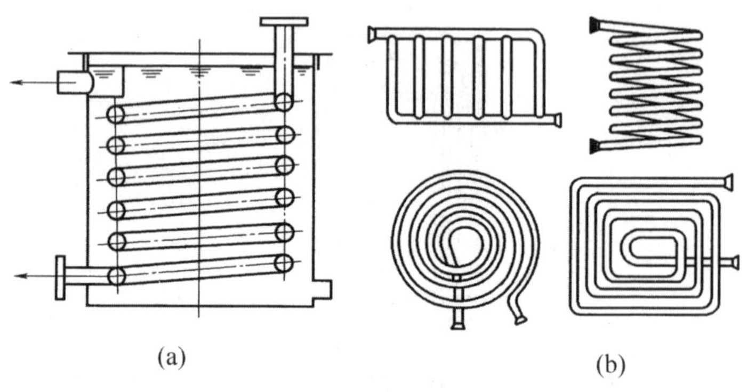

图 4-16 蛇管式换热器

(a)沉浸式；(b)蛇管的形状

4. 喷淋式蛇管换热器

喷淋式蛇管换热器是将换热蛇管成排固定在钢架上，冷却水由上方向下方喷淋，流到底部的冷却水可收集回收再利用，如图 4-17 所示。热流体由下部管子流入，与冷却水逆流换热。与沉浸式换热器相比，喷淋式传热效果较好，结构简单，且管外便于检修、清洗，特别适合于高压流体的冷却；缺点是占地面积大，冷却水喷淋不均匀。它仅限于安装在室外。

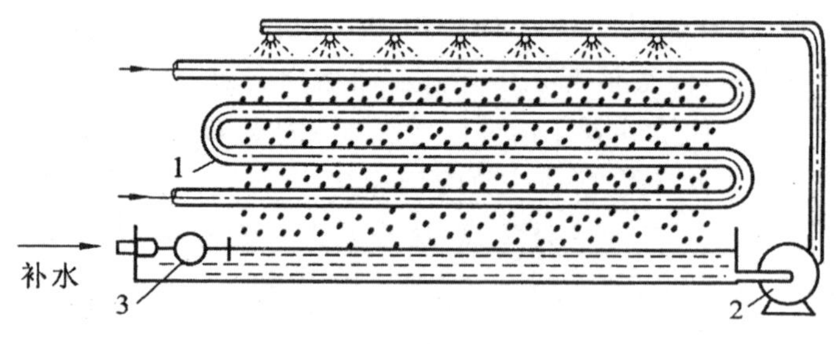

图 4-17 喷淋式蛇管换热器

1—蛇管；2—循环泵；3—控制阀

4.5.2 板式换热器

1. 夹套式换热器

夹套式换热器构造简单，如图 4-18 所示。换热器的夹套安装在容器的外部，夹套与器壁之间形成密闭的空间，为载热体(加热介质)或载冷体(冷却介质)的通路。夹套通常用钢或铸铁制成，可焊在器壁上或者用螺钉固定在容器的法兰或器盖上。

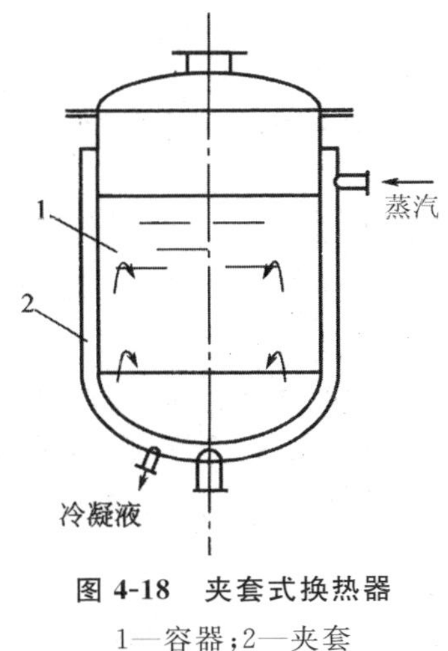

图 4-18 夹套式换热器

1—容器;2—夹套

夹套式换热器主要应用于反应过程中的加热或冷却。在用蒸汽进行加热时，蒸汽由上部接管进入夹套，冷凝水则由下部接管流出。作为冷却器时，冷却介质(如冷却水)由夹套下部的接管进入，而由上部接管流出。

这种换热器的传热系数较低，传热面又受容器的限制，因此适用于传热量不太大的场合。为了提高其传热性能，可在容器内安装搅拌器，使器内液体作强制对流;为了弥补传热面的不足，还可在器内安装蛇管等。

2.平板式换热器

平板式换热器由一组平行排列的长方形薄金属板构成，并用夹紧装置组装在支架上。两相邻板的边缘用垫片密封，板片四角有圆孔，在换热板叠合后形成流体通道。冷、热流体在板片的两侧流过，通过板片换热。传热板可被压制成多种形状的波纹，这样既可增加刚性，不易受压变形，同时也提高流体的湍动程度及增加传热面积，还易于液体的均匀分布，如图 4-19 所示。

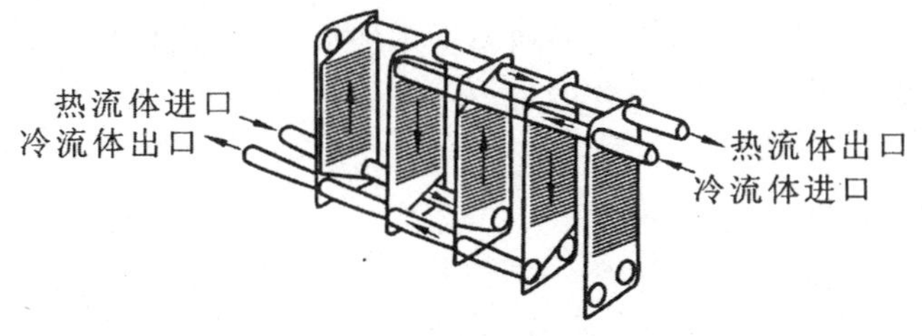

图 4-19 平板式换热器

平板式换热器的主要优点如下：

①总传热系数大，因为在平板式换热器中，板面被压制成波纹或沟槽，所以在低流速下就可达到湍流，故总传热系数高，而流体阻力增加不大，污垢热阻也较小。

②结构紧凑，单位体积提供的传热面积可达 250～1 000 m^2，约为列管式换热器的 6 倍。

③操作灵活，可根据需要调节板片数以增减传热面积。

④安装、检修及清洗方便。

平板式换热器的主要缺点如下：

①允许的操作压力较低，否则易渗漏。

②因受垫片耐热性能的限制，操作温度不能太高，若采用合成橡胶垫圈则不能超过 130 ℃，即使采用压缩石棉垫圈也应低于 250 ℃。

③因板间距小，流道截面较小，流速也不能过大，因此处理量较小。

3. 螺旋板式换热器

螺旋板式换热器是由两张平行薄钢板卷制而成，在其内部形成一对同心的螺旋形通道，如图 4-20 所示。换热器中央设有隔板，将两个螺旋形通道隔开。两板之间焊有定距柱以维持通道间距，在螺旋板两侧焊有盖板。冷、热流体分别由两螺旋形通道流过，通过薄板进行换热。

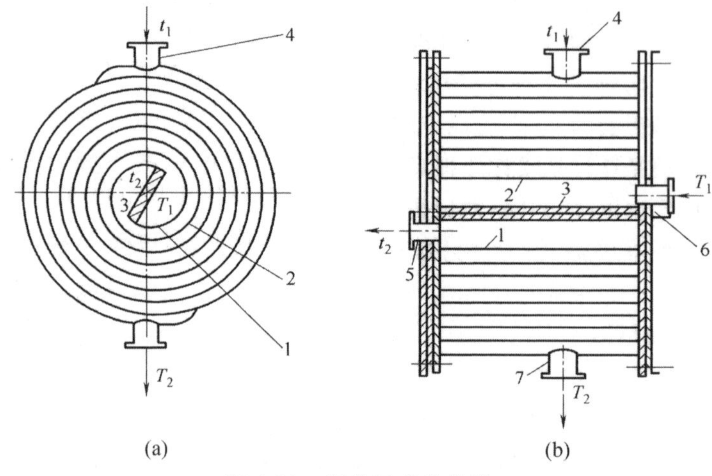

图 4-20　螺旋板式换热器

1,2—金属片；3—隔板；4,5—冷流体连接管；6,7—热流体连接管

螺旋板换热器优点是传热系数大，结构紧凑；冷、热流体间为纯逆流流动，传热平均推动力大；由于流速较高以及离心力的作用，在较低的 Re 下即可达湍流，使流体对器壁有冲刷作用而不易结垢和堵塞。主要缺点是操作压强和温度不能太高，目前操作压强不大于 2 MPa，温度不超过 400 ℃，流体流动阻力较大，检修困难。

4.5.3　翅片换热器

1. 板翅式换热器

板翅式换热器的结构形式很多，但基本结构元件相同，即在两块平行的薄金属板（平隔板）间，夹入波纹状的金属翅片，两边以侧条密封，组成一个单元体，如图 4-21 所示。将各单元体进行不同的叠积和适当的排列，再用钎焊给予固定，即可得到常用的逆流、并流和错流的板翅式换热器的组装件，称为芯部或板束。将带有流体进、出口的集流箱焊到板束上，就成为板翅式换热器。目前常用的翅片形式有光直翅片、锯齿翅片和多孔翅片。

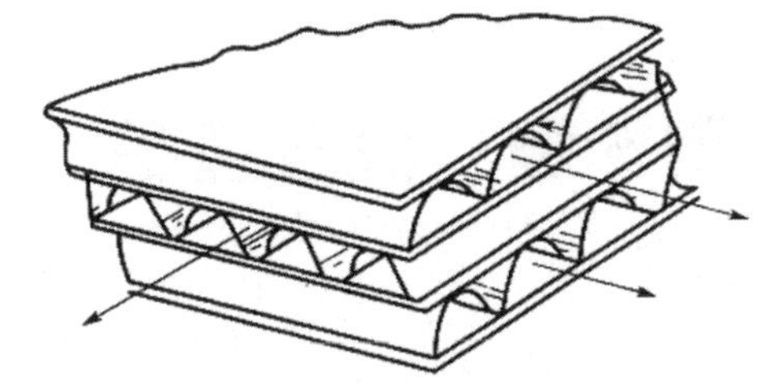

板翅式换热器的板束

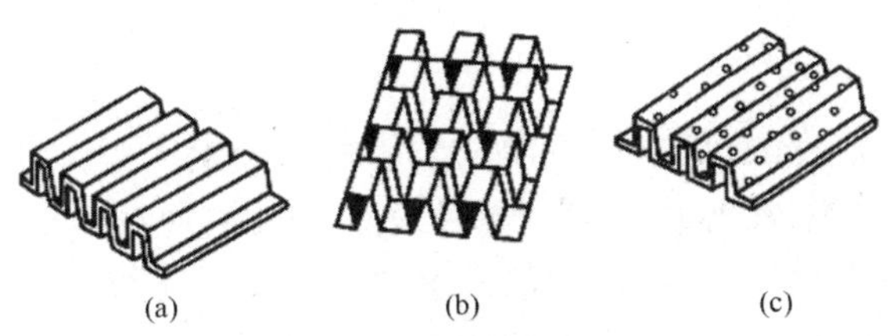

图 4-21 板翅式换热器
(a)光直翅片;(b)锯齿翅片;(c)多孔翅片

2. 翅片管式换热器

如图 4-22 所示为翅片管式换热器及其常见翅片,翅片管式换热器的构造特点是在管子表面上装有径向或轴向翅片。

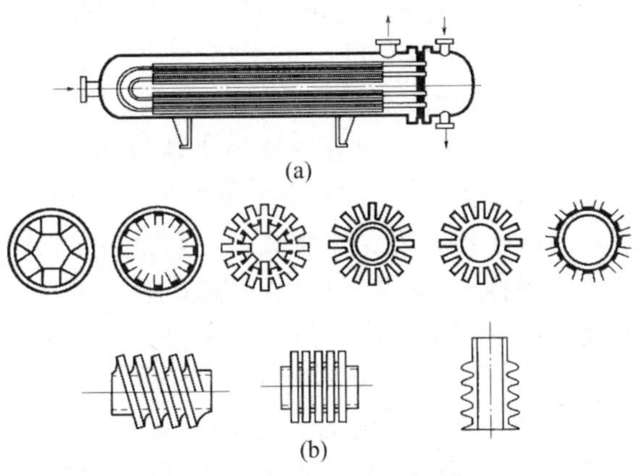

图 4-22 翅片管式换热器
(a)翅片管式换热器;(b)常见的翅片形式

当两种流体的对流传热系数相差很大时,例如,用水蒸气加热空气,此传热过程的热阻主要在气体一侧。若气体在管外流动,则在管外装置翅片,既可扩大传热面积,又可增加流体的湍动,从而提高换热器的传热效果。通常来说,当两种流体的对流传热系数之比为 3∶1 或更大时,宜采用翅片管式换热器。

第5章 蒸发过程

5.1 概述

蒸发是化工、医药、海水淡化等领域中广泛应用的一种生产操作过程，例如，硝铵、烧碱、制糖等生产中将溶液加以浓缩；在海水淡化中通过脱除溶液中的杂质以制取较纯溶剂。从原理上说，蒸发是利用加热的方法，使稀溶液中的溶剂在沸腾状态下部分汽化并将其移除的一种单元操作。被处理的料液通常是由不挥发的溶质和挥发性的溶剂组成，故蒸发也是溶剂与溶质的分离过程，但分离过程的速率即溶剂的汽化速率完全取决于传热，所以蒸发属于传热过程。

被蒸发的溶液可以是水溶液，也可以是其他溶剂的溶液，而化学工业中以蒸发水溶液为主，故本章只限于讨论水溶液的蒸发。蒸发操作中的热源常采用新鲜的饱和水蒸气，又称为生蒸汽。从溶液中蒸出的蒸汽称为二次蒸汽，以区别于生蒸汽。

化工生产中进行蒸发操作的主要目的如下：

①获得浓缩的溶液作为产品或半成品，以利于储运或加工利用。

②借蒸发以脱除溶剂，作为结晶等操作的前道工序。

③脱除溶剂中的杂质，制取较纯的溶剂组分，如制取蒸馏水等。

具体的蒸发的过程，如图5-1所示，其中蒸发器为主体设备，由加热室和蒸发室构成。加热蒸汽（又称为生蒸汽，一般为饱和蒸汽）在加热室管间冷凝，所放出的热量通过管壁传给管内的溶液。加热蒸汽的冷凝液由疏水器排出。需要蒸发的料液从蒸发室加入，浓缩至规定的溶液（称为完成液）并由蒸发器底部排出，蒸发所产生的溶剂蒸汽（称为二次蒸汽）经分离所夹带的液体后，引至冷凝器（或其他蒸发器）加以冷凝，其中不凝性气体先经分离器，再由真空泵排入大气。

由图5-1可知，蒸发过程的实质是传热壁面一侧的蒸汽冷凝与另一侧的溶液沸腾间的传热过程，溶剂的汽化速率由传热速率控制，故蒸发属于热量传递过程，但又有别于一般传热过程，因为蒸发过程具有下述特点。

①溶液沸点的改变。含有不挥发溶质的溶液，其蒸汽压较同温度下溶剂（即纯水）的低，换言之，在相同压力下，溶液的沸点高于纯水的沸点，故当加热蒸汽一定时，蒸发溶液的传热温度差要小于蒸发水的温度差。溶液中溶质含量越高这种现象越显著。

②溶液性质。有些溶液在蒸发过程中有晶体析出、易结垢和产生泡沫，高温下易分解或聚合；溶液的黏度在蒸发过程中逐渐增大，腐蚀性逐渐加强。因此在设计蒸发器时，必须考虑溶液性质在蒸发过程中发生的变化。

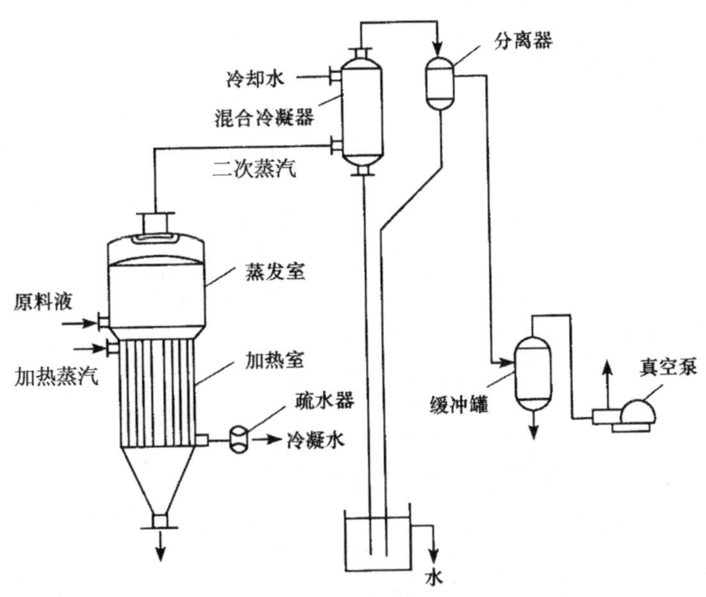

图 5-1　蒸发的基本过程

③泡沫夹带。二次蒸汽中常夹带大量液沫，冷凝前必须设法除去，否则不但损失物料，而且会污染冷凝设备。因此蒸发器内需有足够的分离空间，必要时还需要除沫装置。

④能源利用。溶剂汽化时要吸收大量的汽化潜热，故蒸发过程是一个消耗大量热能的过程。蒸发时产生大量二次蒸汽，如何利用它的潜热，也是蒸发操作中要考虑的关键问题之一。

蒸发过程的分类如下所示。

①按操作压力分类。按操作压力可分为常压蒸发操作、加压蒸发操作和减压（真空）蒸发操作，即在常压下，高于或低于大气压下操作。很显然，对于热敏性物料，如抗生素溶液、果汁等应在减压下进行。而高黏度物料就应采用加压高温热源加热进行蒸发。

②按蒸发器的效数分类。根据二次蒸汽是否用作另一蒸发器的加热蒸汽，可将蒸发过程分为单效蒸发和多效蒸发。如果前一效的二次蒸汽直接冷凝而不再利用，称为单效蒸发。如果将二次蒸汽引至下一蒸发器作为加热蒸汽，将多个蒸发器串联，使加热蒸汽多次利用的蒸发过程称为多效蒸发。

③按操作方式分类。按操作方式的不同，蒸发可分为间歇蒸发和连续蒸发两大类。间歇蒸发是指分批进料或出料的蒸发操作。间歇操作的特点是：在整个过程中，蒸发器内溶液的浓度和沸点随时间改变，故间歇蒸发为非稳态操作。通常间歇蒸发适合于小规模、多品种的场合，而连续蒸发适合于大规模的生产过程。

5.2　单效蒸发

单效蒸发是一次性地将蒸汽从沸腾液体中取出，冷凝之后排掉。尽管单效蒸发流程简单，设备投资少，但是不能有效地利用二次蒸汽，因此能源的综合利用效率低。在工业生产中很少使用单效蒸发。但是单效蒸发操作涉及的变量少，计算较简单。

5.2.1 单效蒸发的计算

1. 物料衡算

连续定态单效蒸发过程如图 5-2 所示。

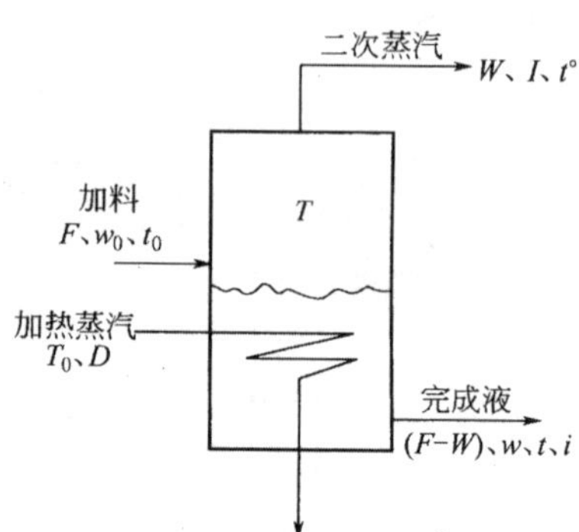

图 5-2 连续定态单效蒸发计算

因溶质在蒸发过程中不挥发，单位时间进入和离开蒸发器的数量应相等，即

$$Fw_0=(F-W)w$$

水分蒸发量

$$W=F\left(1-\frac{w_0}{w}\right)$$

式中，F 为溶液的加料量，kg/s；W 为水分蒸发量，kg/s；w_0、w 分别为料液与完成液的质量分数。

初始浓度 w_0、完成液浓度 x 及蒸发水量(W/F)之间的关系如图 5-3 所示。图中曲线表明，在初始浓度 w_0 不太高的条件下，随水分蒸发量(W/F)的增加，溶液浓度 w 起初变化并不大。只是在蒸发后期 W/F 较大时，溶液浓度 w 才显著上升。所以，对浓缩要求较高(W/F 较大)的蒸发操作，以分两段操作为宜，使大部分水分的蒸发在浓度和黏度较小的条件下进行。

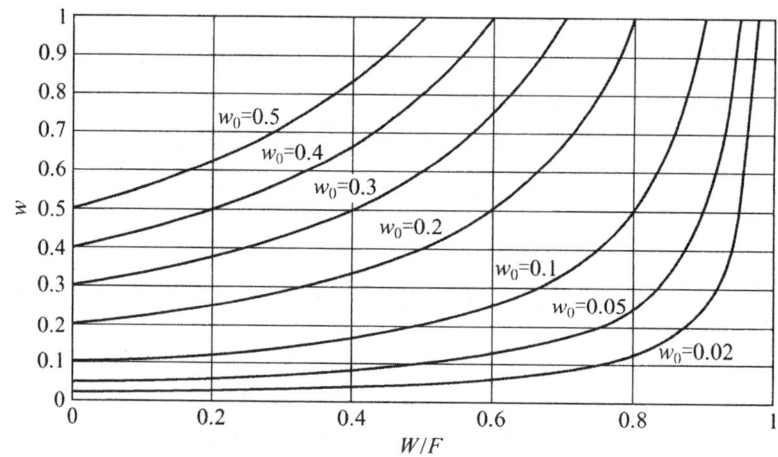

图 5-3 蒸发过程中溶液浓度的变化

2. 热量衡算

溶液浓缩时须向溶液提供浓缩热。当溶液浓度变化较大时浓缩热更为显著，此时应以焓的变化进行热量衡算。由热量衡算可得

$$Dr_0 + Fi_0 = (F - W)i + WI + Q_{损}$$

或

$$Dr_0 = F(i - i_0) + W(I - i) + Q_{损}$$

式中，D 为加热蒸汽消耗量，kg/s；i_0、i 分别为加料液与完成液的热焓，kJ/kg；r_0 为加热蒸汽的汽化热，kJ/kg；I 为次蒸汽的热焓，kJ/kg。热损失 $Q_{损}$ 可视具体条件取加热蒸汽放热量（Dr_0）的某一百分数。只要能查得该种溶液在不同浓度、不同温度下的热焓（i_0、i）就不难求出加热蒸汽消耗量 D。

对溶液浓度变化不大、浓缩热不大的溶液，其热焓可由其比热容近似计算。若以 c_0 和 c 表示料液和完成液的比热容，并取 0 ℃作为基准，则热量衡算为

$$Dr_0 = Fc_0(t - t_0) + Wr + Q_{损}$$

式中，r 为二次蒸汽的汽化热，kJ/kg。由此式可简便地计算加热蒸汽的消耗量。

蒸发器的热负荷为

$$Q = Dr_0$$

如果蒸发过程为沸点进料，则 $t_0 = t$，同时忽略热损失，则

$$D = \frac{rW}{r_0}$$

或

$$\frac{D}{W} = \frac{r}{r_0} \tag{5-1}$$

蒸汽的潜热随压力的变化不大，所以在压力变化不太大时二次蒸汽的汽化潜热 r 和加热蒸汽的汽化潜热 r_0 相差不大。对于单效蒸发操作，D/W 约等于 1。但是由于实际蒸发操作过程存在热损失和溶液的混合过程存在混合热等原因，所以每蒸发 1 kg 的水分约需要 1～1.3 kg 的加热蒸汽。

式(5-1)是蒸发器的单位蒸汽消耗量，其值与蒸发过程的能量消耗密切相关，故定义为

$$e = \frac{D}{W} = \frac{r}{r_0}$$

式中，e 是每蒸发 1 kg 水分时，加热蒸汽的消耗量，称为单位蒸汽消耗量，kg/kg。

由此可见，蒸发操作是一种耗能很大的单元操作。为了减少蒸发过程的能量消耗，因而通常采用多效蒸发。

3. 蒸发器的传热面积

蒸发器的传热面积可依传热基本方程式求得，即

$$A = \frac{Q}{K\Delta t_m}$$

式中，A 为蒸发器的传热面积，m^2；K 为蒸发器的传热系数，$W/(m^2 \cdot K)$；Δt_m 为传热的平均温

度差，K；Q 为蒸发器的传热速率，W。

4. 蒸发器的传热速率

若加热蒸汽的冷凝水在饱和温度下排走，且忽略热损失，则蒸发器的传热速率为

$$Q=Dr$$

算出蒸发器传热外表面积 A 后，应视具体情况选用适当的安全系数加以校正。要减小蒸发器的传热表面积，可以减小传热速率 Q，或加大有效温度差 Δt_m，或加大传热系数 K，也可以三者同时考虑。传热速率由生产任务规定，难于调整。传热温度差取决于加热蒸汽的压强、各种温度差损失和冷凝器的压强。加热蒸汽的压强越高，相应的饱和温度也越高，但加热蒸汽压强经常受工厂具体供气条件限制。若提高冷凝器的真空度，使溶液的沸点降低，也可以加大温度差 Δt_m，但是这样不仅增加真空泵的功率消耗，而且因溶液的沸点降低，使溶液黏度增高，导致沸腾传热系数下降，因此一般冷凝器中的压强不低于 10.20 kPa。

另外，对于循环型蒸发器，为了控制沸腾操作局限于泡核沸腾区，也不宜采用过高的传热温度差。传热温度差的提高是有一定限制的。通常来说，增大传热系数 K 是减小传热表面积的主要途径。在管壁两侧的对流传热系数 α 中，蒸汽冷凝传热系数总是大于溶液沸腾传热系数，所以设法提高溶液沸腾传热系数是关键所在。但在蒸发器的设计和操作中，必须考虑蒸汽中不凝气的及时排除，否则蒸汽冷凝传热系数将大幅度地下降。溶液沸腾传热系数受多种因素的影响，且管内是汽、液两相共存，使管内沸腾情况更加复杂。

管内沸腾传热系数至今尚无可靠的计算式，一些经验公式很不准确，目前只有依靠实验或实践经验的总结数据作参考。

5.2.2 温差损失与总传热系数

1. 蒸发过程的温差损失

在蒸发操作中，蒸发器加热室一侧是蒸汽冷凝，另一侧是液体沸腾，因此传热平均温差为

$$\Delta t_m = T - t$$

式中，T 为加热蒸汽的温度；t 为操作条件下溶液的沸点。

溶液的沸点 t 受溶液浓度、蒸发器内液面压力和液体的静压强等因素的影响。因此，在计算 Δt_m 时需考虑下列因素。

(1)溶液浓度的影响

溶质的存在可使溶液的蒸汽压较纯水的低，从而使其沸点升高，它们的沸点差值以 Δ' 表示。不同性质的溶液在不同的浓度范围内，沸点上升的数值是不同的。通常情况下，有机溶液的沸点升高 Δ' 不显著，无机溶液的 Δ' 较大；稀溶液的 Δ' 小；但高浓度无机溶液的 Δ' 却相当可观。

常压下不同浓度的溶液沸点可通过实验测定，部分常见溶液的沸点也可在相关书籍或手册中查得。当蒸发器中的操作压强不是常压时，为估计不同压强下溶液的沸点以计算沸点升高，提出了某些经验法则。其中杜林规则得到广泛应用。

杜林规则：在相当宽的压强范围内，一定组成的溶液的沸点与同压强下溶剂的沸点呈线性关系。

(2)液柱静压头的影响

除单程薄膜型蒸发器外，蒸发器在操作时必须维持一定的液位高度。由于液柱静压头的存在，液面下部不同深度处溶液的沸点是不同的，液层表面处沸点低，液层越深，沸点越高。作为近似估算，以液层二分之一处的压力和沸点表示整个液层的平均压力和沸点，并将该沸点与液面处沸点之差称为液柱静压头引起的沸点升高，用 Δ'' 表示。对于真空蒸发，压力越低，Δ'' 越显著。

(3)流动阻力引起的沸点升高

由于管路中存在流动阻力，使蒸发器内二次蒸汽的温度高于冷凝器内的二次蒸汽的饱和温度，其差值用 Δ''' 表示，称为流动阻力引起的沸点升高。此值难以准确计算，一般取经验值：各效之间 Δ''' 取值 1 ℃，从蒸发器至冷凝器的 Δ''' 取 1～1.5 ℃。

考虑了上述因素后，操作条件下溶液的沸点 t 可用下式求取

$$t=T_c+\Delta'+\Delta''+\Delta'''=T_c+\Delta$$

式中，T_c 为冷凝器操作压力下的饱和水蒸气温度；Δ 为总温度差损失，$\Delta=\Delta'+\Delta''+\Delta'''$。由此，将$(T-t)$称为有效平均温差，而把$(T-T_c)$称为理论温差。显然，二者的差即为 Δ。

2. 蒸发器的总传热系数

基于传热外面积的总传热系数 K_o 按下式计算：

$$K_o=\frac{1}{\frac{1}{\alpha_i}\frac{d_o}{d_i}+R_{si}\frac{d_o}{d_i}+\frac{b}{\lambda}\frac{d_o}{d_m}+R_{so}+\frac{1}{\alpha_o}}$$

式中，α 为对流传热系数，W/(m² · ℃)；d 为管径，m；R_s 为垢层热阻，m² · ℃/W；b 为管壁厚度，m；λ 为管材的导热系数，W/(m · ℃)；下标 i 表示管内侧、o 表示外侧、m 表示平均。

垢层热阻值可按经验数值估算。管外侧的蒸汽冷凝传热系数可按膜状冷凝传热系数公式计算。管内侧溶液沸腾传热系数则难于精确计算，因为它受很多因素的控制。一般可以参考实验数据或经验数据选择 K 值，但应选与操作条件相近的数值，尽量使选用的 K 值合理。

5.3　多效蒸发

采用连续的单效蒸发会产生两个问题：①浓度跨度太大难以操作；②二次蒸汽不能重复利用，导致蒸发过程能耗大。为了减少费用，使用多效蒸发可以回收二次蒸汽的潜热。

5.3.1　多效蒸发的流程

多效蒸发中，通入生蒸汽的蒸发器为第 1 效，利用第 1 效的二次蒸汽作为加热蒸汽的蒸发器为第 2 效，依此类推，串接成多效蒸发。根据溶液与二次蒸汽的流向，可有不同的加料方法

与相应的流程。下面以三效为例来说明。

1. 并流加料流程

如图 5-4 所示为 NaOH 溶液的并流加料蒸发流程。生蒸汽通入第 1 效加热室，蒸发所得二次蒸汽送第 2 效作为加热蒸汽，第 2 效的二次蒸汽送第 3 效作为加热蒸汽，第 3 效（末效）的二次蒸汽则送至冷凝器全部冷凝。NaOH 溶液进入第 1 效浓缩后由底部排出，再依次送入第 2 效和第 3 效继续蒸浓得到完成液。在这种流程中，溶液的流向和蒸汽的流向相同，故称为并流（或顺流）加料。由于多效蒸发时，后一效的压力总是比前一效的低，所以，并流加料有以下特点：

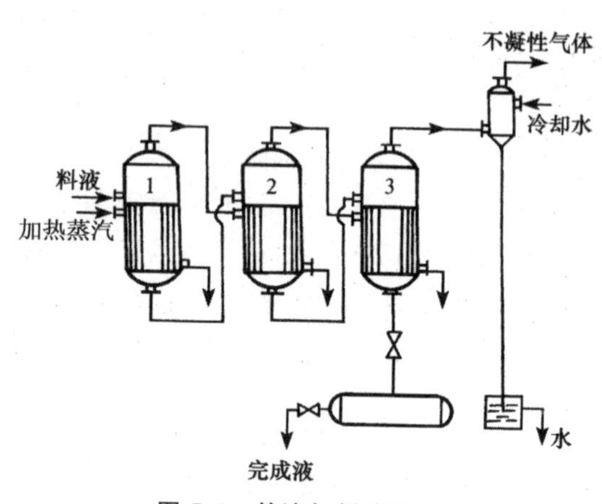

图 5-4　并流加料流程

①溶液的输送可以利用各效间的压差进行，而不必另外用泵。

②后一效溶液的沸点也相应地比前一效的低，所以当溶液由前一效进入后一效时，往往由于过热而自行蒸发，常称为自蒸发或闪蒸，这就使后一效可产生稍多一些的二次蒸汽。

③并流加料时，后一效溶液的浓度较前一效的为大，而沸点又低，溶液的黏度相应也较大，使得后一效蒸发器的传热系数常较前一效的为小，这在最末一、二效更为严重。因此，并流加料时，第 1 效的传热系数有可能比末效的大得多。

2. 逆流加料流程

如图 5-5 所示为逆流加料流程，此时溶液的流向和蒸汽的流向相反。

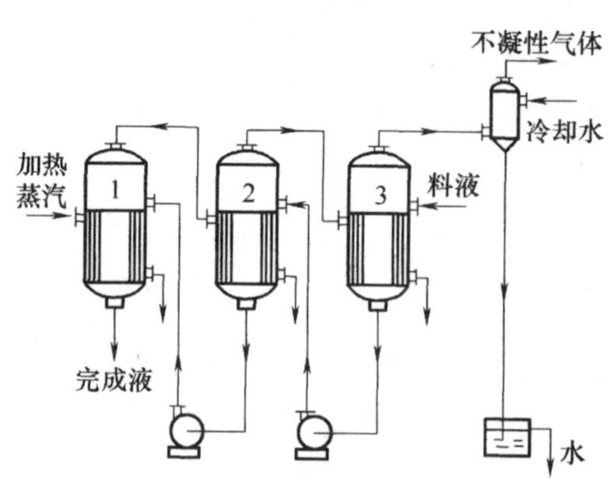

图 5-5　逆流加料流程

逆流加料时，各效之间溶液的输送需要泵。由于多效蒸发时，前一效溶液的沸点总是比后一效的高，所以，当溶液由后一效逆流进入前一效时，不仅没有自蒸发，还需多消耗部分热量将溶液加热至沸点。另外，在逆流加料时虽然前一效蒸发器的浓度比后一效的大，但其温度也较后一效的高，所以各效溶液的黏度比较接近，从而各效的传热系数不会像并流加料时那样相差较大。当完成液由第 1 效排出时，其温度也较其余各效的高。

逆流加料适用于黏度随浓度和温度变化较大的溶液，而不适用于热敏性物料的蒸发。

3. 平流加料流程

此时料液由各效分别加入，同时完成液也分别由各效排出，各效溶液的流向互相平行，其流程如图 5-6 所示。

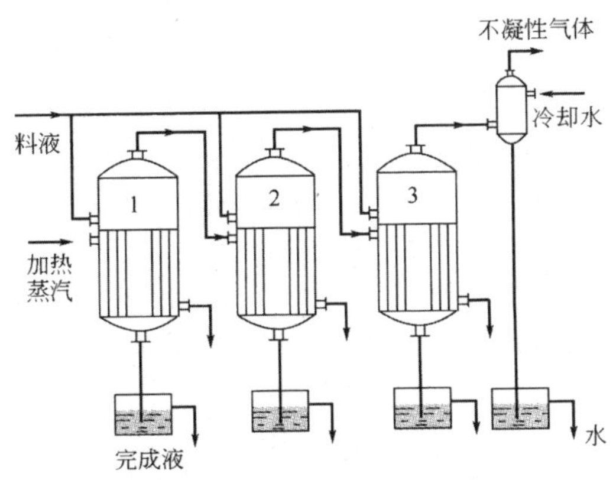

图 5-6 平流加料流程

这种加料流程主要应用于蒸发过程中容易析出晶体的场合，例如，食盐水溶液的蒸发，它在较低浓度下即达饱和而有晶体析出。为了避免夹带大量晶体的溶液在各效之间输送，常采用平流加料，并用析晶器将晶体分出。

以上讨论的是几种基本的加料方法及其相应流程。在实际生产中，还常根据具体情况采用上述流程的变形。例如，NaOH 溶液的蒸发，也有采用并流、逆流加料相结合或交替操作的方法；有些蒸发操作，即使是并流加料，又有双效三体（有两个蒸发器作为第 2 效）或三效四体的流程，等等。

在多效蒸发中，离开最后一效的蒸汽通常是在真空状态下，操作压力小于大气压。最后一效的二次蒸汽必须冷凝成液体并在大气压状态下排除。在冷凝器中用冷却水将二次蒸汽冷凝。冷凝器可以是表面冷凝器，即冷却水与二次蒸汽由金属壁面分隔开。蒸汽在金属表面冷凝成液体；也可以使用直接接触式冷凝器，即二次蒸汽与冷却水直接混合冷凝成液体。

5.3.2 多效蒸发的计算

1. 物料衡算

以并流蒸发操作为例，考察通过蒸发器各物流的物理量变化以及它们之间的关系，通过物料衡算和热量衡算建立各物理量之间的数学关系。

（1）总蒸发水质量流率 W

如果各效的蒸发水质量流率分别为 $W_1, W_2, \cdots, W_n$，则总蒸发水质量流率 W 可由下式计算：

$$W=W_1+W_2+\cdots+W_n$$

对整个蒸发系统的溶质作物料衡算，则

$$Fx_0=(F-W)x_n$$

重排上式

$$W=F\left(1-\frac{x_0}{x_n}\right)$$

(2)各效浓度 x_i

对任一效作物料衡算，得

$$Fx_0=(F-W_1-W_2-\cdots-W_i)x_i$$

重排上式，第 i 效蒸发器浓缩液的浓度为

$$x_i=\frac{Fx_0}{F-V_1-V_2-\cdots-V_i}$$

一般已知原料液和末效完成液的浓度 x_0 及 x_n，因此只能计算出总蒸发量，而 W_i 和 x_i 要通过各效的焓衡算才能求得。由于缺乏焓衡算的数据，故先按生产实践数据估计各效的蒸发量，也可按下式估算：

$$W_i=\frac{W}{n}$$

2.热量衡算

蒸发计算中，准确的热量衡算方法是焓衡算。但是为了简化计算，像单效蒸发一样，对于多效蒸发采用近似的计算方法，忽略稀释热、温差对比热容的影响及热损失。使用近似计算法对多效蒸发器进行热量衡算。

(1)第 1 效

当加热蒸汽以质量速率 D_1 在饱和温度下冷凝时，其冷凝潜热为 r_1，则冷凝时放出的冷凝热为 $Q_1=D_1r_1$。如果忽略混合热、温差对比热容的影响及热损失时，蒸汽冷凝放出的热量部分用于预热物料，部分用于汽化物料中的水分，即

$$Q_1=D_1r_1=Fc_{p0}(t_1-t_0)+W_1r_1'$$

式中，F 为进料质量流率，kg/h；C_{p0} 为原料液的比热容，kJ/(kg·℃)；t_0、t_1 分别为进料和第 1 效温度，℃；W_1 为第 1 效蒸发水量，kg/h；r_1、r_1' 分别为第 1 效加热蒸汽和第 1 效二次蒸汽的汽化潜热，kJ/kg。

(2)第 2 效

并流操作中，第 2 效蒸发的加热蒸汽是第 1 效的二次蒸汽，第 2 效的进料是第 1 效的浓缩液，因此热量衡算关系为

$$Q_2=D_2r_2=(Fc_{p0}-W_1c_{pw})(t_2-t_1)+W_2r_2'$$

由于是并流蒸发操作，式中，$D_2=W_1$，$r_2=r_1'$，$Q_2=W_1r_1'$。

整理第 2 效的热衡算关联式为

$$Q_2=W_1r_1'=(Fc_{p0}-W_1c_{pw})(t_2-t_1)+W_2r_2'$$

(3)第 i 效

第 i 效蒸发的加热蒸汽是第$(i-1)$效的二次蒸汽，第 i 效的进料是第$(i-1)$效的浓缩液，因此热量衡算关系为

$$Q_i = D_i r_i = (Fc_{p0} - W_1 c_{pw} - W_2 c_{pw} - \cdots - W_{i-1} c_{pw})(t_i - t_{i-1}) + W_i r'_i$$

式中，$D_i = W_{i-1}$，$r_i = r'_{i-1}$，$Q_i = W_{i-1} r'_{i-1}$。

代入并整理上式得到第 i 效加热蒸汽和二次蒸汽的量的关系：

$$W_i = D_i \frac{r_i}{r'_{i-1}} + (Fc_{p0} - W_1 c_{pw} - W_2 c_{pw} - \cdots - W_{i-1} c_{pw}) \frac{(t_i - t_{i-1})}{r'_i}$$

通过热量衡算建立上式时并没有考虑热损失和溶液的溶解热，所以为了使计算的值与实际值符合得更好，计算时应在上式的右侧乘修正系数 η_i，以校正因理想化假设带来的误差。一般可取 η_i 为 0.96～0.98。对稀释热较大的溶液，η_i 值还与溶液的浓度有关，对于 NaOH 水溶液，η_i 值可取为$(0.98-0.7\Delta x)$，Δx 为溶液的质量浓度变化。因此，上式可改写为

$$W_i = \left[D_i \frac{r_i}{r'_{i-1}} + (Fc_{p0} - W_1 c_{pw} - W_2 c_{pw} - \cdots - W_{i-1} c_{pw}) \frac{(t_i - t_{i-1})}{r'_i} \right] \eta_i$$

3. 蒸发器的传热面积

多效蒸发器设计计算的核心问题是要确定蒸发器中换热器的面积。要确定传热面积必须知道各效的传热量、传热的温差以及传热系数等。由于蒸发过程既涉及相变过程，而且当溶液通过各效蒸发器时，溶液的浓度不断改变，各效溶液的沸点也在改变，因此其设计计算过程要比纯流体换热过程的设计计算复杂。

根据传热速率方程，有

$$Q = KA\Delta t_{\mathrm{m}}$$

在蒸发过程中，由于加热介质是饱和蒸汽，其冷凝过程是在饱和状态下冷凝，蒸发器内的溶液则是在沸点下蒸发。所以传热温差为

$$\Delta t_{\mathrm{m}} = \Delta t = T - t$$

式中，T、t 分别为加热蒸汽和二次蒸汽的温度，℃。

传热速率方程可以改写成

$$Q = KA\Delta t$$

如果已知各效的加热量和传热系数，多效蒸发器各效的传热面积即可由上式计算。一般地，各效的传热量由各效加热蒸汽量求得。设各效的传热量为 $Q_1, Q_2, Q_3, \cdots, Q_n$ 等，则各效的传热面积 $A_1, A_2, A_3, \cdots, A_n$ 可用下列各式计算：

$$A_1 = \frac{Q_1}{K_1 \Delta t_1}, A_2 = \frac{Q_2}{K_2 \Delta t_2}, A_3 = \frac{Q_3}{K_3 \Delta t_3}, \cdots, A_n = \frac{Q_n}{K_n \Delta t_n}$$

蒸发器的传热面积的计算基本原理与传热一样。对纯物质的蒸发过程，如果不考虑液柱静压对沸点的影响，则很容易计算出各效的传热面积。但蒸发器的传热面积的计算有特殊性。

①各效操作压强为未知，只给出生蒸汽和末效二次蒸汽的压强。

②因为溶液中溶质的存在，使得其沸点不等于相应效的二次蒸汽温度。

③长管式蒸发器中液柱较高，二次蒸汽压力不等于液体内部压力。

④多效蒸发器设计，一般要求各效尺寸相同，这意味着设计时各效传热面积要相等。

蒸发器传热面积计算的关键是：确定各效加热蒸汽和相应效溶液在蒸发过程中的温差 Δt。

4.焓衡算

(1)各效二次蒸汽压强

各效二次蒸汽压强是按经验估算的，最简便的方法是令加热蒸汽通过各效的压强降相等，于是有

$$\Delta p=\frac{p_1-p_k}{n}$$

式中，p_1 为生蒸汽压强，Pa；p_k 为冷凝器内压强，Pa。

任意 i 效的二次蒸汽的压强为

$$p_i=p_1-i\Delta p$$

(2)各效温差损失

①溶液蒸汽压下降引起的温度差损失 Δ'。对循环型蒸发器，可根据排出液浓度 x_i 从附录或化工手册中查出常压下沸点或沸点升高值，然后校正到操作压强下。各效因溶液蒸汽压下降而引起的温度差损失总和为

$$\sum\Delta' = \Delta'_1+\Delta'_2+\cdots+\Delta'_n$$

②液柱静压强引起的温度差损失 Δ''。计算液柱中部的压强：

$$p_{\mathrm{m},i}=p'_i+\frac{\rho g l}{2}$$

式中，加热管内液柱高度 l 根据所选的蒸发器类型来确定。由算出的 $p_{\mathrm{m},i}$ 查出相应的蒸汽温度 $t_{p,\mathrm{m}}$，故 Δ''_i 为

$$\Delta''_i=t_{p,\mathrm{m}}-T'_i$$

由液柱静压强引起的温度差损失总和为

$$\sum\Delta'' = \Delta''_1+\Delta''_2+\cdots+\Delta''_n$$

③管路阻力引起的温度差损失 Δ'''。此项温度差损失可取经验值，取各效间温度差损失相等，且取为 1～1.5 ℃。

(3)溶液的沸点

用下式求各效溶液的沸点

$$t_i=\Delta'_i+\Delta''_i+T'_i$$

(4)有效总温差

有效总温差的计算式

$$\sum\Delta t = T_1-T_\mathrm{k}-\sum\Delta$$

式中，$\sum\Delta = \sum\Delta'+\sum\Delta''+\sum\Delta'''$。

(5)传热面积

由各效传热面积公式可知，若已知各效的传热温差 Δt，当选定传热系数 K 后，可用该式计算各效传热面积。这样计算出来的各效蒸发器的传热面积可能大小不一，工业上为了加工和

安装等方便，蒸发器传热面积按等面积设计。

如果按等面积分配设计，则等面积分配时的传热温差 $\Delta t'$ 不等于原温差 Δt。等面积分配的传热速率方程为

$$Q_1 = K_1 A \Delta t'_1, Q_2 = K_2 A \Delta t'_2, Q_3 = K_3 A \Delta t'_3, \cdots, Q_i = K_i A \Delta t'_i$$

由各效传热方程式和等面积分配设计传热方程式联立求解等面积设计的温差分配，即

$$\Delta t'_1 = \frac{A_1 + \Delta t_1}{A}, \Delta t'_2 = \frac{A_2 + \Delta t_2}{A}, \Delta t'_3 = \frac{A_3 + \Delta t_3}{A}, \cdots, \Delta t'_i = \frac{A_i + \Delta t_i}{A}$$

将上式的左右分别相加得

$$\sum \Delta t = \Delta t'_1 + \Delta t'_2 + \Delta t'_3 + \cdots + \Delta t'_i + \cdots \frac{A_1 \Delta t_1 + A_2 \Delta t_2 + A_3 \Delta t_3 + \cdots + A_i \Delta t_i + \cdots}{A}$$

因此

$$A = \frac{A_1 \Delta t_1 + A_2 \Delta t_2 + A_3 \Delta t_3 + \cdots + A_i \Delta t_i + \cdots + A_n \Delta t_n}{\sum \Delta t}$$

由上式可见，等面积分配 S 其实是取前面计算各效面积的平均值。等面积分配后，重新计算各物理量，最后计算的传热面积，若相等或相近，则为所求。

5.4　蒸发设备

5.4.1　循环蒸发器

这种类型的蒸发器溶液都在蒸发器中做循环流动。由于引起循环的原因不同，又可分为自然循环和强制循环两类。

1. 中央循环管式蒸发器

这种蒸发器又称为标准式蒸发器，其结构如图 5-7 所示。它的加热室由垂直管束组成，中间有一根直径很大的中央循环管，其余管径较小的加热管称为沸腾管。由于中央循环管较大，其单位体积溶液占有的传热面比沸腾管内单位溶液所占有的要小，即中央循环管和其他加热管内溶液受热程度不同，从而沸腾管内的气、液混合物的密度要比中央循环管中溶液的密度小。加之上升蒸汽的向上的抽吸作用，会使蒸发器中的溶液形成由中央循环管下降、由沸腾管上升的循环流动。这种循环主要是由溶液的密度差引起，故称为自然循环。这种作用有利于蒸发器内的传热效果的提高。

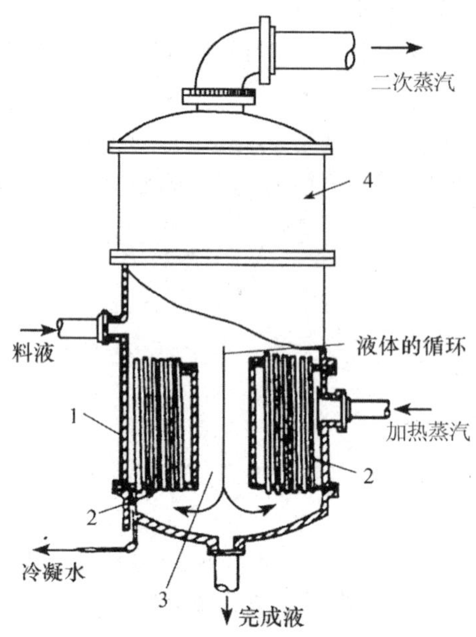

图 5-7　中央循环管式蒸发器

1—外壳;2—加热室;3—中央循环管;4—蒸发室

中央循环管式蒸发器由于具有结构紧凑、制造方便、传热较好及操作可靠等优点,应用十分广泛。但是由于结构上的限制,循环速度不大。加上溶液在加热室中不断循环,使其浓度始终接近完成液的浓度,因而溶液的沸点高,有效温度差就减小。这是循环式蒸发器的共同缺点。此外,设备的清洗和维修也不方便,所以这种蒸发器难以完全满足生产的要求。

2.悬筐式蒸发器

为了克服循环式蒸发器中的蒸发液易结晶、易结垢且不易清洗等缺点,研究人员对标准式蒸发器结构进行了更合理的改进,这就是悬筐式蒸发器,其结构如图 5-8 所示。作为中央循环管式蒸发器的改进,其加热蒸汽由中央蒸汽管进入加热室,加热室悬挂在器内,可由顶部取出,便于清洗与更换。包围管束的外壳外壁面与蒸发器外壳内壁面间留有环隙通道,其作用与中央循环管类似,操作时溶液形成沿环隙通道下降而沿加热管上升的不断循环运动。一般环隙截面与加热管总截面积之比大于中央循环管式的,环隙截面积约为沸腾管总截面积的 100%~150%,因此溶液循环速度较高,约在 1~1.5 m/s 之间,改善了加热管内结垢情况,并提高了传热速率。

悬筐蒸发器适用于蒸发有晶体析出的溶液。缺点是结构复杂,设备耗材量大、占地面积大、加热管内的溶液滞留量大。

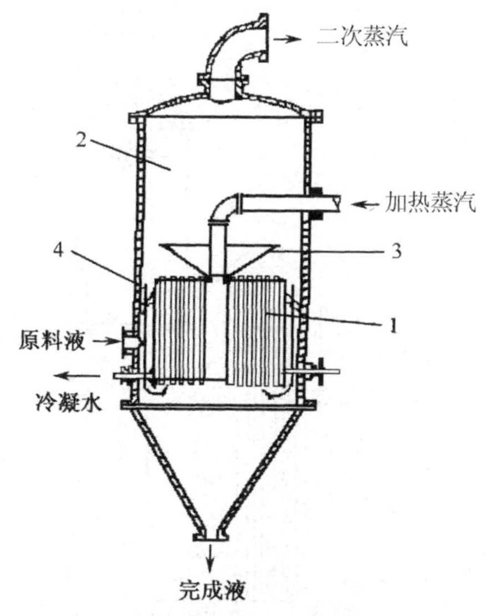

图 5-8　悬筐式蒸发器

1—加热室；2—分离室；3—除沫器；4—环形循环通道

3. 列文式蒸发器

列文式蒸发器的结构如图 5-9 所示。其结构特点是在加热室的上方增设一段 2.7～5 m 高的沸腾段，使加热室承受较大的液柱静压，故加热室内的溶液不沸腾。待溶液上升至沸腾段时，因静压的降低开始沸腾汽化。这样避免了溶质在加热室析出结晶，减少了加热室的结垢或堵塞现象。为了减少循环阻力和提高循环速度，要求循环管截面积大于加热管束总面积，该设备内的循环速度可达 2 m/s 左右。

列文式蒸发器的优点在于循环速度较大，结垢少，尤其适用于有晶体析出的溶液。但由于设备庞大，需要高大的厂房，因此使用受到了一定的限制。

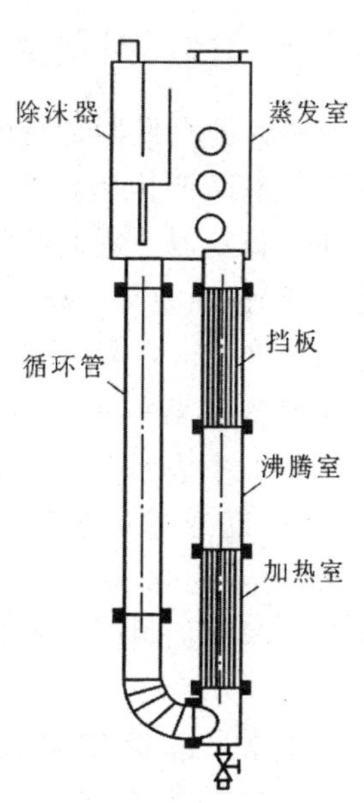

图 5-9　列文式蒸发器

4. 外加热式蒸发器

外加热式蒸发器的结构如图 5-10 所示。其主要特点是把加热器与分离室分开安装，这样不仅易于清洗、更换，同时还有利于降低蒸发器的总高度。这种蒸发器的加热管较长，且循环管又不被加热，故溶液的循环速度可达 1.5 m/s，它既利于提高传热系数，也利于减轻结垢。

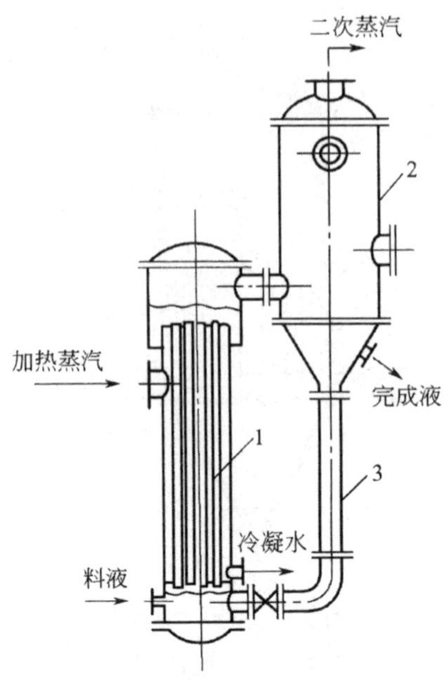

图 5-10 外加热式蒸发器

1—加热室；2—蒸发室；3—循环管

5. 强制循环蒸发器

前述各种蒸发器都是由于加热室与循环管内溶液间的密度差而产生溶液的自然循环运动，故均属于自然循环型蒸发器。它们的共同不足之处是溶液的循环速度较低，传热效果欠佳。在处理黏度大、易结垢或易结晶的溶液时，可采用图 5-11 所示的强制循环蒸发器。这种蒸发器内的溶液是利用外加动力进行循环的，图 5-11 中表示用泵 5 迫使溶液沿一个方向以 2～5 m/s的速度通过加热管。这种蒸发器的缺点是动力消耗大，通常为 0.4～0.8 kW/(m^2 传热面)，因此使用这种蒸发器时加热面积受到一定限制。

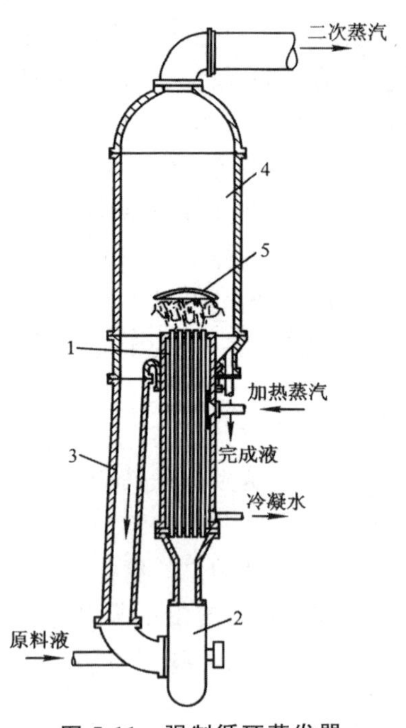

图 5-11 强制循环蒸发器

1—加热管；2—循环泵；3—循环管；4—分离室；5—除沫器

5.4.2 非循环蒸发器

非循环蒸发器又称为单程蒸发器，其基本特点是料液在蒸发器内只经过一次加热蒸发，因此料液在蒸发器内停留的时间比循环蒸发器要短，蒸发器内的存液量相对也要小许多。在这类蒸发器中，料液经受的加热时间比较短，因此特别适用于一些受热易变性的物质的浓缩。因为要求溶液经过一次加热蒸发即达到浓缩的目的,因此对蒸发器设计与操作的要求相对比较高。

料液进入这类蒸发器时,多呈薄膜状在加热管表面流动,因此通常也称非循环蒸发器为膜式蒸发器,根据器内液体流动方向及成膜原因不同,膜式蒸发器又分为以下几种。

1. 升膜式蒸发器

升膜式蒸发器又称为立式长管单程蒸发器,其结构如图 5-12 所示,这种蒸发器的加热室由一根或数根立式长管组成。加热管的管长与管径之比为 100～300。原料液预热后由底部进入蒸发器,加热蒸汽在管外冷凝。溶液受热后迅速汽化,所生成的二次蒸汽在管内高速上升,将料液贴着管内壁拉曳成薄膜状并使之继续蒸发,汽液在顶部分离器分离。

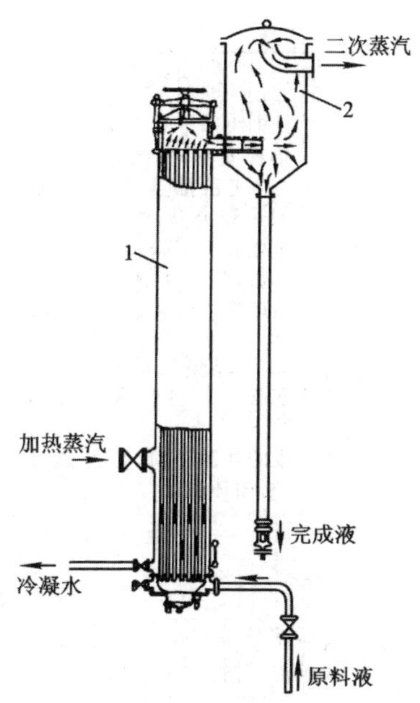

图 5-12 升膜式蒸发器

1—蒸发器;2—分离室

升膜式蒸发器适用于蒸发量大、热敏性及起泡沫的溶液,不适用于黏度大、易结垢或有结晶析出的溶液。

2. 降膜式蒸发器

降膜式蒸发器的结构如图 5-13 所示,原料液由加热室顶端加入,经分布器分布后,沿管壁呈膜状向下流动,气液混合物由加热管底部排出进入分离室,完成液由分离室底部排出。

设计和操作这种蒸发器的要点是尽量使料液在加热管内壁形成均匀液膜,并且不能让二次蒸汽由管上端窜出。常用的分布器形式如图 5-14 所示。

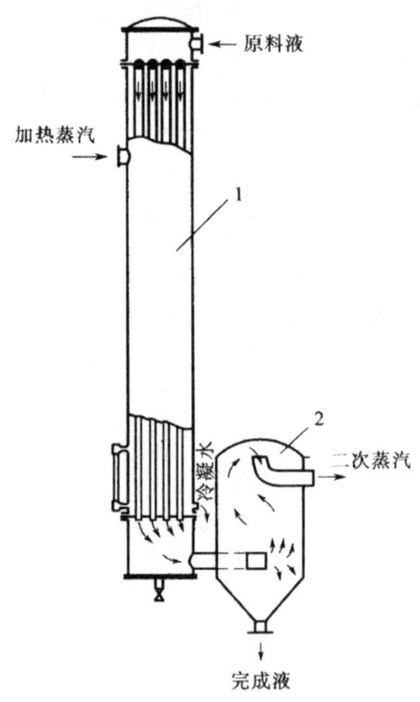

图 5-13　降膜式蒸发器

1—加热室；2—分离器

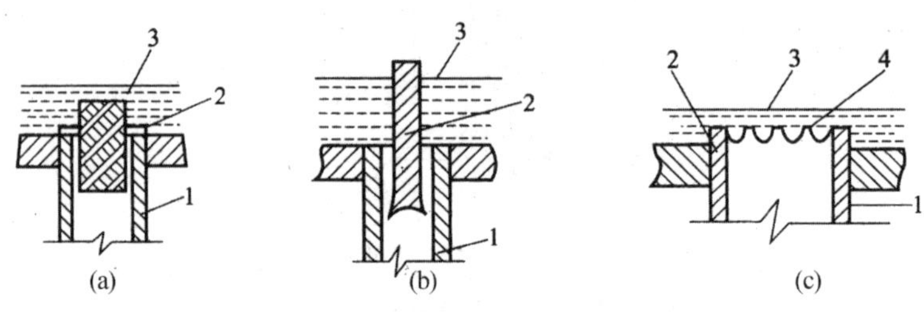

图 5-14　常用的 3 种液体分布器

1—加热管；2—导流器；3—料液面；4—齿缝

图 5-14(a)所示的分布器是用一根有螺旋型沟槽的导流柱使流体均匀分布到内管壁上的；图 5-14(b)所示的分布器是利用导流杆均匀分布液体，导流杆下部设计成圆锥形，且底部向内凹，以免使锥体斜面下流的液体再向中央聚集；图 5-14(c)所示的分布器是使液体通过齿缝分布到加热器内壁成膜状下流。

降膜式蒸发器可用于蒸发黏度较大(0.05～0.45 Pa·s)、浓度较高的溶液，但不适于处理易结晶和易结垢的溶液，这是因为这种溶液形成均匀液膜较困难，传热系数也不高。

3. 升-降膜式蒸发器

升-降膜式蒸发器的结构如图 5-15 所示，由升膜加热管束和降膜加热管束组合而成。蒸发器的底部封头内有一隔板，将加热管束均分为二。原料液在预热器 1 中加热达到或接近沸点后，引入升膜加热管束 2 的底部，汽、液混合物经管束由顶部流入降膜加热管束 3，然后转入分离器 4，完成液由分离器底部取出。溶液在升膜和降膜管束内的布膜及操作情况分别与前述的升膜式及降膜式蒸发器内的情况完全相同。

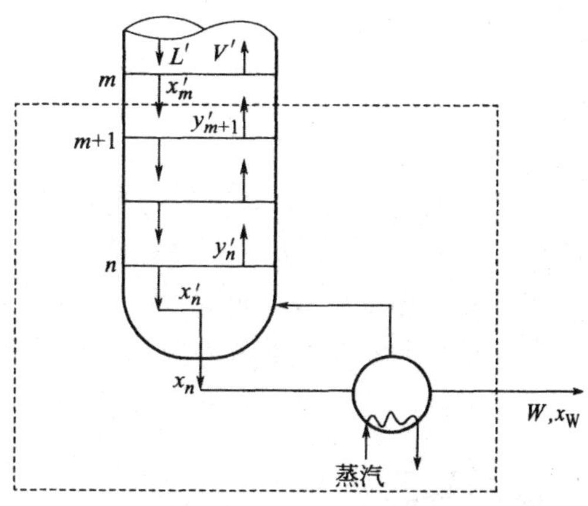

图 5-15　升-降膜式蒸发器

1—预热器；2—升膜加热管束；3—降膜加热管束；

4—分离器；5—冷凝液排出口

升-降膜蒸发器一般用于浓缩过程中黏度变化大的溶液，或厂房高度有一定限制的场合。若蒸发过程溶液的黏度变化大，推荐采用常压操作。

4. 刮板搅拌薄膜蒸发器

如图 5-16 所示为刮板搅拌薄膜蒸发器的结构图，热管是一根垂直的空心圆管，圆管外有夹套，内通加热蒸汽。圆管内装有可以旋转的搅拌叶片，叶片边缘与管内壁的间隙为 0.25～0.5 mm。原料液沿切线方向进入管内，由于受离心力、重力以及叶片的刮带作用，在管壁上形成旋转下降的薄膜，并不断地被蒸发，完成液由底部排出。

刮板薄膜蒸发器是利用外加动力成膜的单程蒸发器，故适用于高黏度、易结晶、易结垢或热敏性溶液的蒸发。缺点是结构复杂、动力耗费大(约为 3 kW/m^2 传热面)、传热面积较小(一般为 3～4 m/台)，处理能力不大。

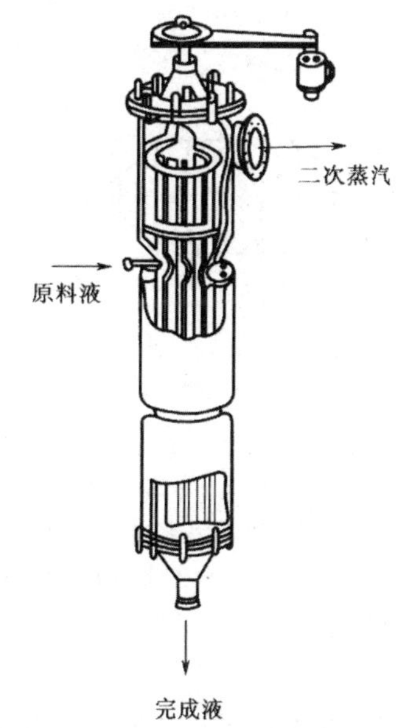

图 5-16　刮板搅拌薄膜蒸发器

5.4.3 蒸发辅助设备

1. 除沫器

蒸发操作时，二次蒸汽中挟带大量的液沫，尤其蒸发易起泡的溶液时，这种挟带现象更严重，虽然在蒸发器分离室中进行了分离，但为了防止损失有价值的产品或污染冷凝器，必须进一步减少挟带的液沫，为此常在蒸发器内或外设置除沫器。除沫器形式很多，如图 5-17 所示为经常采用的形式。图 5-17 中(a)至(d)可装在蒸发器分离室的顶部，后面几种安装在蒸发器外部。

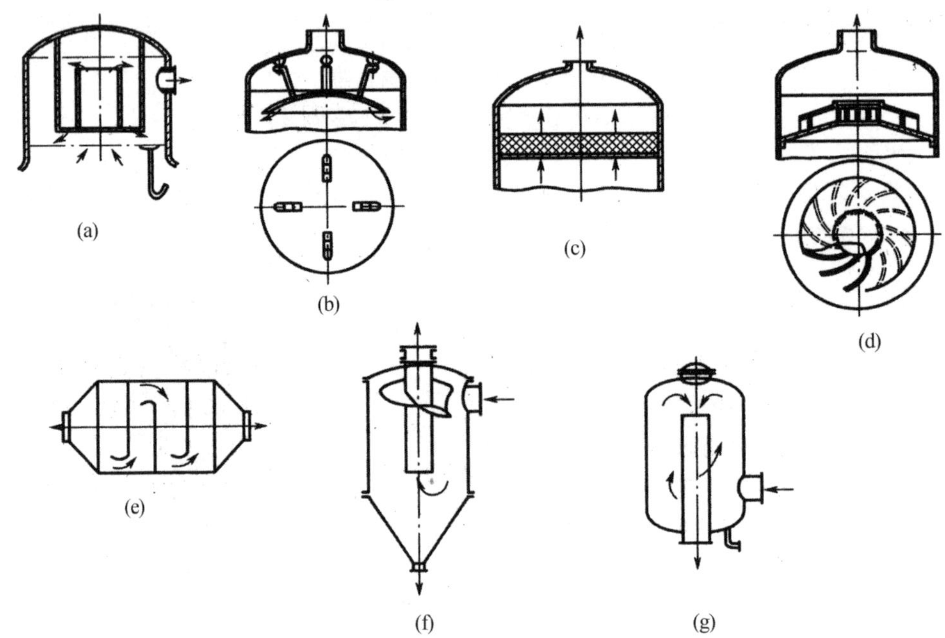

图 5-17 除沫器的主要形式

(a)折流式除沫器；(b)球体除沫器；(c)金属丝网除沫器；(d)离心式除沫器；
(e)冲击式除沫器；(f)旋风式除沫器；(g)离心式除沫器

2. 疏水器

蒸发器的加热室与其他蒸汽加热设备一样，均应附设疏水器，将冷凝水及时排除。否则冷凝水积聚于蒸发器加热室的管外，占据一部分的传热面积，降低传热效果。疏水器的作用是将冷凝水及时排除；防止加热蒸汽由排出管逃逸而造成浪费；疏水器的结构应便于排除不凝性气体。

工业上使用着多种不同结构的疏水器，按其启闭的作用原理大致可分为机械式、热膨胀式和热动力式等类型。其结构和工作原理这里不作介绍，可查阅相关资料。

3. 冷凝器和真空装置

要使蒸发操作连续进行，除了必须不断提供溶剂汽化所需要的热量外，还必须及时排除二次蒸汽。常见的有逆流高位冷凝器，结构如图 5-18 所示。二次蒸汽自进气口进入，冷却水自顶部喷淋，和底部进入的二次蒸汽接触进行热量交换，使二次蒸汽不断冷凝。不凝性气体经分离器由真空泵抽出，冷凝液沿气压管排出。因蒸汽冷凝时，冷凝器中形成真空，所以气压管需要有一定的高度，才能使管中的冷凝水依靠重力的作用而排出。

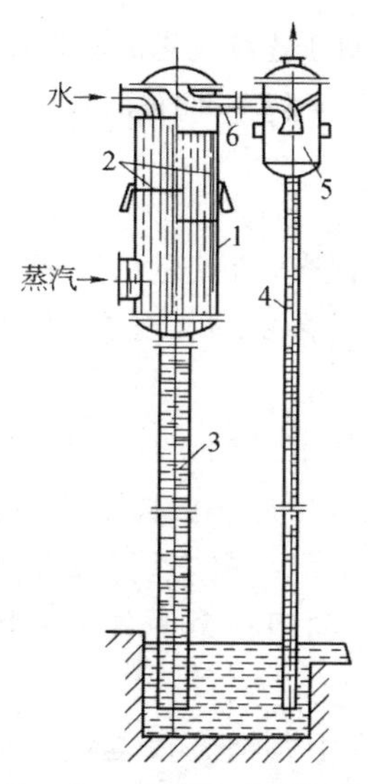

图 5-18 逆流高位冷凝器

1—外壳；2—淋水板；3，4—气压管；
5—分离罐；6—不凝性气体管

当蒸发器采用减压操作时，无论采用哪一种冷凝器，均需要在冷凝器后设置真空装置，不断排除二次蒸汽中的不凝性气体，从而维持蒸发操作所需的真空度。常用的真空装置有往复式真空泵、水环式真空泵和喷射式真空泵。

第6章 蒸馏过程

6.1 概述

化工、生物、食品、制药等生产过程中，所处理的原料、中间产物、粗产品等几乎都是由若干组分所组成的液体混合物，而且其中大多是均相混合物。为满足生产需要，通常要把这些均相混合物分离成较纯净或几乎纯态的物质。

分离均相混合物的方法有多种，其中蒸馏是应用最广泛的一种分离方法。在一定压力下，由于液体混合物各组分的挥发性不同，当加热液体混合物时，挥发性强的组分在气相中的浓度必然高于原来溶液的浓度，再将蒸汽全部冷凝，这样就使混合溶液得到初步分离。这种通过加热混合溶液而形成气、液两相物系，并利用物系中各组分挥发性不同而实现分离目的的单元操作称为蒸馏。

蒸馏分离的依据就是液体混合物中各组分挥发性的差异。在蒸馏操作中，将挥发性大的组分称为易挥发组分或轻组分，以 A 表示；挥发性小的组分称为难挥发组分或重组分，以 B 表示。将液体混合物加热至泡点以上，使之沸腾、部分汽化，必有 $y_A > x_A$；反之，将混合蒸汽冷却到露点以下，使之部分冷凝，必有 $x_B > y_B$。上述两种情况所得到的气液相组成均满足：

$$\frac{y_A}{y_B} > \frac{x_A}{x_B}$$

部分汽化及部分冷凝均可使混合物得到一定程度的分离，它们均是根据混合物中各组分挥发性的差异而达到分离目的的。如果将多次部分汽化和多次部分冷凝相结合，最终可得到较纯的轻、重组分，此操作称为精馏。

由于待分离的液体混合物中各组分挥发性、分离要求、操作条件等各不相同，故蒸馏操作分类方法各异，具体如下：

①按蒸馏方式可分为简单蒸馏、平衡蒸馏、精馏和特殊蒸馏等。

②按操作方式可分为间歇蒸馏和连续蒸馏。

③按物系组分数可分为两组分蒸馏和多组分蒸馏。

④按操作压力可分为常压蒸馏、加压蒸馏和减压蒸馏。

6.2 两组分溶液的气液相平衡

6.2.1 两组分理想物系的气液相平衡

在蒸馏或精馏设备中，气体自沸腾液体中产生，可近似地认为气体和液体处于平衡状态。因此，首先要讨论两相共存的平衡物系中气液两相组成之间的关系。

根据相律，平衡物系的自由度 F 为

$$F=N-\Phi+2$$

现组分数 $N=2$，相数 $\Phi=2$，故平衡物系的自由度为 2。

平衡物系涉及的参数为温度、压强与气、液两相的组成。气、液两相组成常以摩尔分数表示。对两组分物系，一相中某一组分的摩尔分数确定后另一组分的摩尔分数也随之而定，液相或气相组成均可用单参数表示。这样，温度、压强和液相组成(或气相组成)三者之中任意规定两个，则物系的状态将被唯一地确定，余下的参数已不能任意选择。

蒸馏过程常系恒压操作，压强一旦确定，物系只剩下一个自由度。例如，当指定了液相组成，则两相平衡共存时的温度及气相组成必随之确定而不能任意变动。换言之，在恒压下的两组分平衡物系中必存在着：

①液相(或气相)组成与温度间的一一对应关系。

②气、液组成之间的一一对应关系。

这是一个必须确立的重要观点。据此分析简单蒸馏过程可以断定：随着简单蒸馏过程的进行，因液体中轻组分含量逐渐下降和重组分含量逐渐上升，釜内温度必然随之升高，釜温将随组成的变化而变化。反之，只要釜液组成尚未发生明显变化，增、减加热速率只能增、减汽化速率而不能明显改变液相温度。同样，随着蒸馏过程的进行，气相组成也随液相组成的变化而变化，气相中的轻组分含量将逐渐下降，冷凝温度则逐渐上升。

研究气、液相平衡的工程目的是对上述两个对应关系进行定量的描述。

1. 两组分理想物系的液相组成

理想物系包括两个含义：

①液相为理想溶液，服从拉乌尔定律。

②气相为理想气体，服从理想气体定律或道尔顿分压定律。

根据拉乌尔定律，液相上方的平衡蒸汽压为

$$p_A=p_A^0x_A,\ p_B=p_B^0x_B$$

式中，p_A、p_B 分别为液相上方 A、B 两组分的蒸汽压；x_A、x_B 分别为液相中 A、B 两组分的摩尔分数；p_A^0、p_B^0 分别为在溶液温度 t 下纯组分 A、B 的饱和蒸汽压，它们均是温度的函数，即

$$p_A^0=f_A(t),\ p_B^0=f_B(t)$$

混合液的沸腾条件是各组分的蒸汽压之和等于外压，即

$$p_A + p_B = p$$

$$p_A^0 x_A + p_B^0 (1 - x_A) = p$$

于是

$$x_A = \frac{p - p_B^0}{p_A^0 - p_B^0} \tag{6-1}$$

或

$$x_A = \frac{p - f_B(t)}{f_A(t) - f_B(t)} \tag{6-2}$$

由此可知，只要A、B两纯组分的饱和蒸汽压 p_A^0、p_B^0 与温度的关系为已知，则式(6-2)给出了液相组成与温度(泡点)之间的定量关系。已知泡点，可直接计算液相组成；反之，已知组成也可算出泡点，但一般需经试差，这是由于 $f_A(t)$ 和 $f_B(t)$ 通常系非线性函数的缘故。

纯组分的饱和蒸汽压 p^0 与温度 t 的关系通常可表示成如下的经验式

$$\lg p^0 = A - \frac{B}{t + C} \tag{6-3}$$

式(6-3)称为安托因方程。A、B、C 为该组分的安托因常数，常用液体的 A、B、C 值可由手册查得。

2. 气液两相平衡组成之间的关系式

联立道尔顿分压定律和拉乌尔定律可得

$$y_A = \frac{p_A}{p} = \frac{p_A^0 x_A}{p} \tag{6-4}$$

或引入相平衡常数 K，将上式写成

$$y_A = K x_A$$

其中

$$K = \frac{p_A^0}{p} \tag{6-5}$$

由式(6-5)可知，相平衡常数 K 实际并非常数。当总压不变时，K 随 p_A^0 而变，因而也随温度而变。混合液组成的变化，必引起泡点的变化，故相平衡常数 K 不可能保持定值。总的说来，平衡常数 K 是温度和总压的函数。

3. 气相组成与温度(露点)的定量表达式

联立式(6-4)和式(6-1)即可得到气相组成与温度(露点)的关系为

$$y_A = \frac{p_A^0}{p} \cdot \frac{p - p_B^0}{p_A^0 - p_B^0} = \frac{f_A(t)}{p} \cdot \frac{p - f_B(t)}{f_A(t) - f_B(t)}$$

4. t-x-y 图和 y-x 图

在总压 p 为恒定的条件下，气(液)相组成与温度的关系可表示成图6-1所示的曲线。该图的横坐标为液相(或气相)的组成，皆以轻组分的摩尔分数 x(或 y)表示(以下所述均同)。

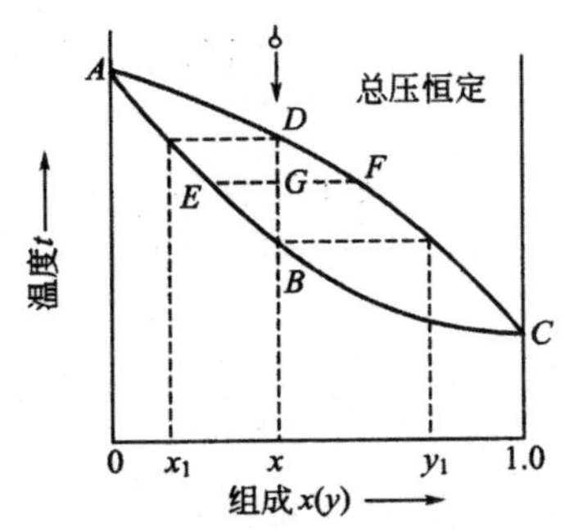

图 6-1 两组分溶液的温度-组成图

图 6-1 中$\overline{AEBC}$称为泡点线。组成为 x 的液体在给定总压下升温至 B 点达到该溶液的泡点，产生第一个气泡的组成为 y_1。曲线 $ADFC$ 称为露点线。一定组成的气相冷却至 D 点达到该混合气的露点，凝结出第一个液滴的组成为 x_1。当某混合物的温度与总组成位于 G 点时，则此物系必分成互成平衡的气液两相，液相的组成在 E 点，气相组成在 F 点。

图 6-2 表示在恒定总压、不同温度下互成平衡的气液两相组成 y 与 x 的关系。对于理想物系，气相组成 y 恒大于液相组成 x，故相平衡曲线必位于对角线的上方。此外，应注意在 y-x 曲线上各点所对应的温度是不同的。

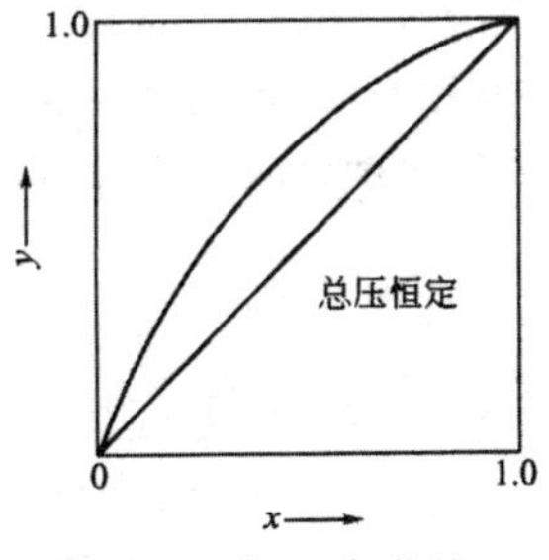

图 6-2 相平衡曲线

5. y-x 的近似表达式与相对挥发度 α

纯组分的饱和蒸汽压只反映了纯液体挥发性的大小。在溶液中各组分的挥发性因受其他组分的影响而与纯组分不同，故不能用各组分的饱和蒸汽压表示。溶液中各组分的挥发性应使用各组分的平衡蒸汽分压与其液相摩尔分数的比值

$$v_{\mathrm{A}}=\frac{p_{\mathrm{A}}}{x_{\mathrm{A}}},\ v_{\mathrm{B}}=\frac{p_{\mathrm{B}}}{x_{\mathrm{B}}}$$

来表示。v_{A}、v_{B} 称为溶液中 A、B 两组分的挥发度。

混合液中两组分挥发度之比称为相对挥发度 α，

$$\alpha=\frac{v_{\mathrm{A}}}{v_{\mathrm{B}}}=\frac{\dfrac{p_{\mathrm{A}}}{x_{\mathrm{A}}}}{\dfrac{p_{\mathrm{B}}}{x_{\mathrm{B}}}} \tag{6-6}$$

当气相服从道尔顿分压定律时，$p_i=py$，式(6-6)可写成

$$\alpha=\frac{\frac{y_A}{y_B}}{\frac{x_A}{x_B}} \tag{6-7}$$

式(6-7)通常作为相对挥发度的定义式，它表示气相中两组分的摩尔分数比为与之成平衡的液相中两组分摩尔分数比的 α 倍。

对两组分物系，$y_B=1-y_A$，$x_B=1-x_A$，代入式(6-7)并略去下标 A 可得

$$y=\frac{\alpha x}{1+(\alpha-1)x} \tag{6-8}$$

式(6-8)表示互成平衡的气液两相组成间的关系，称为相平衡方程。如能得知相对挥发度的数值，由上式可得到气液平衡时易挥发组分浓度(y-x)的对应关系。

对理想溶液，用拉乌尔定律代入式(6-6)可得

$$\alpha=\frac{p_A^0}{p_B^0} \tag{6-9}$$

式(6-9)表示，理想溶液的相对挥发度仅依赖于各纯组分的性质。纯组分的饱和蒸汽压 p_A^0、p_B^0 均系温度的函数，且随温度的升高而加大。因此，α 原则上随温度而变化。但 p_A^0/p_B^0 与温度的关系较 p_A^0、p_B^0 与温度的关系小得多，因而可在操作的温度范围内取某一平均的相对挥发度 α_m 并将其视为常数而与组成 x 无关，这样可使相平衡方程(6-8)的使用更为方便。

为获得理想物系的相平衡数据，根据具体情况平均相对挥发度的取法有多种。如果在接近两纯组分的沸点下(或操作温度的上、下限)物系的相对挥发度 α_1 与 α_2 差别不大，则可取

$$\alpha_m=\frac{1}{2}(\alpha_1+\alpha_2)$$

若在接近两纯组分沸点下物系的相对挥发度 α_1 与 α_2 相差较大，但其差别仍小于 30%，则可取

$$\alpha=\alpha_1+(\alpha_2-\alpha_1)x \tag{6-10}$$

根据式(6-10)由不同液相组成 x 算得不同的 α 值代入相平衡方程，以求出平衡的气相组成 y。

相对挥发度为常数时，溶液的相平衡曲线如图 6-3 所示。相对挥发度等于 1 时的相平衡曲线即为对角线 $y=x$。α 值越大，同一液相组成 x 对应的 y 值越大，可获得的提浓程度越大。因此，α 的大小可作为用蒸馏分离某物系的难易程度的标志。

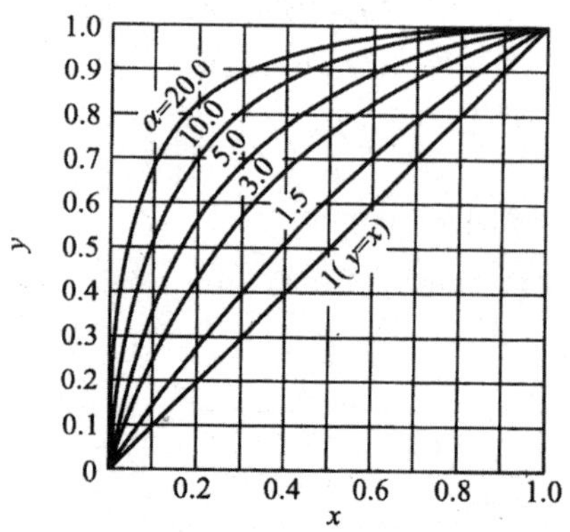

图 6-3 相对挥发度 α 为定值的相平衡曲线(恒压)

6.2.2　两组分非理想物系的气液相平衡

除理想物系外的体系统称为非理想物系。化工生产中遇到的物系大多为非理想物系。非理想物系可能有以下几种情况：

①液相为非理想溶液，气相为理想气体。

②液相为理想溶液，气相为非理想气体。

③液相为非理想溶液，气相为非理想气体。

对于二元非理想物系，其 t-x-y 图和 y-x 图的形状与理想物系有较大的差异，对不同物系，曲线的形状也变化较大。

根据溶液的蒸汽压偏离拉乌尔定律的方向，一般可将非理想溶液分成两大类：

①当异分子间吸引力 f_{AB} 小于同分子间吸引力 f_{AA} 时，溶液中组分的平衡分压比拉乌尔定律预计的高，即 $p_A > p_A^0 x_A$，$p_B > p_B^0 x_B$。属于该类的物系较多，如甲醇-水、乙醇-水、苯-乙醇等。

②当异分子间吸引力 f_{AB} 大于同分子间吸引力 f_{AA} 和 f_{BB} 时，溶液中组分的平衡分压比拉乌尔定律预计的低，即 $p_A < p_A^0 x_A$，$p_B < p_B^0 x_B$。属于该类的物系有硝酸-水、氯仿-丙酮等。

非理想溶液的平衡分压可用修正的拉乌尔定律表示，即

$$p_A = p_A^0 x_A \gamma_A, \quad p_B = p_B^0 x_B \gamma_B$$

式中，γ 为组分的活度系数。各组分的活度系数还与其组成有关，一般可用热力学公式和少量实验数据求得。

当总压不高时，气相为理想气体，则平衡气相组成为

$$y_A = \frac{p_A^0 x_A \gamma_A}{P}$$

当蒸馏操作在高压或低温下进行时，大平衡时气相不是理想的，应对其进行修正，此时应用逸度代替压强，以进行相平衡计算。

对某些非理想溶液，当它们的正偏差大到一定程度，致使溶液在某一组成下两组分的蒸汽压之和出现最大值时，该组成下溶液的泡点都比两纯组分的沸点低，即这时出现最低恒沸点；同样对某些负偏差溶液，将会出现最低蒸汽压和最高恒沸点。对应恒沸点的组成则称为恒沸组成。

如图 6-4 和图 6-5 分别表示了具有恒沸点的乙醇-水体系(正偏差溶液，最高蒸汽压和最低恒沸点)和硝酸-水体系(负偏差溶液，最低蒸汽压和最高恒沸点)的 t-x-y 图和 y-x 相图。M 点为恒沸点，对应的组成就是恒沸组成。可见在 M 点处相平衡线与对角线相交，表明此时的相对挥发度 $\alpha=1$，因此若该体系初始组成在这一点，已无法用常规的蒸馏方法进一步提浓，即在恒沸点处不能用蒸馏进行分离，这也就是为什么常见乙醇的浓度为 95%的原因。要得到无水乙醇，应设法打破恒沸点或改变其位置。

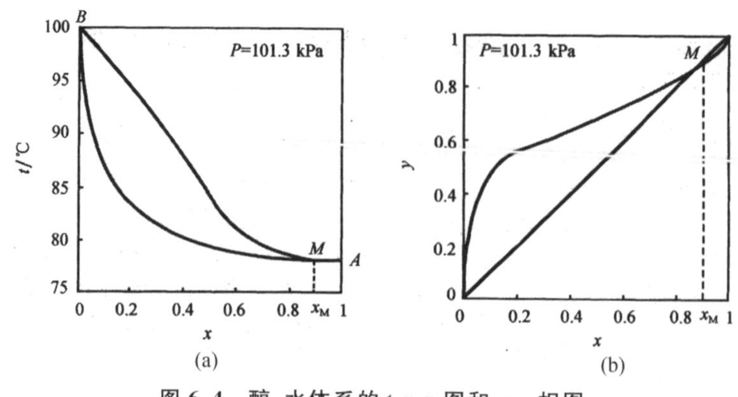

图 6-4 醇-水体系的 t-x-y 图和 y-x 相图

(a)乙醇-水体系 t-x-y 图;(b)乙醇-水体系 y-x 相图

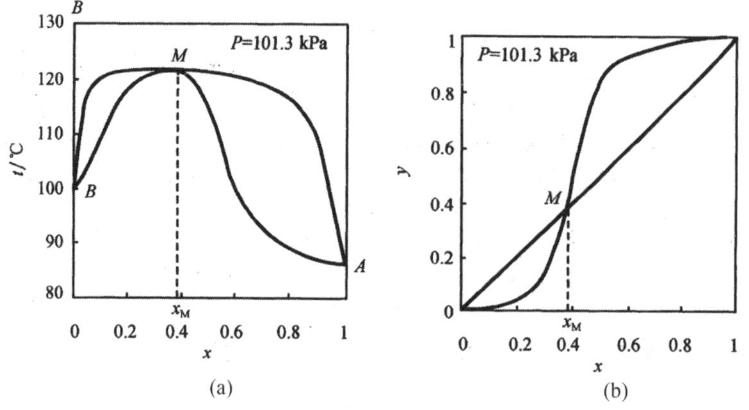

图 6-5 硝酸-水体系的 t-x-y 图和 y-x 相图

(a)硝酸-水体系 t-x-y 图;(b)硝酸-水体系 y-x 相图

对给定物系,恒沸点的位置与总压有关,理论上只要将操作压力降至 12.7 kPa 以下,就能通过蒸馏操作得到 99%以上的无水乙醇。但对该体系采用上述减压蒸馏的方法在经济上不合算,故无水乙醇的制取实际上采用其他特殊的办法,如恒沸精馏、萃取精馏等。

6.3 简单蒸馏与平衡蒸馏

6.3.1 简单蒸馏

简单蒸馏也称为微分蒸馏,是一种不稳定的单级蒸馏过程,需分批(间歇)进行。如图 6-6 所示为简单蒸馏装置。混合液通过蒸汽加热在蒸馏釜 1 中逐渐汽化,产生的蒸汽随即进入冷凝器 2,所得的馏出液流入容器 3A、3B、3C 中。由于易挥发组分的汽相组成 y 大于液相组成 x,因而随着蒸馏过程的进行,x 将逐渐降低。这使得与 x 平衡的汽相组成 y(即馏出液的组成)亦随之降低,釜内溶液的沸点则逐渐升高。由于馏出液的组成开始时最高,随后逐渐降低,故常设几个接收器,按时间的先后,分别得到不同组成的馏出液。图 6-6 所示的流程,可将一批原液分为 3A、3B、3C 三部分馏出液加上釜内残液,共四种平均浓度不同的溶液。

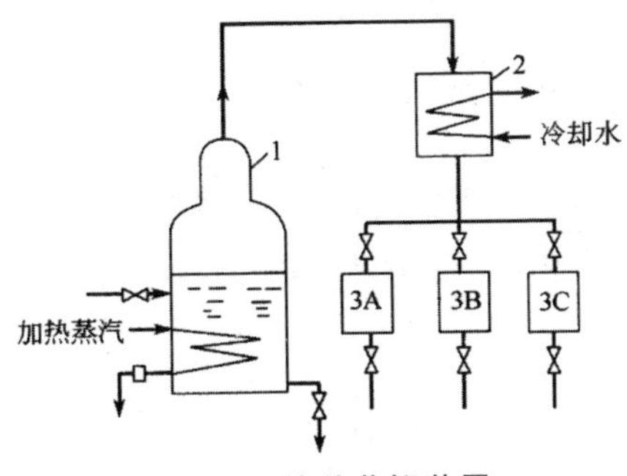

图 6-6 简单蒸馏装置

1—蒸馏釜;2—冷凝器;3—容器

在蒸馏过程中,系统的温度和汽液相组成均随时间改变,是一个不稳定过程,虽然瞬间形成的汽液两相达到平衡,但蒸汽凝成的全部馏出液的平均组成与剩余釜液的组成并无相平衡关系。

简单蒸馏的分离效果不高,只用于初步分离,适合于相对挥发度较大而分离要求不高的场合,如原油和煤油的初馏,又如从含乙醇不到 10°(即"度",指乙醇的体积分数,商业惯用的浓度表示法)的发酵醪液,经一次简单蒸馏可得到约 50°的烧酒;为得到 60°~65°的烧酒,可再经过一次简单蒸馏。

简单蒸馏的计算主要有两方面内容:

①蒸馏釜的生产能力,它根据热负荷和传热能力计算。

②馏出液、残液的浓度与馏出量(或残留量)之间的关系。这要借助物料衡算和相平衡两关系求出。

设釜内在某一时刻的釜液量为 W(kmol);其液、汽组成分别为 x、y(摩尔分数)。若经微分时间 $\mathrm{d}\tau$ 后,液相量减为 $(W-\mathrm{d}W)$,组成降为 $(x-\mathrm{d}x)$,则残液中所含易挥发组分的量为 $(W-\mathrm{d}W)(x-\mathrm{d}x)$,而蒸出的易挥发组分的量为 $y\mathrm{d}W$。根据易挥发组分在 $\mathrm{d}\tau$ 前后的微分物料衡算,有

$$Wx=(W-\mathrm{d}W)(x-\mathrm{d}x)+y\mathrm{d}W$$

或

$$0=(y-x)\mathrm{d}W-W\mathrm{d}x+\mathrm{d}W\mathrm{d}x$$

略去高阶微分,分离变量,可得

$$\frac{\mathrm{d}W}{W}=\frac{\mathrm{d}x}{y-x}$$

令 W_1、W_2 分别为釜内的料液量和残液量,kmol;x_1、x_2 分别为料液和残液的组成,摩尔分数。

将上式积分,积分限为 $W=W_1$,$x=x_1$;$W=W_2$,$x=x_2$;得

$$\ln\frac{W_1}{W_2}=\int_{x_2}^{x_1}\frac{\mathrm{d}x}{y-x} \tag{6-11}$$

为求得等号右边的定积分值,需得知 $x-y$ 平衡关系,可按以下几种情况考虑。

①理想溶液，其 y-x 关系可用式 $y=\dfrac{\alpha x}{1+(\alpha-1)x}$ 表达，其中 a 取为常数，代入式(6-11)中积分，得

$$\ln\frac{W_1}{W_2}-\frac{1}{a-1}\ln\left[\frac{x_1(1-x_2)}{x_2(1-x_1)}\right]+\ln\frac{1-x_2}{1-x_1} \tag{6-12}$$

如果以釜内溶液中两种组分的物质的量 A 和 B 取代摩尔分数 x，则

$$x_1=\frac{A_1}{W_1},x_2=\frac{A_2}{W_2}$$

$$W_1=A_1+B_1,\ W_2=A_2+B_2$$

又代入式(6-12)中，化简可得

$$\ln\frac{A_1}{A_2}=\alpha\ln\frac{B_1}{B_2}\text{ 或 }\frac{A_1}{A_2}=\left(\frac{B_1}{B_2}\right)^{\alpha} \tag{6-13}$$

式(6-13)不仅较为简明，而且适用于多元理想溶液的任意两种组分。

②如果在涉及的浓度范围内 y-x 平衡线可近似地作为直线 $y=mx+b$ 处理，则代入式(6-11)，积分可以得

$$\ln\frac{W_1}{W_2}=\frac{1}{m-1}\ln\frac{(m-1)x_1+b}{(m-1)x_2+b}$$

对于稀溶液，相平衡关系通常可用通过原点的直线来表示；如果蒸馏浓度变化区域不大，则也可用直线 $y=mx+b$ 近似代替曲线。

③如果平衡关系不能用简单的数学式表示时，则可应用图解积分或数值积分。

上述物料衡算可由 W_1、x_1，加上 W_2、x_2 其中之一，计算出 W_2、x_2 中未知的一个。余下馏出液的量 W_D 及组成 x_D，可用原液、残液及馏出液间的物料衡算决定。

对于总物料对于易挥发组分

$$W_D=W_1-W_2$$

对于易挥发组分

$$W_Dx_D=W_1x_1-W_2x_2$$

6.3.2 平衡蒸馏

平衡蒸馏又称闪蒸蒸馏，是一种连续、定态的单级蒸馏过程，其装置如图 6-7 所示。被分离的混合液先经加热器 1 升温，使之温度高于分离器 3 压力下料液的泡点，然后通过节流阀降低压力至规定值。过热的液体在分离器 3 中部分汽化。平衡的气、液两相分别从分离器的顶部和底部引出。通常分离器又称为闪蒸塔(罐)。

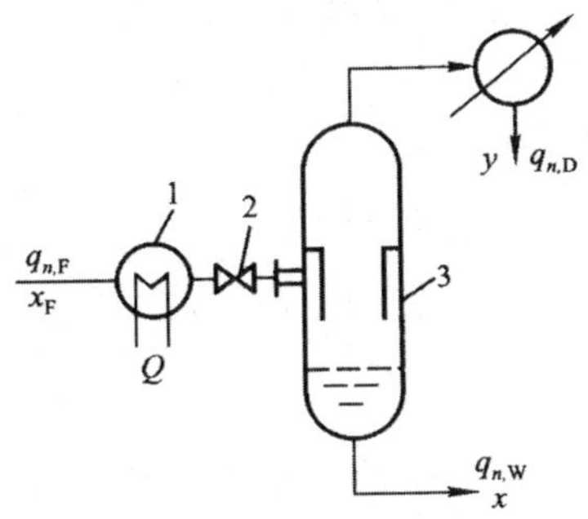

图 6-7 平衡蒸馏装置

1—加热器;2—减压阀;3—分离器

平衡蒸馏计算所应用的基本关系是物料衡算、热量衡算及气液平衡关系。

(1)物料衡算

对图 6-7 所示的平衡蒸馏装置进行物料衡算,得总物料衡算

$$q_{n,\text{F}}=q_{n,\text{D}}+q_{n,\text{W}}$$

对易挥发组分进行物料衡算

$$q_{n,\text{F}}x_\text{F}=q_{n,\text{D}}y+q_{n,\text{W}}x$$

式中,$q_{n,\text{F}}$、$q_{n,\text{D}}$、$q_{n,\text{W}}$分别为原料液、气相和液相产品流量,kmol/h 或 kmol/s;x_F、y、x 分别为原料液、气相和液相产品中易挥发组分的摩尔分数。

如果各流股的组成已知,则气相产品的流量为

$$q_{n,\text{D}}=q_{n,\text{F}}\frac{x_\text{F}-x}{y-x}$$

令

$$q=\frac{q_{n,\text{W}}}{q_{n,\text{F}}} \tag{6-14}$$

则

$$1-q=\frac{q_{n,\text{D}}}{q_{n,\text{F}}}$$

式中,q 为原料液的液化率;$1-q$ 为原料液的汽化率。将以上关系代入式(6-14)并整理,得

$$y=\frac{q}{q-1}x-\frac{x_\text{F}}{q-1} \tag{6-15}$$

式(6-15)表示平衡蒸馏中气液相组成的关系。当 q 为定值时,该式为直线方程。在 $x-y$ 图上,该式是通过点(x_F,x_F),斜率为$\frac{q}{q-1}$的直线。

(2)热量衡算

对图 6-7 所示的加热器进行热量衡算,忽略热损失,则

$$Q=q_{n,\text{F}}c_p(t-t_\text{F})$$

式中,Q 为加热器的热负荷,kJ/h 或 kW;c_p 为原料液的平均摩尔定压热容,kJ/(kmol·℃);t_F、t 分别为原料液进入和离开加热器的温度,℃。

在分离器中,物料汽化所需要的潜热由原料液本身的显热提供。过程完成后分离器中的

平衡温度为 t_e。对分离器进行热量衡算，忽略热损失，则

$$q_{n,F}c_p(t-t_e)=(1-q)rq_{n,F}$$

式中，r 为物料的平均摩尔汽化热，kJ/kmol。

原料液离开加热器的温度为

$$t=t_e+(1-q)\frac{r}{c_p}$$

(3)气液平衡关系

平衡蒸馏中，气液两相处于平衡状态，即两相温度相等，组成符合平衡关系。如果物系的平均相对挥发度为 α，则有

$$y=\frac{\alpha x}{1+(\alpha-1)x}$$

利用上述三类基本关系，即可计算平衡蒸馏中气液相的平衡组成和平衡温度。

6.4 精馏原理和流程

6.4.1 精馏过程原理

精馏过程原理可用 t-x-y 图来说明。如图 6-8 所示，将组成为 x_F 温度为 t_F 的某混合液加热至泡点以上，则该混合物被部分汽化，产生气液两相，其组成分别为 y_1 和 x_1，此时 $y_1>x_F>x_1$。将气液两相分离，并将组成为 y_1 的气相混合物进行部分冷凝，则可得到组成为 y_2 的气相和组成为 x_2 的液相，继续将组成为 y_2 的气相进行部分冷凝，又可得到组成为 y_3 的气相和组成为 x_3 的液相，显然 $y_3>y_2>y_1$。如此进行下去，最终气相经全部冷凝后，即可获得高纯度的易挥发组分产品。同时，将组成为 x_1 的液相进行部分汽化，则可得到组成为 y_2' 的气相和组成为 x_2' 的液相，继续将组成为 x_2' 的液相部分汽化，又可得到组成为 y_3' 的气相和组成为 x_3' 的液相，显然 $x_3'<x_2'<x_1'$。如此进行下去，最终的液相即为高纯度的难挥发组分产品。

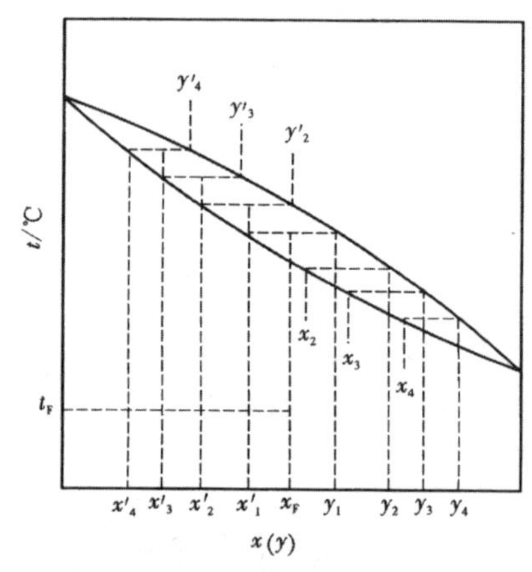

图 6-8 精馏原理的示意图

由此可见，液体混合物经多次部分汽化和冷凝后，便可得到几乎完全的分离，这就是精馏过程的基本原理。

如图 6-9 所示为多次部分汽化和部分冷凝流程示意图。显然，如果将此流程用于工业生产，则会带来许多实际困难，如流程过于复杂，设备费用极高；部分汽化需要加热剂，部分冷凝需要冷却剂，能量消耗大；纯产品的收率很低等。

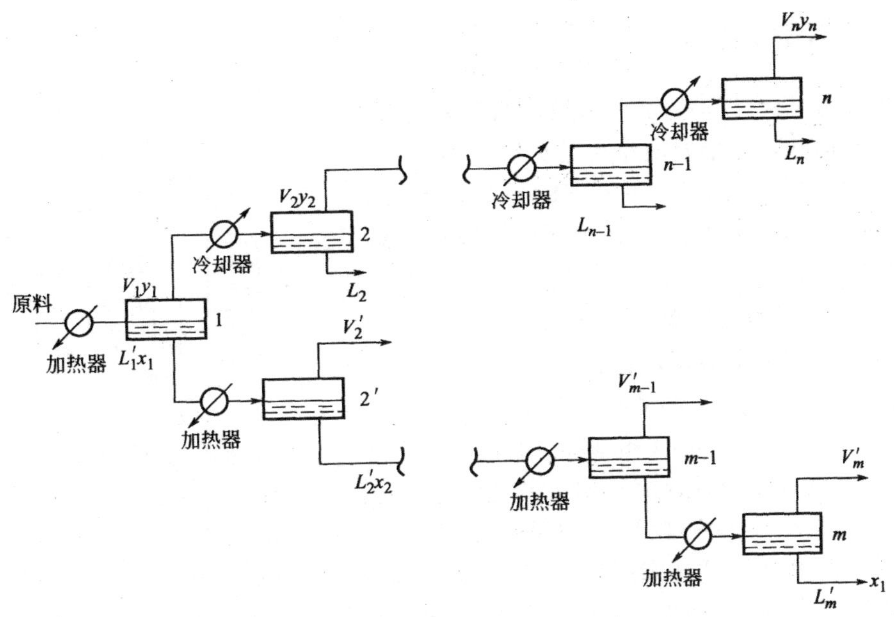

图 6-9 多次部分汽化和多次部分冷凝流程

为了克服上述缺点，可以设法将中间产物引回前一级分离器。在最上一级设置部分冷凝器以提供回流液体，在最下一级设置部分蒸发器以提供上升蒸汽，如图 6-10 所示。由于来自上一级的液体和来自下一级的蒸汽温度不同，相互接触后，蒸汽部分冷凝放出的热量用于加热液体，使之部分汽化。这样，流程中省去了中间加热器和中间冷却器。液体逐级下降，蒸汽逐级上升，通过不断的传质和传热过程，最终得到较纯的产品。在实际工业装置中，精馏流程是通过板式塔或填料塔来实现的。

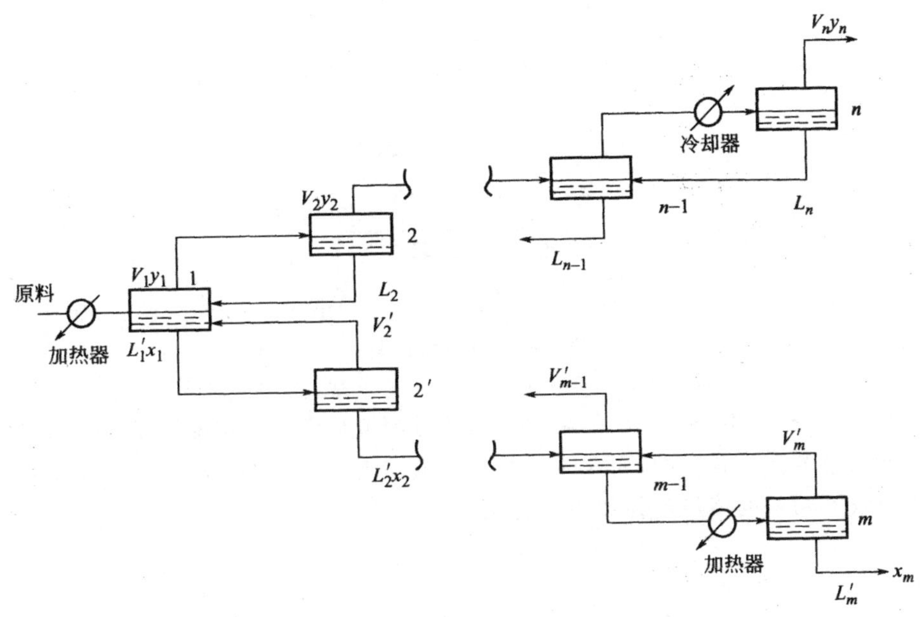

图 6-10 带回流的多次部分汽化和冷凝流程

6.4.2 精馏操作流程

精馏操作可分为连续精馏和间歇精馏，但无论何种方式，精馏塔必须同时在塔底设置再沸器、塔顶设置冷凝器，冷凝器的作用是获得液相产品以及保证有一定的液相回流量，再沸器的作用是提供一定量的上升蒸汽流。此外，有时还需要原料液预热器、回流液泵等附属设备才能实现整个操作。

如图 6-11 所示为连续精馏装置。可以看出，原料液经预热器加热到指定温度后，进入精馏塔中部的进料板，料液在该板与自塔上部下降的回流液体汇合后，再逐层下流，最后流入塔底的再沸器。液体在下降的同时，它与上升的蒸汽在各板上互相接触，同时进行着部分汽化、部分冷凝的传热过程和气液两相传质过程。出塔顶的蒸汽经冷凝器冷凝成液体，一部分送入塔顶作回流液，另一部分经冷却器后作为塔顶馏出液。塔底再沸器的液体一部分汽化，产生上升蒸汽，依次通过各层塔板，一部分作为塔底釜液。

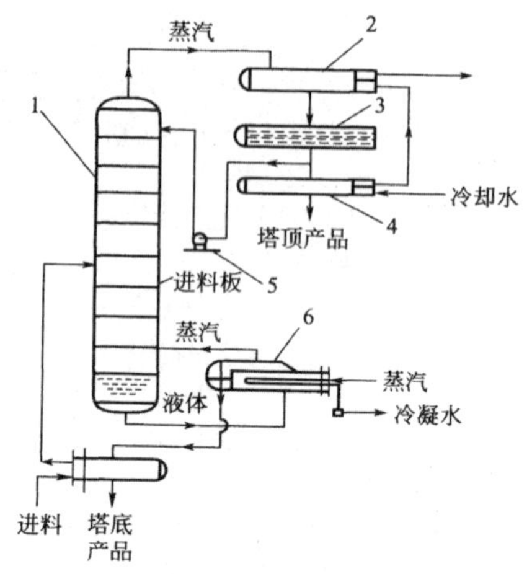

图 6-11 连续精馏装置

1—精馏塔；2—全凝器；3—储槽；4—冷却器；5—回流液泵；6—再沸器

如图 6-12 所示为间歇精馏装置。间歇精馏与连续精馏操作不同的是，物料一次性加入塔釜，所以间歇精馏没有提馏段，只有精馏段，另外随着操作过程的进行，间歇精馏中釜液的浓度不断地变化，塔顶产品的组成也随之减少。

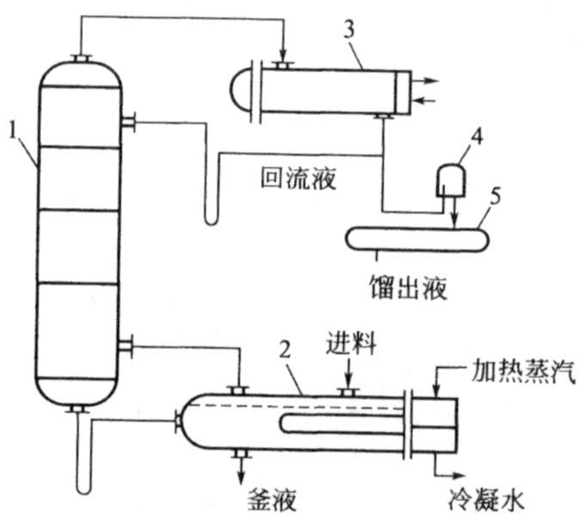

图 6-12 间歇精馏装置

1—精馏塔；2—再沸器；3—全凝器；4—观察罩；5—储槽

在工业生产和科研中，除了应用板式塔外，还可用填料塔进行精馏操作。在填料塔内装有各种填料，液体分散在填料表面，而气体从填料间隙向上流过时，气液两相在填料表面相互接触，同时进行气液两相的传热过程和传质过程。

6.5 两组分连续精馏的计算

6.5.1 理论板与恒摩尔流假设

1. 理论板与塔板效率

在精馏过程中，由于未达到平衡的气液两相在塔板上的传质过程十分复杂，它不仅与物系有关，还与塔板的结构和操作条件有关，同时在传质过程中还伴有传热过程，故传质过程难以用简单的数学方程来表示，为简化计算，常引入理论板这一概念。

理论板是指离开塔板的气液两相组成上互成平衡且温度相等的理想化塔板。其前提条件是气液两相皆充分混合、各自组成均匀、塔板上不存在传热传质的阻力。实际上，由于塔板上气液间的接触面积和接触时间是有限的，因此塔板上气液两相一般都难以达到平衡状况，也就是说难以达到理论板的传质分离效果，理论板仅作为实际板分离效率的依据和标准。在工程设计中，可先求出理论塔板数，再根据塔板效率来确定实际塔板数。所谓塔板效率，即一块实际塔板的分离作用对于一块理论塔板的分离作用之比，它有多种表示方法，单板效率和全塔效率是常用的两种表示方式。

(1)单板效率 E_m

单板效率又称为默弗里效率，它是以气相(或液相)经过实际板的组成变化值与经过理论板的组成变化值之比来表示的。对于任意的第 n 层塔板，单板效率可分别按气相组成及液相组成的变化来表示，即

$$E_{m,V}=\frac{y_n-y_{n+1}}{y_n^*-y_{n+1}}$$

$$E_{m,L}=\frac{x_{n-1}-x_n}{x_{n-1}-x_n^*}$$

式中，$E_{m,V}$ 为气相默弗里效率；$E_{m,L}$ 为液相默弗里效率；y_n^* 为与 x_n 成平衡的气相组成摩尔分数；x_n^* 为与 y_n 成平衡的液相组成摩尔分数。

单板效率一般由实验测定。

(2)全塔效率 E

在一个精馏塔内，各塔板上的传质情况不完全相同，因而各塔板相应的塔板效率往往不完全一样，为了便于工程计算，引入全塔效率概念。全塔效率是指精馏过程中完成规定的任务所需的理论板数与实际板数之比，表示为

$$E=\frac{N_T}{N_P}$$

式中，N_T 为理论板层数；N_P 为实际板层数。

全塔效率反映了塔中各层塔板的平均效率，因此它是理论板层数的一个校正系数，其值恒

小于 1。对一定结构的板式塔，若已知在某种操作条件下的全塔效率，便可由理论板数求得实际板层数。

由于影响板效率的因素很多，且非常复杂，目前还不能用纯理论公式计算其值。设计时一般选用经验数据，或用经验公式进行估算。

2. 恒摩尔流假设

为简化精馏过程的计算，引入恒摩尔流的假设。

(1)恒摩尔流气流(化)

精馏段内，每层塔板上升的蒸汽摩尔流量均相等；提馏段内也是一样，其数学表达式如下：

$$V_1=V_2=\cdots=V_n=V=\text{定值}$$

$$V'_1=V'_2=\cdots=V'_n=V'=\text{定值}$$

式中，V 为精馏段上升蒸汽的摩尔流量，kmol/h；V' 为提馏段上升蒸汽的摩尔流量，kmol/h；下标表示塔板的序号，排序从上往下。

两段上升蒸汽的摩尔流量不一定相等。

(2)恒摩尔流液(溢)流

精馏段内，每层塔板溢流的液体摩尔流量皆相等；提馏段内也是一样，其数学表达式如下：

$$L_1=L_2=\cdots=L_n=L=\text{定值}$$

$$V'_1=V'_2=\cdots=V'_n=V'=\text{定值}$$

式中，L 为精馏段内液体的摩尔流量，kmol/h；L' 为提馏段内液体的摩尔流量，kmol/h；下标表示塔板的序号，排序从下往上。

两段下降液体的摩尔流量一般不相等。恒摩尔气流与恒摩尔液流统称为恒摩尔流假设。

上述假设满足下列条件时成立：

①各组分的摩尔汽化潜热相等。

②气、液两相接触时，因两相温度不同而交换的显热可以忽略。

③塔设备保温良好，热损失可以忽略不计。

6.5.2 物料衡算与操作线方程

1. 全塔物料衡算

精馏塔顶、塔底的产量与进料量及各组成之间的关系可通过全塔物料衡算求出。对图 6-13 所示的精馏塔做全塔物料衡算，得到

$$F=D+W$$

$$Fx_F=Dx_D+Wx_W$$

式中，F 为料液流率，kmol/h；D 为塔顶馏出液流率，kmol/h；W 为塔底釜液流率，kmol/h；x_F 为料液中易挥发组分的摩尔分数；x_D、x_W 分别为塔顶、塔底产品的摩尔分数。

这两个方程中共有三个摩尔流率和三个摩尔分数，已知其四可解出其余两个。当然，若单位采用质量，方程也同样适用。

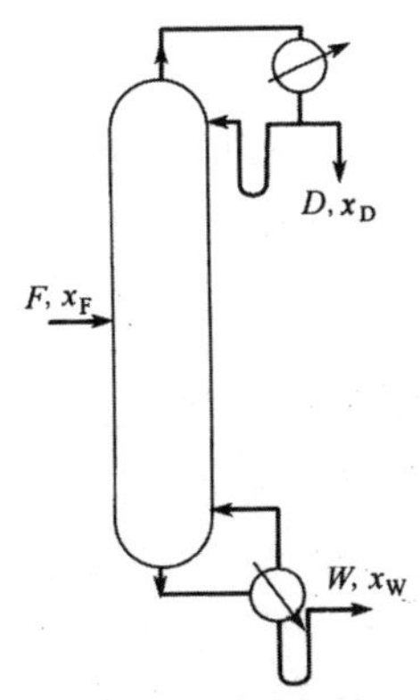

图 6-13 精馏塔的全塔物料衡算

通常是由任务给出 F、x_F、x_D、x_W，求解塔顶、塔底产品流率 D、W。有时也常规定组分的回收率 η，其定义为塔顶易挥发组分回收量占原料中该组分总量的百分数。

$$\eta=\frac{Dx_D}{Fx_F}\times 100\%$$

2. 操作线方程

在连续精馏塔中，因原料液不断地进入塔内，故精馏段和提馏段的操作关系是不相同的，应分别加以讨论。

(1)精馏段操作线

按图 6-14 虚线范围(包括精馏段的第 $n+1$ 层板以上塔段及冷凝器)作物料衡算，以单位时间为基准，即

总物料

$$V=L+D$$

易挥发组分

$$Vy_{n+1}=Lx_n+Dx_D$$

式中，x_n 为精馏段中第 n 层板下降液体中易挥发组分的摩尔分数；y_{n+1} 为精馏段第 $n+1$ 层板上升蒸汽中易挥发组分的摩尔分数。

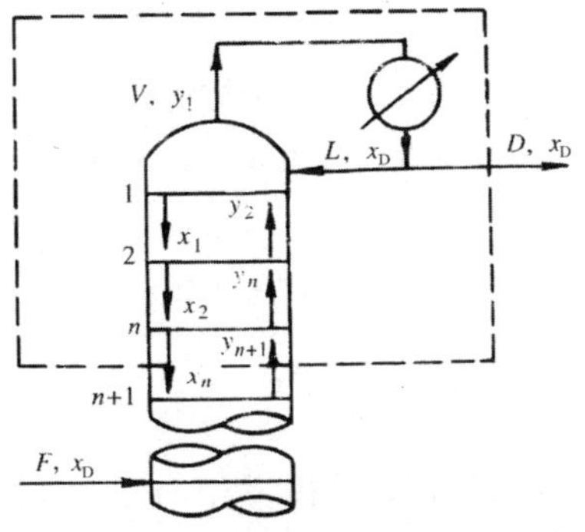

图 6-14 精馏段操作线方程的推导

于是有

$$y_{n+1}=\frac{L}{L+D}x_n+\frac{D}{L+D}x_D$$

上式等号右边两项的分子及分母同时除以 D，则

$$y_{n+1}=\frac{\frac{L}{D}}{\frac{L}{D}+1}x_n+\frac{1}{\frac{L}{D}+1}x_D$$

令 $R=\frac{L}{D}$，代入上式得

$$y_{n+1}=\frac{R}{R+1}x_n+\frac{1}{R+1}x_D \tag{6-16}$$

式中，R 称为回流比。根据恒摩尔流假定，L 为定值，且在稳定操作时 D 及 x_D 为定值，故 R 也是常量，其值一般由设计者选定。

式(6-16)称为精馏段操作线方程式，表示在一定操作条件下，精馏段内自任意第 n 层板下降的液相组成 x_n 与其相邻的下一层板上升蒸汽相组成 $n+1$ 之间的关系。该式在 x-y 直角坐标图上为直线，其斜率为$\frac{R}{R+1}$，截距为$\frac{x_D}{R+1}$。

(2)提馏段操作线

对图 6-15 虚线框范围内(包括提馏段的第 m 层板以下的塔段及再沸器)作物料衡算，以单位时间为基准。

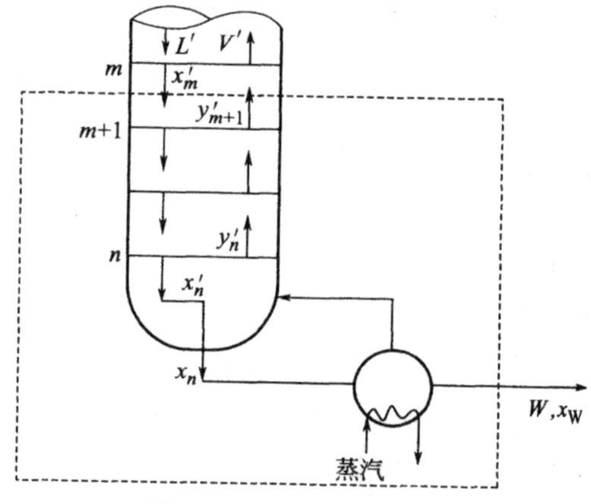

图 6-15 提馏段物料衡算

总物料衡算

$$L'=V'+W$$

易挥发组分的物料衡算

$$L'x'_m=V'y'_{m+1}+Wx_W \tag{6-17}$$

式中，x'_m 为提馏段中第 m 层板下降液相中易挥发组分的摩尔分数；y'_{m+1} 为提馏段中第 $m+1$ 层板上升蒸汽中易挥发组分的摩尔分数；L'为提馏段中每块塔板下降的液体流量，kmol/h；V'为提馏段中每块塔板上升的蒸汽流量，kmol/h。

将式(6-17)除以 V' 得

$$y'_{m+1}=\frac{L'}{V'}x_m-\frac{Wx_W}{V'}$$

于是得

$$y'_{m+1}=\frac{L'}{L'-W}x_m-\frac{W}{L'-W}x_W \tag{6-18}$$

式(6-18)即为提馏段操作线方程，表示在一定操作条件下，提馏段内自任意第 m 层板下降的液相组成 x_m 与其相邻的下一层板(第 $m+1$ 层板)上升的气相组成 y_{m+1} 之间的关系。

在定态连续操作过程中，W、x_W 为定值，同时由恒摩尔流假设可知，L' 和 V' 为常数，故提馏段操作线方程亦为直线。其斜率为 $\frac{L'}{V'}$，截距为 $-\frac{Wx_W}{V'}$。

6.5.3　进料热状态的影响

1. 精馏塔的进料状态

在实际生产中，引入塔内的原料有以下五种不同的状况(图 6-16)。

①低于泡点以下的过冷液体进料(H 点)。

②泡点进料(饱和液体进料)(B 点)。

③气液混合进料(G 点)。

④露点进料(饱和蒸汽进料)(D 点)。

⑤高于露点的过热蒸汽进料(I 点)。

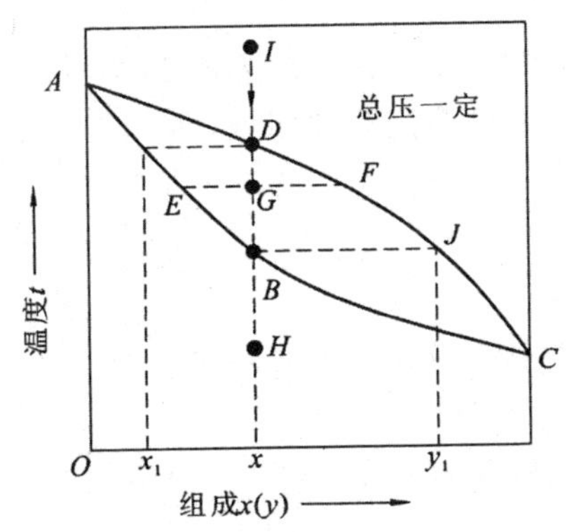

图 6-16　进料状况的示意图

由于不同进料热状况的影响，使从进料板上升的蒸汽量及下降的液体量发生变化，也即上升到精馏段的蒸汽量及下降到提馏段的液体量发生了变化。图 6-17 定性地表示在不同的进料热状况下，由进料板上升的蒸汽及由该板下降的液体的摩尔流量变化情况。

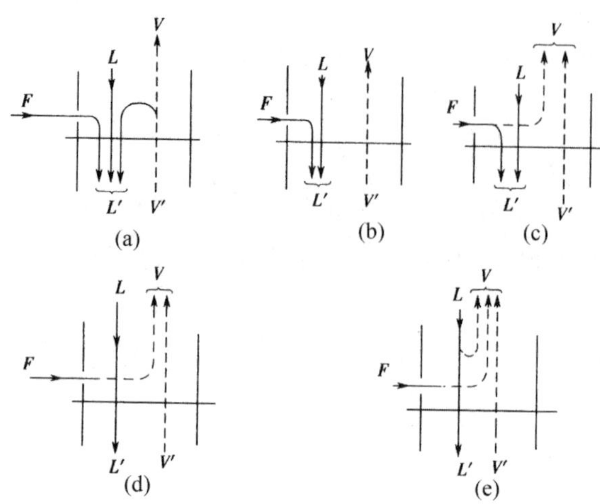

图 6-17　进料热状况对进料板上、下各流股的影响

(a)冷液进料；(b)饱和液体进料；(c)气液混合物进料

(d) 饱和蒸汽进料；(e) 过热蒸汽进料

(1)冷液进料

对于冷液进料，提馏段内回流液流量 L'包括以下几个部分。

①精馏段的回流液流量 L。

②原料液流量 F。

③为将原料液加热到板上温度，必然会有一部分自提馏段上升的蒸汽被冷凝下来，冷凝液量也成为 L'的一部分。由于这部分蒸汽的冷凝，上升到精馏段的蒸汽量 V 比提馏段的 V'要少，其差额即为冷凝的蒸汽量。

(2)泡点进料

对于泡点进料，由于原料液的温度与板上液体的温度相近，因此原料液全部进入提馏段，作为提馏段的回流液，而两段的上升蒸汽流则相等，即

$$L'=L+F$$

$$V'=V$$

(3)气液混合物进料

对于气液混合物进料，进料中液相部分成为 L'的一部分，而蒸汽部分则成为 V 的一部分。

(4)饱和蒸汽进料

对于饱和蒸汽进料，整个进料变为 V 的一部分，而两段的液体流量则相等，即

$$L=L'$$

$$V=V'+F$$

(5)过热蒸汽进料

对于过热蒸汽进料，此种情况与冷液进料恰好相反，精馏段上升蒸汽流量 V 包括以下几个部分。

①提馏段上升蒸汽流量 V'。

②原料液流量 F。

③为将进料温度降至板上温度，必然会有一部分来自精馏段的回流液体被汽化，汽化的蒸

汽量也成为 V 中的一部分。由于这部分液体的汽化，下降到提馏段中的液体量 L' 将比精馏段的 L 少，其差额即为汽化的那部分液体量。

2.进料热状况参数

在精馏塔内，由于原料的热状态不同，从而使进料板上上升的蒸汽量和下降的液体量发生变化。对进料板作物料衡算和热量衡算，衡算范围如图 6-18 所示。

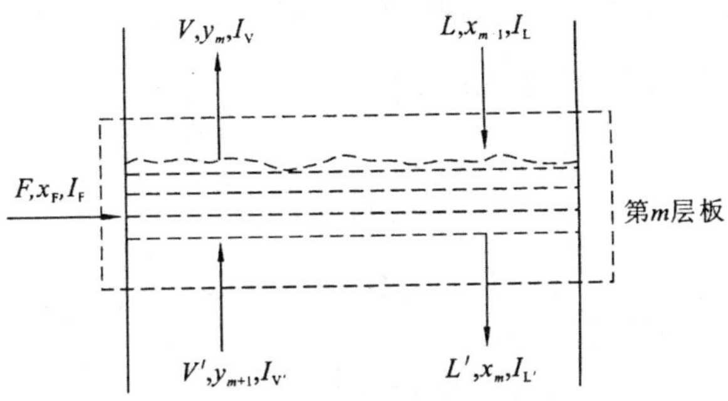

图 6-18 进料板物料衡算图

物料衡算

$$F+L+V'=L'+V$$

$$\frac{L'-L}{F}=\frac{F+V'-V}{F}$$

令

$$q=\frac{L'-L}{F}$$

则

$$1-q=\frac{V-V'}{F}$$

热量衡算

$$FI_F+LI_L+V'I_{V'}=VI_V+L'I_{L'}$$

式中，I_F 为原料的焓，kJ/kmol；I_L、$I_{L'}$ 分别为进入、离开进料板的饱和液体的焓，kJ/kmol；I_V、$I_{V'}$ 分别为进入、离开进料板饱和蒸汽的焓，kJ/kmol。

根据恒摩尔流假设，$I_L=I_{L'}$，$I_V=I_{V'}$，则热量衡算式可改写为

$$I_F=\frac{L'-L}{F}I_L+\frac{V-V'}{F}I_V$$

$$=qI_L+(1-q)I_V$$

则

$$q=\frac{I_V-I_F}{I_V-I_L} \tag{6-19}$$

式中，I_V-I_F 为进料变成饱和蒸汽所需要的热量，kJ/kmol；I_V-I_L 为原料的摩尔汽化潜热，kJ/kmol；q 为精馏操作过程的进料热状况参数。

q 值称为进料热状况参数。对各种进料热状况，均可用式(6-19)计算 q 值。

根据 q 的定义，可得：

①冷液进料 $q>1$。

②饱和液体(泡点)进料 $q=1$。

③气液混合物进料 $0<q<1$。

④饱和蒸汽(露点)进料 $q=0$。

⑤过热蒸汽进料 $q<0$。

在实际生产中，以接近泡点的冷液进料和泡点进料者居多。

3. 进料热状况对操作线方程的影响

精馏段与提馏段的气、液流量关系为

$$L'=L+qF$$

$$V'=V+(q-1)F$$

应用两操作线方程的初始形式

$$Vy=Lx+Dx_D$$

$$V'y=L'x-Wx_W$$

由此可得

$$q=\frac{q}{q-1}x-\frac{x_F}{q-1}$$

此方程称为 q 线方程，即进料方程。此线与两操作线共交于一点，因此只要找出它与精馏线交点 d，连接(x_W, x_W)点和 d 点，即得到提馏段的操作线。

当 $x=x_F$ 时，$y=x_F$，所以 q 线为通过(x_F, x_F)点、斜率为$\frac{q}{q-1}$的直线。根据加料状态，算出 q，即可作出 q 线。各种加料状态下的 q 线如图 6-19 所示。

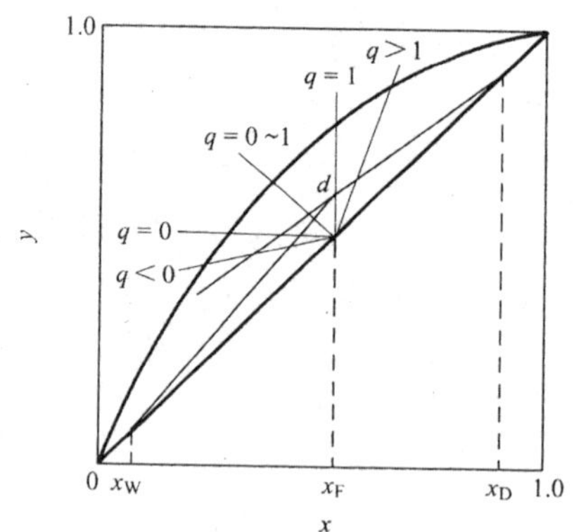

图 6-19　加料状态对操作线交点的影响

4. 加料位置

加料位置应该在塔内气、液组成与料液相同或相近的板上。例如，饱和液体加料，料液应在塔中液体组成等于 x_F 处加入；饱和蒸汽加料，则应在塔中蒸汽组成等于 x_F 处加入。用图解法求理论板数时，加料位置由精馏段与提馏段操作线的交点确定，加料位置应该在两操作线交点所处的阶梯上。图 6-20 中示出料液组成为 x_F 的 3 种不同加料状态的加料位置，饱和液体加料应在第 4 块理论板上，气、液混合物加料应在第 5 块理论板上，而饱和蒸汽加料则应在第 6 块理论板上，因为在这些位置上的气、液组成与加料的组成相近。

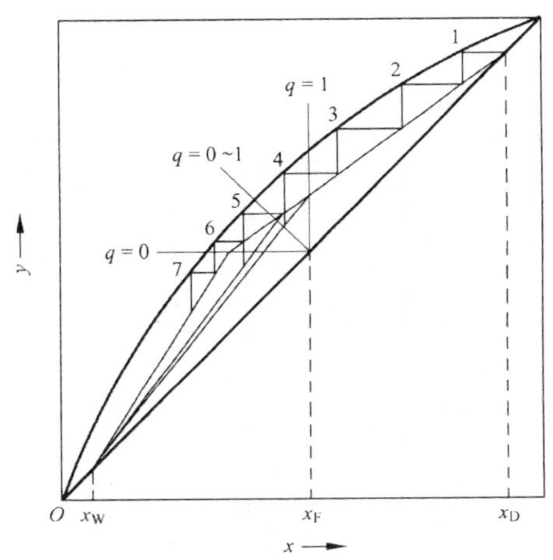

图 6-20 加料位置与加料状态的关系

在设计计算中，若加料位置定得不适当，将使求出的理论板数比真正需要的理论板数多。在操作中，加料位置不合适，将表现为馏出液与釜残液不能同时达到规定的要求。加料位置过低，使釜残液中易挥发组分含量偏高；加料位置过高，使馏出液中难挥发组分含量过高。

6.5.4 理论塔板数的确定

理论板数(包括精馏段和提馏段)的求取原理是交替地应用相平衡和物料衡算两关系，如前述对二元精馏有逐板计算法和 x-y 图解法两种方法。此外，由进料热状况的概念可知，为使第一块板下流的液体流率等于进入第一块板的回流流率 L，回流的热状况需为泡点，即从全凝器到进塔之间的热损失可以忽略。

1. 逐板计算法

逐板计算法是在已知 x_F、x_D、x_W，q 及 R 的条件下，应用相平衡方程与操作线方程从塔顶开始逐板计算各板的气相与液相组成，从而求得所需要的理论板数。

如图 6-21 所示，假设塔顶冷凝器将来自塔顶的蒸汽全部冷凝，凝液在泡点温度下部分回流到塔内，塔釜为间接蒸汽加热。由于塔顶采用全凝器，所以从塔顶第一块塔板上升的蒸汽进入冷凝器后被全部冷凝，故塔顶馏出液及回流液组成即为第一块塔板上升的蒸汽组成 y_1，即 $y_1=x_D$，根据理论板的概念，离开第一块塔板的液相组成 x_1 与从该板上升的蒸汽组成 y_1 互成平衡，可利用相平衡方程由 y_1 求得 x_1，即

$$x_1=\frac{y_1}{y_1+\alpha(1-y_1)}$$

从第二层塔板上升的蒸汽组成 y_2 与 x_1 符合精馏段操作线关系，故可用精馏段操作线方程由 x_1 求得 y_2，即

$$y_2=\frac{R}{R+1}x_1+\frac{1}{R+1}x_D$$

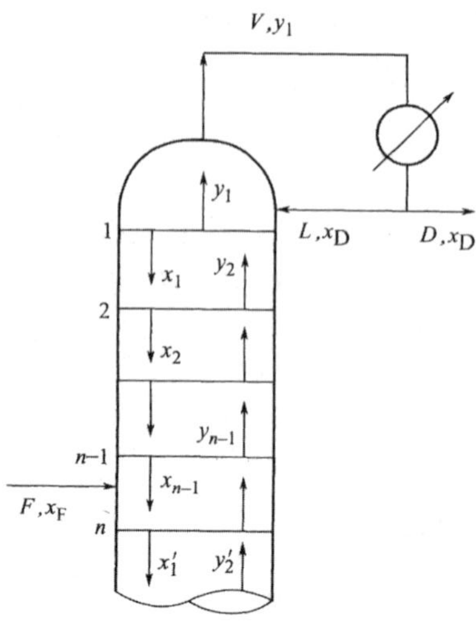

图 6-21 逐板计算法

同理，用相平衡关系从 y_2 求出 x_2，再用操作线方程从 x_D 求出 y_3。依此类推，即

$$x_D=y_1\xrightarrow{相平衡}x_1\xrightarrow{操作线}y_2\xrightarrow{相平衡}x_2\xrightarrow{操作线}y_3\longrightarrow\cdots\longrightarrow x_n$$

直到计算出 $x_n\leqslant x_q$ 时为止，说明第 n 块理论塔板为进料板，精馏段所需理论板数为 $(n-1)$。在计算过程中，每应用一次平衡方程就表示需要一块理论塔板。

当 $x_n\leqslant x_q$ 后改用提馏段操作线方程，其计算方法和步骤与精馏段相同，反复利用平衡方程和提馏段操作线方程，一直计算到 $x_m\leqslant x_W$ 为止。对间接蒸汽加热情况，再沸器相当于一块理论塔板，所以，提馏段所需理论板层数为 $(m-1)$。

用逐板计算法计算理论塔板数，结果较准确，且可求得塔板上的气液相组成，但计算过程烦琐，尤其是当理论板数较多时更为突出。如果采用计算机计算，既可以提高准确性，又能提高计算速度。

2. x-y 图解法

x-y 图解法（图 6-22）虽然准确性较差，但直观、简单，目前在精馏计算中仍在采用。对于 x-y 图解法，可将其步骤归纳如下所示。

将图中 a、b、c、d 改为斜体。

①x-y 图中作出平衡曲线及对角线。

在 x 轴上定出 $x=x_D$、x_F、x_W 的点，并通过这三点依次按垂线定出对角线上的点 a、f、b。

②y 轴上定出 $y_c=x_D/(R+1)$ 的点 c，联结点 a、点 c，作出精馏段的操作线。

③进料热状况求出 q 线的斜率 $q/(q-1)$，并通过点 f 作 q 线。

④将 q 线精馏段操作线 ac 的交点 d 与点 b 联结成提馏段的操作线 bd。

⑤点 a 开始，在平衡线与线 c 之间作梯级，当梯级跨过点 d 时，此梯级就相当于加料板。然后改在平衡线与线 bd 间作梯级，直到再跨过点 b 为止。梯级的数目可以分别得出精馏段和

提留段的理论板数，同时也就决定了加料板的位置。

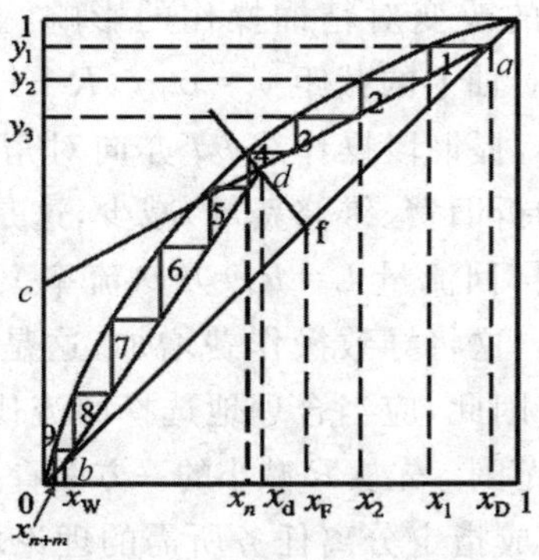

图 6-22　x-y 图解法的示意图

需要注意的是，如果塔顶上的冷凝器不是全凝器，而只是将部分回流液冷凝下来，如图 6-23 所示，则称为分凝器。显然，它也相当于一层理论板，使得分离所需的理论板数再减去一层。但由于调节回流比时分凝器不如全凝器便利、准确，故目前生产上主要还是采用全凝器。

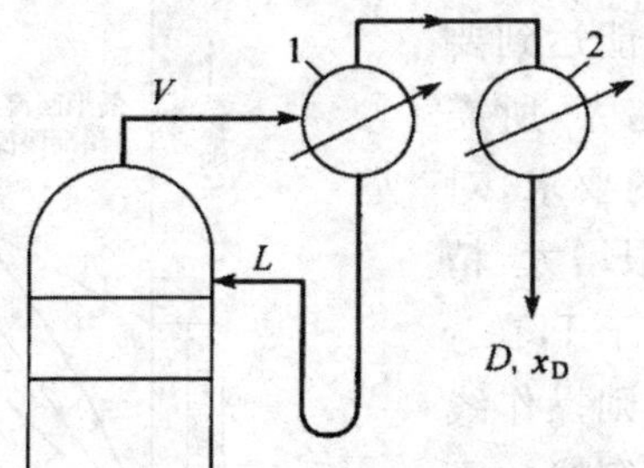

图 6-23　分凝器的流程

1—分凝器；2—产品冷凝器

图解法和逐板计算法从原理上是等价的，只不过前者用平衡线和操作线代替了相平衡方程和操作线方程，但应当指出：以 x-y 图解法代替逐板计算虽较直观，但当所需的理论板数相当多（如要求的纯度很高，或是物系的相对挥发度颇近于 1 等情况），则不易准确，这时宜采用适当的数值计算法；上述解法中应用了恒摩尔物流的简化假定，与之偏差较大的物系，如水-乙酸（乙酸的摩尔汽化潜热约只有水的 60%），误差较大，需采用其他方法，这里不做进一步讨论。

了解以上联合运用相平衡和物料衡算进行二元蒸馏计算的原理，对于其他稍复杂的精馏问题也不难进一步分析。例如，如果从塔内某一层塔板上引出一股液流（称为侧线出料），可以将全塔分为三段列出物料衡算，故 x-y 图中需分别作出三条操作线，其余与上述图解法并无原则区别；对于无侧线出料，但另有一股流量、组成以及热状况不同的进料，也可用类似的方法处理。又如，如果分离的是水溶液，而且水是难挥发组分，则塔釜中几乎是不含易挥发组分的水，故可以通入直接蒸汽加热，而省去需要大量传热面积的再沸器。

6.5.5　回流比的影响及其选择

回流是保证精馏塔连续稳定操作的必要条件之一，且回流比是影响精馏操作费用和投资费用的重要因素。对于一定的分离任务来说,应选择适宜的回流比。

首先,分析回流比 $R=L/D$ 的改变对精馏操作的影响。由精馏段操作线方程及图 6-24 可知:当 R 增大时,操作线 ac 在 y 轴上的截距 $y_c=x_D/(R+1)$ 减小,故 ac 将向对角线靠近;同时,由于 ac 与 q 线的交点 d 下移,提馏段操作线 bd 亦向对角线靠近;结果使得所需的理论板数减少,从而使设备费(指设备的折旧费、维修费等)减少,这是有利的一面。而另一方面,对于同样的产量 D 及 W,当 R 增大时,回流量 $L=RD$ 及汽流率 $V=(R+1)D$ 都随之增大,即冷凝器、再沸器等的负荷都加大;显然,这将导致操作费增加,这是不利的因素。如果减小回流比,则变化的情况刚好与上述相反。因此,应当合理地选择回流比,使总费用最低。

其次,再来看回流比 R 的变化范围。先从 R 减小的一方面看:随着 R 的减小,$y_c=x_D/(R+1)$ 将增大,操作线 ac、bd 向上移,为完成指定分离任务所需的理论塔板数 N 增多。特别是在交点 d 逼近平衡线时,N 将急剧增加(图 6-24)。当 R 小到使点 d 与平衡线相遇,即点 d 到达平衡线与 q 线交点 e 的位置时,如再从点 n 开始,在平衡线、操作线之间画梯级,将不能越过点 e;或者说,在这种条件下,为达到指定的分离任务,所需的理论板数 N 变成无穷大。这一回流比的极值称为最小回流比,以 R_{min} 代表。设计及操作中的 R 必须大于 R_{min},才可能达到要求。再从 R 增大的方面看:R 越大,所需的板数 N 越少,故为达到所需的要求,对 R 的增大并没有限制。当 R 无限增大,精馏段操作线的斜率 $R/(R+1)$ 趋于 1,在 y 轴上的截距 $x_D/(R+1)$ 趋于零,则操作线与对角线重合,此时操作线与平衡线的距离最远,因此达到给定要求所需的理论塔板数 N 最小,以 N_{min} 表示。将 $R=\infty$ 的操作情况称为全回流,N_{min} 称为最少理论板数。全回流时,精馏塔产品 D、W 为零,也不需要进料,可见,它不能作为生产中的正常操作,只是在某些特定的条件下才采用。如精馏塔的启动阶段,或操作中因发生意外而产品纯度低于要求时,进行一定时间的全回流,使其能较快地达到操作正常;以及在试验中测定塔的分离效能(塔板效率)等。

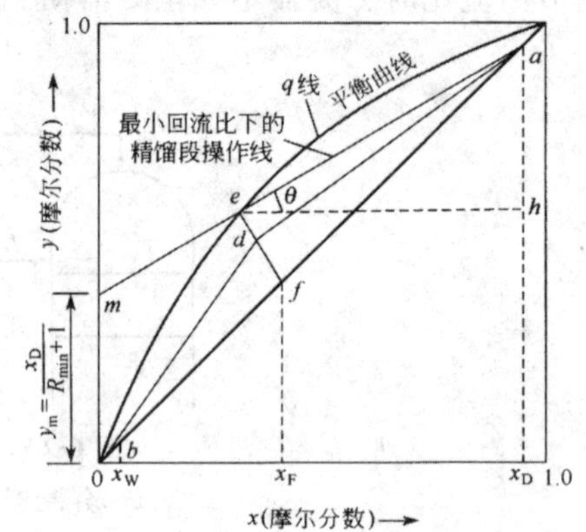

图 6-24 在 x-y 图中分析最小回流化

由上述分析可知,实用的回流比应在下限 R_{min} 与上限 $R=\infty$ 之间选取。最优回流比 R_{opt} 需通过总费用(总运行费)为最小的经济核算决定,现简化为上述设备费和操作费之和作为示例。

如果设备类型和材料已经选定,设备费主要取决于设备的尺寸和塔板的数目。当 $R=R_{min}$,达到分离要求所需的理论板数 $N=\infty$,相应的设备费亦为无限大;当 R 稍稍增大,N 即从无限大急剧减少,随 R 继续增大 R 对 N 的影响逐渐减弱。此外,随着 R 的增大,为得到同样产品 D,精馏段上升蒸汽量 $V=(R+L)D$ 随 R 线性增加,使得再沸器、冷凝器的负荷随之增加,塔径及上述换热器也要相应增大。当这些增加的费用超过塔板数减少的费用时,设备费将开始随 R 的增大而增大。因此,随着 R 从 R_{min} 起逐渐增大,设备折旧费先是从无穷大急剧减小,经过一最小值之后又重新增大,如图 6-25 中的曲线 1 所示。

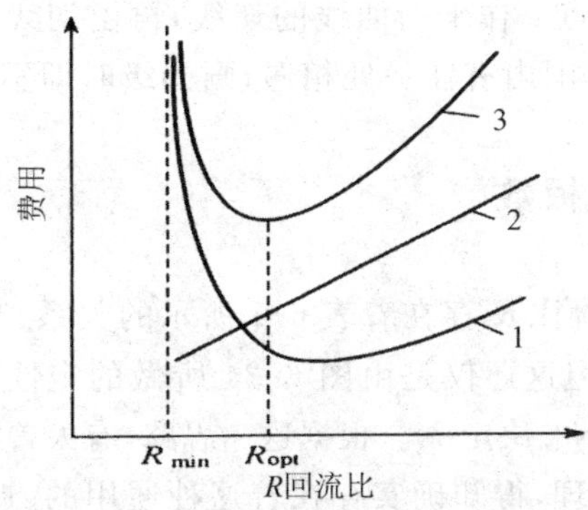

图 6-25　回流比对精馏费用的影响

1—设备的折旧、维修费；2—能源费；3—总运行费

操作费主要是再沸器中加热蒸汽消耗加上冷凝器中冷却水消耗的费用，可称为能耗费，它取决于塔内上升蒸汽量。因 $V=L+D=(R+1)D$，$V'=V+(q-1)F$，故当 F、q、D 一定时，上升蒸汽量 V 及 V' 随回流比 R 成线性增大，如图 6-25 中曲线 2 所示。

总运行费在图 6-25 中用曲线 3 表示，其最低点相当于最优回流比 R_{opt}。应用上述方法所需的数据，在设计时往往难以完整、准确得知，对此可取经验数据：通常 R_{opt} 为 R_{min} 的 1.1～2 倍。近年因能源紧缺，以及相平衡数据准确性的提高，趋势是选用的回流比有所减小。但对于难分离的混合液，则可能大于上述范围。

以上的分析主要是从设计的角度，考虑 R 对设备费、运行费的影响，在此基础上选定适宜的 R 值进行设计。对于生产中的精馏塔则是另一种情况：设备都已安装好，塔板数和上升蒸汽的最大流率等都已确定，这时就应从调节操作状况的角度来考虑回流比的影响。例如，当蒸汽流率 V 和进料的流率、组成、热状况不变，增大回流比的影响是：由于 $D=V/(R+1)$，故塔顶产品量 D 相应减少；由于达到原分离要求所需的塔板数减少，现塔板数不变，即可超过原来的分离要求，即产品纯度 x_D 将提高。如果减小回流比，则情况刚好相反。上述在增大回流比、提高 x_D 的同时，若要保持 D 不变，也可在塔操作性能允许的范围内，采用适当加大蒸汽量 V 的办法来达到；但设计优良的塔，增加的余地不大。

最小回流比 R_{min} 的值，可根据进料热状况 x_F、x_D 及相平衡关系等来确定。最常用的方法如图 6-24 所示，当操作线 ac 通过 q 线与平衡线的交点 e 时，相应的回流比为 R_{min} 代入操作线 ac 的方程中，可知这时 ac 的斜率为 $R_{min}/(R_{min}+1)$；又 ac 在 y 轴上的截距为 $y_m=x_D/(R_{min}+1)$，用这两式之一即可决定 R_{min}。如图 6-24 所示，线 ae 的斜率可用式(6-20)表示

$$\tan\theta=\frac{ha}{eh}=\frac{x_D-y_e}{x_D-x_e} \tag{6-20}$$

故

$$\frac{R_{min}}{R_{min}+1}=\frac{x_D-y_e}{x_D-x_e}$$

解得

$$R_{min}=\frac{x_D-y_e}{y_e-x_e} \tag{6-21}$$

需要注意的是，对于某些形状特殊的平衡曲线，如乙醇-水物系，联结点 a、点 e 的直线 ae

可能已穿过平衡线，这时应从点 e 作平衡曲线的切线，再由切线的斜率或截距求 R_{min}（只要操作线和平衡线在要求的分离范围内有任一处相遇，画梯级时即不能通过）。

6.5.6 简捷法求理论板数

前面的理论板数 N 与回流比 R 存在着表 6-1 所示的关系：当 R 自 R_{min} 增大时，N 随之从 ∞ 减少，向某一有限值趋近。但这还仅是由图 6-24 所做的定性分析，若能找出其间的定量关系，就可以方便地由 R、R_{min} 及 N_{min} 决定 N。根据这一思路，有人曾对多种二元与多元物系在不同精馏条件下算得的数据进行整理，得知确实存在着这种通用的、近似的定量关系，如图 6-26 所示，文献上称为吉利兰(Gilliland)关联图。图中以 $X=(R-R_{min})/(R+1)$ 为横坐标，为计算中的已知值；以 $Y=(N-N_{min})/(N+1)$ 为纵坐标。使用此图时，先根据给定条件算出的 x，由曲线查出 y，再求得 N_{min}，即可算出 N。这就是求理论板数的捷算法(简捷法)，但此法有一定误差，故常在初步设计或进行粗略估算时使用；其主要优点在于能用于多元精馏过程中做初步估计。

表 6-1 N 和 R 的对应关系

R	$R_{min}\rightarrow\infty$
N	$\infty\rightarrow N_{min}$

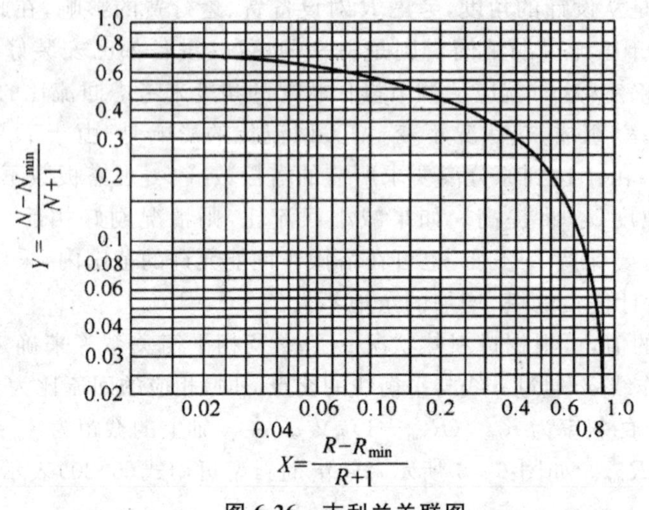

图 6-26 吉利兰关联图

现讨论吉利兰关联图中的几个问题。

(1)最少理论板数 N_{min}

对于二元精馏的一般方法是采用 x-y 图解法：N_{min} 对应于全回流，其操作线与对角线重合，故重合，故 N_{min} 就是在平衡线与对角线之间从点 $a(x_D,x_D)$ 画到点 $b(x_W,x_W)$ 的梯级数。

对于理想溶液，可以导出计算 N_{min} 的公式而不必作 x-y 图。精馏塔在全回流时的操作简图如图 6-27 所示，对图 6-27 中虚线所示的范围进行物料衡算，则有

$$V=L$$

$$Vy_{n+1}=Lx_n$$

故

$$y_{n+1}=x_n$$

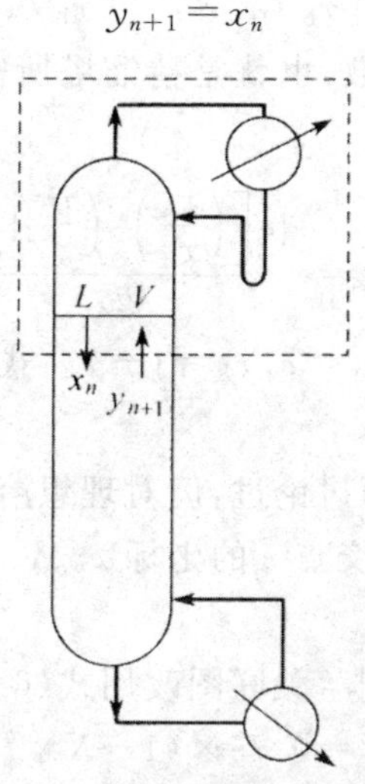

图 6-27　精馏塔的全回流操作

现仍交替应用相平衡、物料衡算两关系逐板计算，只是在全回流时上述物料衡算式较简单，可以导出简化的计算式。需要注意的是，此式可同样用于理想溶液的多元精馏，故现保留下标 A、B，将物料衡算式写成

$$(y_A)_{n+1}=(x_A)_n,(y_B)_{n+1}=(x_B)_n \tag{6-22}$$

以相对挥发度来表示相平衡关系：可得离开任一层塔板的汽、液组成之间的关系为

$$\left(\frac{y_A}{y_B}\right)_n=\alpha_n\left(\frac{x_A}{x_B}\right)_n \tag{6-23}$$

全回流时回流液的组成与第一层塔板上升的蒸汽组成相等

$$(y_A)_1=(x_A)_D,(y_B)_1=(x_B)_D$$

应用相平衡关系式(6-23)，取 $n=1$，可导出第一层塔板下降的液相组成之比$\left(\frac{x_A}{x_B}\right)_1$，即

$$\left(\frac{x_A}{x_B}\right)_D=\left(\frac{y_A}{y_B}\right)_1=\alpha_1\left(\frac{x_A}{x_B}\right)_1$$

再应用物料衡算式(6-22)(取 $n=1$)。

$$\left(\frac{x_A}{x_B}\right)_D=\alpha_1\left(\frac{x_A}{x_B}\right)_1=\alpha_1\left(\frac{y_A}{y_B}\right)_2$$

而第二层塔板下降的液相组成之比[在式(6-23)中取 $n=2$]为

$$\left(\frac{x_A}{x_B}\right)_D=\alpha_1\left(\frac{y_A}{y_B}\right)_2=\alpha_1\alpha_2\left(\frac{x_A}{x_B}\right)_2$$

依此逐板推算，共经过$(N-1)$层塔板，再加上塔釜，得

$$\left(\frac{x_A}{x_B}\right)_D=\alpha_1\alpha_2\cdots\alpha_{N-1}\alpha_W\left(\frac{x_A}{x_B}\right)_W \tag{6-24}$$

式中，下标 N 表示自塔顶算起，包括塔釜在内的全部理论塔板；下标 W 表示塔釜。

式(6-24)中共有 N 个相对挥发度的值连乘，对于理想溶液，其差别不大，可取 α_1 与 α_W 的

几何平均值 $\bar{\alpha}$ 代替各 α 值:$\bar{\alpha}=\sqrt{\alpha_1\alpha_W}$。于是式(6-24)简化为

$$\left(\frac{x_A}{x_B}\right)_D=\bar{\alpha}^N\alpha_1\left(\frac{x_A}{x_B}\right)_W$$

此式解出的 N 为全回流理论板数,也就是精馏塔所需的最少理论板数 N_{min}(包括塔釜),故得

$$N_{min}=\frac{\lg\left[\left(\frac{x_A}{x_B}\right)_D\left(\frac{x_A}{x_B}\right)_W\right]}{\lg\bar{\alpha}} \tag{6-25}$$

对于二元精馏,可以省略下标,$x_A=x$,$x_B=1-x$。式(6-25)称为芬斯克(Fenske)方程。

(2)最小回流比 R_{min}

最小回流比 R_{min} 的求法已在前面讨论过,但对理想溶液,还可以简化:不必作出 x-y 图,而将平衡线方程与 q 线方程联立;解出交点 e 的坐标 x_e、y_e,再代入式(6-21)中做计算。

(3)Y-X 关联式

为使用方便起见,Eduljce 将吉利兰关联图改用式(6-26)表示

$$Y=0.75\times(1-X^{0.567}) \tag{6-26}$$

其中,Y、X 的定义同前。虽然上式当 X 趋近于零时,y 并不等于 Y,但对于适宜回流比为(1.1~2)R_{min} 之间的情况,X 值的范围为 0.1~0.5,上式均适用。

(4)进料板位置

进料板的板号要到求得实际板数后才能确定。求理论板数时,可在决定总板数 N 之后再求出精馏段所需的板数 N_1,现推荐以下方法。

精馏段的最少理论板数 $N_{min,1}$ 在饱和液体进料时,可由式(6-25)中将 $(x_B/x_A)_W$ 换成 $(x_B/x_A)_F$ 而得

$$N_{min,1}=\frac{\lg\left[\left(\frac{x_A}{x_B}\right)_D\left(\frac{x_A}{x_B}\right)_F\right]}{\lg\bar{\alpha}_1}$$

其中 $\bar{\alpha}_1$ 为 a_1 与进料组成下的 a_F 的几何平均值。此外,精馏段与全塔的理论板数之比 N_1/N,与其最少理论板数之比 $N_{min,1}/N_{min}$。近似相等

$$\frac{N_1}{N}\approx\frac{N_{min,1}}{N_{min}}$$

从而算出精馏理论板数 N_1 及进料位置。

6.5.7 精馏塔的热量衡算

如图 6-28 所示为连续精馏塔热量衡算的示意图,通过对冷凝器和再沸器的热量衡算,可以确定其热负荷及加热介质和冷却介质的消耗量,为设备选型提供依据。

1. 冷凝器的热量衡算

对图 6-28 所示的冷凝器作热量衡算,以单位时间为基准,以 0 ℃为热量计算基准,忽略热损失。热量衡算式

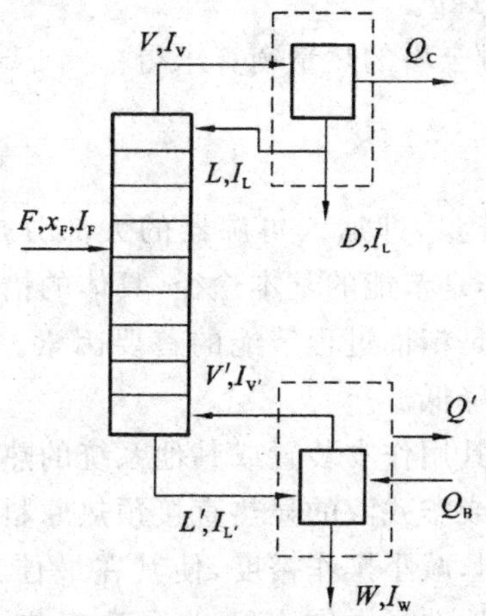

图 6-28　连续精馏塔热量衡算的示意图

$$Q_V = Q_C + Q_D + Q_L$$

$$Q_C = VI_V - (LI_L + DI_L) \tag{6-27}$$

式中，Q_V 为塔顶蒸汽带入的热量，kJ/h；Q_C 为冷却器带出的热量，kJ/h；Q_L 为回流液带出的热量，kJ/h；Q_D 为塔顶馏出液带出的热量，kJ/h；I_V 为塔顶上升蒸汽的焓，kJ/kmol；I_L 为塔顶馏出液的焓，kJ/kmol。

由于 $V=(R+1)D$，$L=RD$，代入式(6-27)中整理得

$$Q_C = (R+1)D(I_V - I_L)$$

冷却剂的消耗量

$$W_C = \frac{Q_C}{c_p(t_2 - t_1)}$$

式中，W_C 为冷却剂的消耗量，kg/h；c_p 为冷却剂的平均摩尔比热容，kJ/(kmol·℃)；t_1、t_2 分别为冷却剂的进、出口温度，℃。

2. 再沸器的热量衡算

对再沸器作热量衡算，以单位时间为基准，则

$$Q_B = V'I_{V'} + WI_W + Q' - L'I_{L'}$$

式中，Q_B 为加热蒸汽带入系统的热量，kJ/kg；Q'为再沸器的热损失，kJ/kg；$I_{V'}$ 为再沸器中上升蒸汽的焓，kJ/kmol；I_W 为釜液的焓，kJ/kmol；$I_{L'}$ 为提馏段底层塔板下降液体的焓，kJ/kmol。

如果近似取 $I_W = I_{L'}$，且因 $V' = L' - W$，则

$$Q_B = V'(I_{V'} - I_{L'}) + Q'$$

加热介质的消耗量

$$W_h = \frac{Q_B}{I_{B1} - I_{B2}}$$

式中，I_{B1}、I_{B2} 分别为加热介质进、出再沸器的焓，kJ/kg。

如果用饱和蒸汽加热，且冷凝液在饱和温度下排出，则加热蒸汽消耗量

$$W_h = \frac{Q_B}{r}$$

式中，r 为水蒸气的汽化潜热，kJ/kg。

再沸器的热负荷也可以通过全塔的热量衡算求得。

3.精馏过程的节能

精馏过程需要消耗大量的能量，即加入再沸器的大部分热量要在塔顶冷凝器中被取走。精馏过程的优化设计和优化操作是节能的基本途径，具体的措施如下所示。

①选择经济合理的回流比，是精馏过程节能的首要因素。选用一些新型的板式塔或高效的填料塔，有可能使回流比大为降低。

②回收精馏装置的余热，将其用作本装置或其他系统的热源，也是精馏过程节能的有效途径。例如，利用塔顶蒸汽的潜热或釜残液的显热直接预热原料，亦可用做其他热源等。

③对精馏过程进行优化控制，减小操作裕度，使其在最佳工况下操作，可确保过程能耗最低。此外在多组分精馏中，合理地选择操作流程，也可达到节能的目的。

从精馏过程的热力学分析可知，减少有效能损失，是精馏过程节能的有效手段。目前工程上应用的方式有以下几种。

①热泵精馏。热泵精馏是利用热泵来提高塔蒸汽的品位使之能作为再沸器的热源，从而回收塔顶低温蒸汽的潜热，起到节能作用。

②设置中间再沸器和中间冷凝器。在提馏段设置中间再沸器和在精馏段设置中间冷凝器，可以提高热力学效率，达到节能的作用。

③多效精馏。多效蒸馏是将前级塔顶蒸汽直接作为后级塔釜的加热蒸汽，这样可充分利用不同品位的热源。

④优化工艺，合理选择流程，也可达到降低能耗的目的。

第7章 吸收过程

7.1 概述

7.1.1 吸收过程

在化学工业中，常常需要从气体混合物中分离其中一种或一种以上的组分。根据混合物中各组分间的物理、化学性质的差异，气体混合物的分离可以采用不同的分离方法，吸收操作即为其中之一。

吸收是将气体混合物与适当的液体接触，气体中一种或多种组分溶解于液体中，不能溶解的组分仍保留在气相中，利用各组分在液体中溶解度的差异而使气体中不同组分分离的操作。混合气体中，能够溶解于液体的组分称为吸收质或溶质；不能溶解的组分称为惰性气体；吸收操作所用的溶剂称为吸收剂；溶有溶质的溶液称为吸收液或简称溶液；排出的气体称为吸收尾气，其主要分应是惰性气体，还含有残余的溶质。

在吸收过程中，溶剂又称为吸收剂；对能被溶剂溶解吸收（或与溶剂能起化学反应）的，称为溶质或吸收质；而把气体混合物中不能被溶剂溶解（或起化学反应）的组分统称为"惰性组分"；将离开吸收设备的溶液称为吸收液或完成液。

根据吸收的定义及基本原理可知，吸收过程是气体溶质向溶剂中的溶解过程，也是两相间的传质过程。但它和蒸馏的传质过程不同，蒸馏不仅有汽相中的重组分进入液相，同时有液相中轻组分转入汽相的传质，属双向传质。而吸收过程仅是汽相中的溶质向溶剂中传递，为单向传质过程。吸收过程的逆过程，即溶质从溶剂中逸出的过程称为解吸。例如，将吸收液中溶质脱除，以还原溶剂并加以循环利用，即所谓的溶剂再生。

与精馏计算相类似，吸收计算中也有恒摩尔流假设：在吸收塔中，惰性组分的摩尔流量可视为恒定；由于吸收过程通常控制在低温条件下进行，溶剂的蒸汽压很低，挥发损失可忽略不计，故可认为吸收剂的摩尔流量也是恒定的。

7.1.2 吸收过程的分类

通常工业上所遇到的气体混合物分离的情况比较复杂，所用的吸收剂也多种多样，与之相适应的吸收和解吸过程也不尽相同，故吸收过程具有不同的类别，工业上常按以下方法分类。

(1)物理吸收与化学吸收

吸收过程按溶质与吸收剂之间是否存在化学反应可分为物理吸收和化学吸收。如果在吸收过

程中,溶质与溶剂之间不发生显著的化学反应,可以把吸收过程看成是气体溶质单纯地溶解于液相溶剂的物理过程,则称为物理吸收;相反,如果在吸收过程中气体溶质与溶剂(或其中的活泼组分)发生显著的化学反应,则称为化学吸收。

(2)单组分吸收与多组分吸收

吸收过程按被吸收组分数目的不同,可分为单组分吸收和多组分吸收。如果混合气体中只有一个组分进入液相,其余组分不溶(或微溶)于吸收剂,这种吸收过程称为单组分吸收;反之,如果在吸收过程中,混合气中进入液相的气体溶质不止一个,这样的吸收称为多组分吸收。

(3)低浓度吸收与高浓度吸收

在吸收过程中,如果溶质在气液两相中的摩尔分数均较低(通常不超过 0.1),这种吸收称为低浓度吸收;反之,则称为高浓度吸收。

(4)等温吸收与非等温吸收

气体溶质溶解于液体时,常由于溶解热或化学反应热而产生热效应,热效应使液相的温度逐渐升高,这种吸收称为非等温吸收;如果吸收过程的热效应很小,或虽然热效应较大,但吸收设备的散热效果很好,能及时移出吸收过程中所产生的热量,此时液相的温度变化并不显著,这种吸收称为等温吸收。

(5)常规吸收与膜基吸收

在常规气体吸收中,吸收液以滴状或膜状与气体接触,在操作过程中,气、液相流速受到一定的限制,否则将会发生液泛、雾沫夹带等现象。如果在气、液相间置以疏水膜,膜不易被水溶液所润湿,当液相侧压力略大于气相侧,但液、气两侧压差不大于某临界压力时,则液相不可能透过疏水膜膜孔,气、液相界面固定在疏水膜孔的液相侧,气体中的溶质组分通过该相界面进入液相,只要气相侧的压力不大于液相侧,气体就不可能鼓泡进入液相侧,该过程称为膜基吸收。显然,膜基吸收不易引起液泛、雾沫夹带等现象。

7.1.3 工业吸收流程

工业吸收过程常在吸收塔中进行。生产中除少部分直接获得液体产品的吸收操作外,一般的吸收过程都要求对吸收后的溶剂进行再生,即在另一称之为解吸塔的设备中进行与吸收相反的操作——解吸。因此,一个完整的吸收分离过程一般包括吸收和解吸两部分。现以煤油回收二氯乙烷为例说明吸收操作的流程。

乙烯与氯气经氯化反应,或与氯化氢、氧气经氧氯化反应生成二氯乙烷,反应后气体先急冷,再用水洗涤后得粗二氯乙烷,未冷凝气体中的二氯乙烷用煤油吸收以回收。如图 7-1 所示为回收二氯乙烷的流程示意,回收流程包括吸收和解吸两大部分。含二氯乙烷气体在常温下由底部进入吸收塔,煤油从塔顶淋入,塔内装有填充物。在二氯乙烷气体与煤油的接触过程中,气体中的二氯乙烷溶解于煤油中,使塔顶离去的气体中二氯乙烷的含量降至允许值放空,而溶有较多二氯乙烷溶质的煤油(称富油)由吸收塔底排出。为取出富油中的二氯乙烷并使煤

洗油能够再次使用(称为溶剂的再生),可先将富油由解吸塔顶淋下,塔底通入过热水蒸气。煤油中的二氯乙烷在高温下从油相中分离出来而被水蒸气带走,经冷凝分层将水除去,最终可得粗二氯乙烷液体去提纯,而脱除溶质的煤油(称为贫油)经冷却后可作为吸收溶剂再次送入吸收塔循环使用。

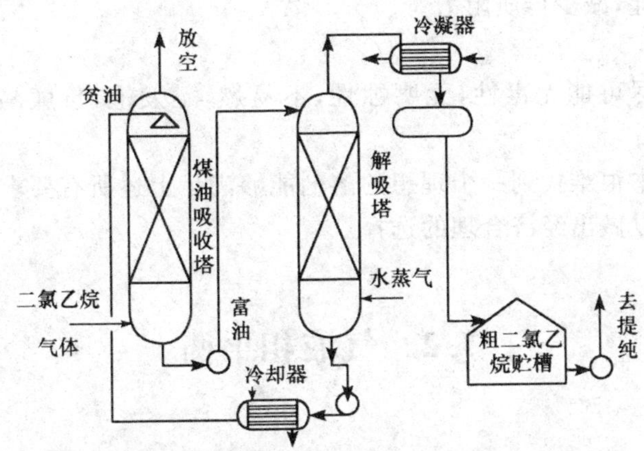

图 7-1 回收二氯乙烷的流程示意图

由此可见,采用吸收操作实现气体混合物的分离必须解决下列问题:

①选择合适的溶剂,使其能选择性地溶解某个(或某些)被分离组分。

②提供适当的传质设备以实现气、液两相的接触,使被分离组分得以自气相转移至液相。

③溶剂的再生,即脱除溶解于其中的溶质以便循环使用。

7.1.4 吸收剂的选择

吸收操作是气液两相之间的接触传质过程,吸收操作的成功与否在很大程度上取决于溶剂的性能,特别是溶剂与气体混合物之间的相平衡关系。在选择吸收剂时,应注意考虑以下几个方面的问题。

(1)溶解度

溶剂应对混合气中被分离组分(溶质)有较大的溶解度,即在一定的温度和浓度下,溶质的平衡分压要低。这样,从平衡角度来说,处理一定量混合气体所需的溶剂数量较少,气体中溶质的极限残余浓度亦可降低;从过程速率角度来说,溶质平衡分压低,过程推动力大,传质速率快,所需设备的尺寸小。

(2)溶解度随操作条件的变化

溶质在溶剂中的溶解度应对温度的变化比较敏感,即不仅在低温下溶解度要大,平衡分压要小,而且随温度升高,溶解度应迅速下降,平衡分压应迅速上升。这样,被吸收的气体解吸容易,溶剂再生方便。

(3)选择性

溶剂对混合气体中其他组分的溶解度要小,即溶剂应具有较高的选择性。否则吸收操作将只能实现组分间某种程度的增浓而不能实现较为完全的分离。

(4)挥发性

操作温度下溶剂的蒸汽压要低，以减少吸收和再生过程中溶剂的挥发损失。

(5)黏性

操作温度下吸收剂的黏度要低，这样可以改善吸收塔内的流动状况，从而提高吸收速率，且有助于降低泵的功耗，减少传质阻力。

(6)安全及稳定性

所选择的溶剂应尽可能无毒性，无腐蚀性，不易燃，不发泡，价廉易得，有较好的化学稳定性。

通常在工程实际中很难找到一个理想的溶剂能够满足上述所有要求，因此，应对可供选择的溶剂作全面的评价以做出经济合理的选择。

7.2 气液相平衡

7.2.1 平衡溶解度

在一定压力和温度下，使一定量的吸收剂与混合气体充分接触，气相中的溶质便向液相溶剂中转移，经长期充分接触之后，液相中溶质组分的浓度不再增加，此时，气液两相达到平衡，此状态为平衡状态，溶质在液相中的浓度为饱和浓度(简称溶解度)，气相中溶质的分压为平衡分压。平衡时溶质组分在气液两相中的浓度存在一定的关系，即相平衡关系。

互成平衡的气、液两相彼此依存，而且任何平衡状态都是有条件的。所以，一般而言，气体溶质在一定液体中的溶解度与整个物系的温度、压力及该溶质在气相中的组成密切相关。对于单组分的物理吸收，涉及由 A、B、S 3 个组分构成的气、液两相物系，根据相律可知其自由度数应为 3，所以在一定的温度和总压之下，溶质在液相中的溶解度取决于它在气相中的组成。但是，在总压不很高的情况下，可以认为气体在液体中的溶解度只取决于该气体的分压，而与总压无关。

在同一溶剂中，不同气体的溶解度有很大差异。如图 7-2、图 7-3、图 7-4 所示分别为常压下氨、二氧化硫和氧在水中的溶解度与其在气相中分压之间的关系(以温度为参数)。图中的关系线称为溶解度曲线。

从图 7-2～图 7-4 中可以看出，当温度为 20 ℃、溶质分压为 20 kPa 时，每 1 000 kg 水中所能溶解的氨、二氧化硫或氧的质量分别为 170 kg、22 kg 或 0.009 kg。这表明氨易溶于水，氧难溶于水，而二氧化硫的溶解度居中。

从图 7-2～图 7-4 中也可看出，在 20 ℃时，如果分别有 100 kg 的氨和 100 kg 的二氧化硫各溶于 1 000 kg 水中，则氨在溶液上方的分压仅为 9.3 kPa，而二氧化硫在溶液上方的分压为 93 kPa。至于氧，即使在 1 000 kg 水中只溶有 0.1 kg 氧，在此溶液上方的氧分压已超过 220 kPa。显然，对于同样组成的溶液，易溶气体溶液上方的分压小，而难溶气体溶液上方的分压大。也就是说，若想得到一定组成的溶液，对易溶气体所需的分压较低，而对难溶气体所需的分压则很高。

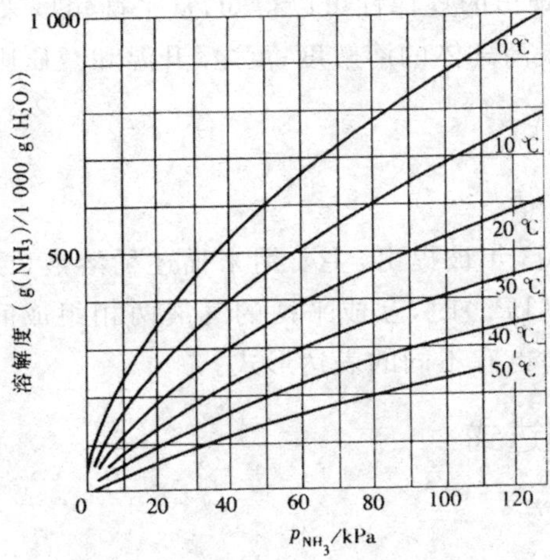

图 7-2 氨在水中的溶解度

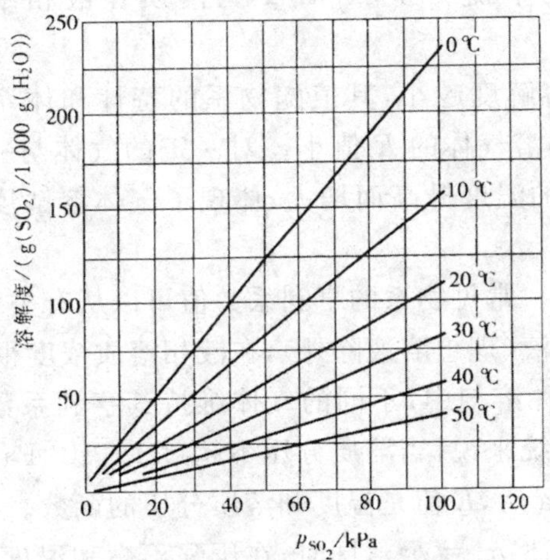

图 7-3 二氧化硫在水中的溶解度

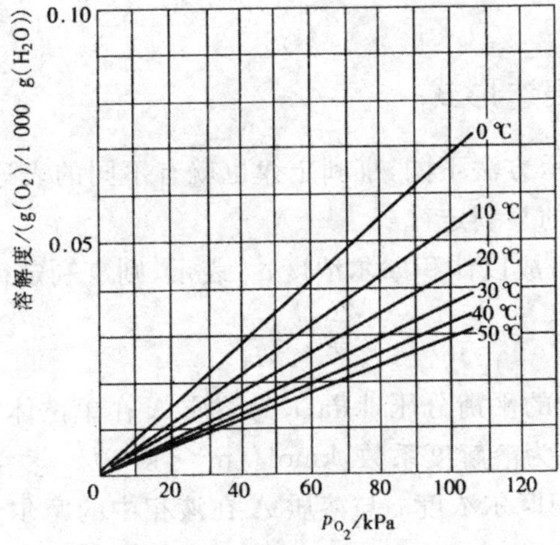

图 7-4 氧在水中的溶解度

由图 7-2～图 7-4 所表现出的规律性可以得知，从平衡角度来说，加压和降温对吸收操作有利，因为加压和降温可以提高气体的溶解度；反之，升温和减压则有利于解吸过程。

7.2.2 亨利定律

亨利(Henry)定律在 1803 年被提出，主要用来描述稀溶液(或难溶气体)在一定温度下，当总压不高(通常不超过 500 kPa)时，互成平衡的气液两相组成间的关系。因气液两相组成的表示方法不同，故亨利定律也有不同的表达形式。

1. 亨利定律的基本表达式

亨利定律的基本表达式为

$$p^* = Ex \tag{7-1}$$

式中，p^* 为溶质在气相中的平衡分压，kPa；x 为溶质在液相中的摩尔分数；E 为亨利系数，kPa。

亨利系数 E 越大表明溶解度越小，其值随物系的特性和体系的温度而异。在同一溶剂中，难溶气体的 E 值大，而易溶气体的 E 值小。对一定的气体与一定的溶剂所构成的确定体系，亨利系数 E 值随该体系的温度升高而增大，体现了气体溶解度随温度升高而减少的变化趋势。

亨利系数值由实验测定。常见物系的亨利系数值可以从有关手册中查得。

亨利定律只适用于稀溶液(理想溶液除外)，在液相溶质浓度很低的情况下，亨利系数是常数。值得指出的是，在同一种溶剂中，不同的气体维持其亨利系数为常数的浓度范围是不同的。对于某些较难溶解的系统来说，当溶质分压不超过 1×10^5 Pa，恒定温度下的 E 值可视为常数。当分压超过 1×10^5 Pa 后，E 值是温度和溶质分压的函数。

理想溶液符合拉乌尔定律 $p^* = p^0 x$，同时，在压强不高和温度恒定的条件下，理想溶液的 p^*-x 关系在整个浓度范围内都符合亨利定律 $p^* = Ex$，此时 E 值等于该温度下溶质纯态时的饱和蒸汽压 p^0。

2. 亨利定律的其他表达形式

根据气、液相组成的表示方法不同，亨利定律也就有不同的表达形式。

(1)以溶解度系数表示的亨利定律

若溶质 A 在液相中的组成以体积摩尔浓度 c_A 表示，则亨利定律可写成如下形式

$$p^* = \frac{c}{H} \tag{7-2}$$

式中，p^* 为溶质 A 在气相中的平衡分压，kPa；c 为溶质 A 在单位体积溶液中的物质的量，即溶液的摩尔浓度，kmol/m^3；H 为溶解度系数，kmol/(m^3 · kPa)。

溶质 A 在液相中的体积摩尔浓度 c 与溶质 A 在液相中的摩尔分数 z 的关系如下

$$c = c_m x \tag{7-3}$$

式中，c_m 是单位体积溶液的总物质的量，称为溶液体积总摩尔浓度，kmol/m^3 将式(7-3)代入

式(7-2)得到

$$p^{*}=\frac{c_{m}x}{H}$$

将上式与式(7-1)比较,可知

$$H=\frac{c_{m}}{E} \tag{7-4}$$

溶液体积总摩尔浓度 c_m 与溶液密度 ρ_m 以及溶液摩尔质量 M_m 三者间的关系如下

$$c_{m}=\frac{\rho_{m}}{M_{m}}$$

对于稀溶液,因为溶剂的密度 $\rho_S \approx \rho_m$,溶剂的摩尔质量 $M_S \approx M_m$,故式(7-4)可写成

$$H\approx\frac{\rho_{S}}{EM_{S}}$$

与亨利系数 E 相反,H 越大表明溶解度越大,易溶气体的 H 值大,难溶气体的 H 值小。溶解度系数 H 也是温度的函数,H 值随体系的温度升高而降低。

(2)以相平衡常数表示的亨利定律

若溶质 A 在液相和气相中的浓度分别用摩尔分数 x 及 y 表示,亨利定律可写成如下形式

$$y^{*}=mx \tag{7-5}$$

式中,x 为溶质 A 在液相中的摩尔分数;y^* 为与浓度为 x 的液相达到平衡时的气相溶质摩尔分数;m 为相平衡常数,无量纲。

若系统总压为 P,则由理想气体的道尔顿分压定律 $p=Py$ 可得

$$p^{*}=Py^{*}$$

将上式代入式(7-1)可得

$$Py^{*}=Ex$$

将此式与式(7-5)相比较,可知

$$m=\frac{E}{P} \tag{7-6}$$

相平衡系数 m 值的大小同样也能反映气体溶解度的大小,m 值越大,表明该气体的溶解度越小。由式(7-6)可以看出,相平衡系数 m 是温度和压强的函数,对于一定的物系,降低体系温度提高总压将使 m 值变小,有利于吸收操作。

当气相中惰性组分不溶或极少溶于液相,溶剂又没有明显的挥发现象时,可认为惰性组分 B 的流量和液相中溶剂 S 的流量在吸收过程中保持不变,此时,在吸收计算中采用摩尔比 Y 和 X 分别表示气、液两相溶质的组成会使计算方便些。摩尔比的定义如下

$$X=\frac{\text{液相中溶质 A 的物质的量(mol)}}{\text{液相中溶剂 S 的物质的量(mol)}}=\frac{x}{1-x}$$

$$Y=\frac{\text{气相中溶质 A 的物质的量(mol)}}{\text{气相中惰性组分 B 的物质的量(mol)}}=\frac{y}{1-y}$$

由上两式可知

$$x=\frac{X}{1+X}$$

$$y=\frac{Y}{1+Y}$$

则以摩尔比 Y 和 X 分别表示溶质 A 在气、液相的组成时，亨利定律可写成如下形式

$$\frac{Y^*}{1+Y^*}=m\frac{X}{1+X}$$

整理后得到

$$Y^*=\frac{mX}{1+(1-m)X}$$

对低浓度吸收过程，上式可简化为

$$Y^*\approx mX \tag{7-7}$$

式(7-7)是亨利定律又一种表达形式，它表明当液相中溶质浓度足够低时，平衡关系在 X-Y 图中可近似地表示成一条通过原点的直线，其斜率为 m。

亨利定律所描述的是互成平衡的气、液两相组成间的关系，故亨利定律也可写成以下形式

$$x^*=\frac{p}{E}$$

$$c^*=Hp$$

$$x^*=\frac{y}{m}$$

$$X^*=\frac{Y}{m}$$

根据已知的气相组成可以计算与该气相相平衡的液相组成。

7.2.3 气液相平衡在吸收中的应用

值得注意的是，相平衡关系描述的是在吸收过程中气液两相接触传质的极限状态，而实际上，由于在吸收塔中气液两相的接触时间有限，很难达到平衡状态。因此，根据气液两相的实际组成与相应条件下平衡组成的比较，可以判断传质进行的方向、指明传质过程进行的极限，并可确定传质过程的推动力。

1. 判断传质进行的方向

如果气液相平衡关系为 $y_i^*=mx_i$ 或 $x_i^*=\frac{y_i}{m}$，若气相中溶质的实际组成 y_i 大于与液相溶质组成相平衡的气相溶质组成 y_i^*，即 $y_i>y_i^*$（或液相的实际组成 x_i 小于与气相组成 y_i 相平衡的液相组成 x_i^*，即 $x_i<x_i^*$），说明溶液还没有达到饱和状态，此时气相中的溶质必然要继续溶解，传质的方向由气相到液相，即进行吸收；反之，传质方向则由液相到气相，即发生解吸(或解吸)。

总之，一切偏离平衡的气液系统都是不稳定的，溶质必由一相传递到另一相，其结果是使气、液两相逐渐趋于平衡，溶质传递的方向就是使系统趋于平衡的方向。

2. 指明传质过程进行的极限

平衡状态是传质过程进行的极限。对于以净化气体为目的的逆流吸收过程，无论气体流

量有多小，吸收剂流量有多大，吸收塔有多高，出塔净化气中溶质的组成 y_{i2} 最低都不会低于与入塔吸收剂组成 x_{i2} 相平衡的气相溶质组成 y_{i2}^* 即

$$y_{i2,\min} \geqslant y_{i2}^* = mx_{i2}$$

由此可见，相平衡关系限定了被净化气体离塔时的最低组成和吸收液离塔时的最高组成。一切相平衡状态都是有条件的，通过改变平衡条件可以得到有利于传质过程的新的相平衡关系。

3. 确定传质过程的推动力

传质过程的推动力通常用一相的实际组成与其平衡组成的偏离程度表示。

如图 7-5(a)所示，在吸收塔内某截面 A-A，溶质在气、液两相中的组成分别为 y_i、x_i，若在操作条件下气液平衡关系为 $y_i^* = mx_i$，则在 y_i-x_i 坐标上可标绘出平衡线 OE 和 A-A 截面上的操作点 A，如图 7-5(b)所示。从图 7-5 中可看出，以气相组成差表示的推动力为 $\Delta y_i = y_i - y_i^*$，以液相组成差表示的推动力为 $\Delta x_i = x_i - x_i^*$。

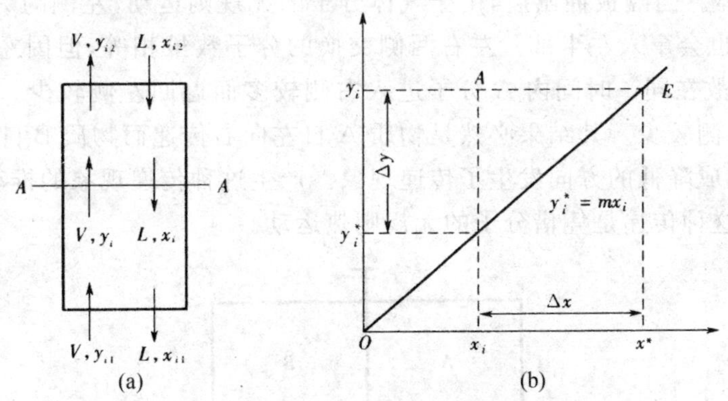

图 7-5　吸收推动力的示意图

(a)吸收塔内两相量与组成变化；(b)吸收过程推动力

实际组成偏离平衡组成的程度越高，过程的推动力就越大，其传质速率也将越大。

7.3　吸收过程的传质速率

吸收操作是溶质从气相转移到液相的过程，其中包括溶质由气相主体向气、液界面的传递及由界面向液相主体的传递。因此，要研究传质机理，首先就要搞清物质在单一一相(气相或液相)里的传递规律。

物质在一相里的传递是靠扩散作用完成的。发生在流体中的扩散有分子扩散与涡流扩散两种：前者是凭借流体分子无规则热运动而传递物质的，发生在静止或层流流体里的扩散就是分子扩散；后者是凭借流体质点的湍动和旋涡而传递物质的，发生在湍流流体里的扩散主要是涡流扩散。将一勺砂糖投于杯内水中，整杯的水片刻就会变甜，这就是分子扩散的表现；若用勺搅动，则水甜得更快更匀，那便是涡流扩散的效果。

用液体吸收剂吸收气体中某一组分，是该组分从气相转移到液相的传质过程。它包括以下3个步骤。

①该组分从气相主体传递到气液两相界面的气相一侧。

②在相界面上溶解，从相界面的气相一侧进入液相一侧。

③再从液相一侧界面向液相主体传递。

气液两相界面与气相或液相之间的传质称为对流传质。对流传质中同时存在分子扩散与湍流扩散。

7.3.1 分子扩散与菲克定律

分子扩散是在一相内部有组成差异的条件下，由于分子的无规则热运动而造成的物质传递现象。习惯上常把分子扩散简称为扩散。

具体可如图7-6所示，如果用一块板将容器隔为左右两室，两室中分别充入温度及压力相同的A、B两种气体。当隔板抽出后，由于气体分子的无规则运动，左侧的A分子会窜入右半部，右侧的B分子也会窜入左半部。左右两侧交换的分子数虽相等，但因左侧A的组成高而右侧A的组成低，故在同一时间内A分子进入右侧较多而返回左侧较少。同理，B分子进入左侧较多而返回右侧较少。其结果必然是物质A自左向右传递而物质B自右向左传递，即两种物质各自沿其组成降低的方向发生了传递现象。产生这种传递现象的推动力是不同部位上的组成差异，实现这种传递是凭借分子的无规则热运动。

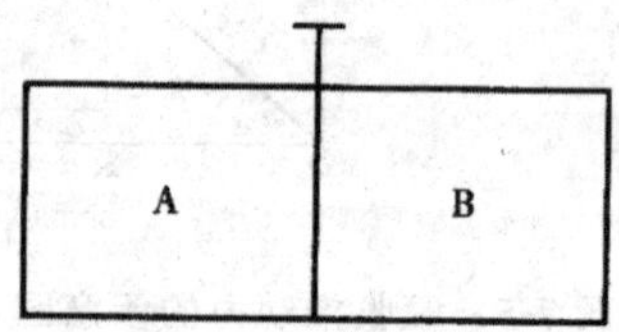

图7-6 扩散现象

上述扩散过程将一直进行到整个容器里A、B两种物质的组成完全均匀为止，这是一个非稳态的分子扩散过程。随着容器内各部位上组成差异逐渐变小，扩散的推动力也逐渐趋近于零，过程将进行得越来越慢。

扩散过程进行的快慢可用扩散通量来度量。单位面积上单位时间内扩散传递的物质量称为扩散通量，其单位为kmol/(m^2·s)。

当物质A在介质B中发生扩散时，任一点处物质A的扩散通量与该位置上A的浓度梯度成正比，即

$$J_A = -D_{AB}\frac{dc_A}{d_z} \tag{7-8}$$

式中，J_A为物质A在z方向上的分子扩散通量，kmol/(m^2·s)；$\frac{dc_A}{d_z}$为物质A的浓度梯度，即物质A的浓度c_A在z方向上的变化率，kmol/m^4；D_{AB}为物质A在介质B中的分子扩散系数，m^2/s；负号表示扩散是沿着物质A浓度降低的方向进行的。

式(7-8)即可称为菲克(Fick)定律。菲克定律是对物质分子扩散现象基本规律的描述。

它与描述热传导规律的傅里叶定律以及描述黏性流体内摩擦（滞流流体中的动量传递）规律的牛顿黏性定律在表达形式上有共同的特点，因为它们都是描述某种传递现象的方程。但应注意，热量与动量并不单独占有任何空间，而物质本身却是要占据一定空间的，这就使得物质传递现象较其他两种传递现象更为复杂。

当分子扩散发生在 A、B 两种组分构成的混合气体中时，尽管组分 A、B 各自的摩尔组成皆随位置不同而变化，但只要系统总压不甚高且各处温度均匀，则单位体积内的 A、B 分子总数便不随位置而变化，即

$$c=\frac{p}{RT}=\text{常数}$$

而总摩尔浓度 c 等于组分 A 的摩尔浓度 c_A 与组分 B 的摩尔浓度 c_B 之和，即

$$c=c_A+c_B=\text{常数}$$

因此，任一时刻在系统内任一点处组分 A 沿任意方向 z 的浓度梯度与组分 B 沿 z 方向的浓度梯度互为相反值，即

$$\frac{\mathrm{d}c_A}{\mathrm{d}_z}=-\frac{\mathrm{d}c_B}{\mathrm{d}_z} \tag{7-9}$$

而且，组分 A 沿 z 方向的扩散通量必等于组分 B 沿 z 方向的扩散通量，即

$$J_A=-J_B \tag{7-10}$$

根据菲克定律可知

$$J_A=-D_{AB}\frac{\mathrm{d}c_A}{\mathrm{d}_z},J_B=-D_{BA}\frac{\mathrm{d}c_B}{\mathrm{d}_z}$$

将上两式及式(7-9)代入式(7-10)，得到

$$D_{AB}=D_{BA} \tag{7-11}$$

式(7-11)表明，在由 A、B 两种气体所构成的混合物中，A 与 B 的扩散系数相等。

物质传递通量也可表示为该物质的浓度与其传递速度的乘积。譬如对于任一点处物质 A 的扩散通量，可写出如下关系式：

$$J_A=c_A+u_{DA}$$

式中，c_A 为该点处物质 A 的浓度，kmol/m^3；u_{DA} 为该点处物质 A 沿 z 方向的扩散速度，m/s。

虽然扩散是物质分子热运动的结果，但物质 A 的扩散速度 u_{DA} 并不等于在扩散温度下单个 A 分子的热运动速度。以气体而论，尽管气体分子热运动的速度很大，但由于分子间的碰撞极其频繁，使分子不断地改变其热运动方向，所以，扩散物质的分子沿特定方向（扩散方向）前进的平均速度，即扩散速度，却是很小的。

7.3.2　气相中的稳态分子扩散

1. 等分子反方向扩散

假设用一段粗细均匀的直管将两个很大的容器连通，具体如图 7-7 所示。两容器中分别充有浓度不同的 A、B 混合气体，$p_{A1}>p_{A2}$，$p_{B1}>p_{B2}$，但温度及总压都相同。两容器内均装有搅拌器，用以保持各自浓度均匀。由于两端存在浓度差，连通管内将发生分子扩散现象，使物

质 A 向右传递而物质 B 向左传递，且由于两个容器的总压相同，因此物质 A 的传递量与物质 B 的传递量相等。又由于容器很大而连通管很细，故在有限时间内扩散作用不会使两容器中的气体组成有明显变化，可以认为 1、2 两截面上的 A、B 分压均维持不变，连通管中发生的是稳定的一维分子扩散过程。

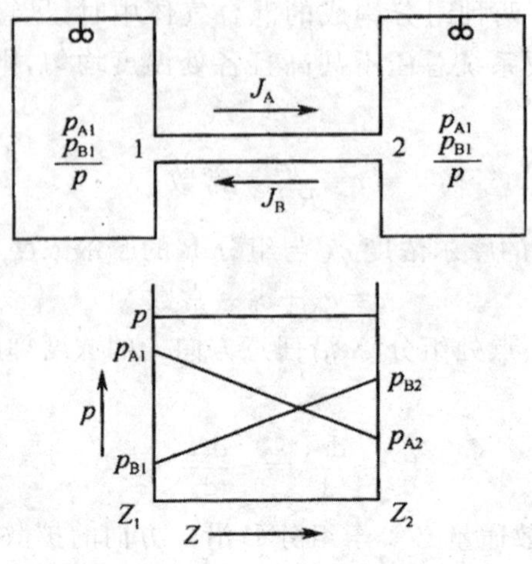

图 7-7　等分子反方向扩散

传质速率定义为：在任一固定的空间位置上，单位时间内通过垂直于传递方向的单位面积传递的物质量，记作 N。

在如图 7-7 所示的等分子反方向扩散中，组分 A 的传质速率等于其扩散速率，即

$$N_A = J_A = -D\frac{dc_A}{dZ} \tag{7-12}$$

在总压不很高的情况下，组分在气相中的浓度 c 可用分压 p 表示，即

$$c_A == \frac{N_A}{V} = \frac{p_A}{RT}$$

将上式代入式(7-12)可得

$$N_A = -D\frac{dp_A}{RT dZ} = -\frac{D}{RT}\cdot\frac{dp_A}{dZ} \tag{7-13}$$

由于该过程是定态过程，故传质速率 N_A 为常数，从图 7-7 中可知积分边界的条件是：$Z_1 = 0$处，$p_A = p_{A1}$；$Z_2 = Z$ 处，$p_A = p_{A2}$ 对式(7-13)积分可得

$$N_A\int_0^Z dZ = -\frac{D}{RT}\int_{p_{A1}}^{p_{A2}} dp_A$$

解得传质速率为

$$N_A = -\frac{D}{RTZ}(p_{A1} - p_{A2})$$

2. 组分 A 通过静止组分 B 的扩散

有 A、B 双组分气体混合物与液体溶剂接触，组分 A 溶解于液相，组分 B 不溶于液相，显然液相中不存在组分 B。因此，吸收过程是组分 A 通过“静止”组分 B 的单方向扩散。

在气液界面附近的气相中，有组分 A 向液相溶解，其浓度降低，分压力减小。因此，在气

相主体与气相界面之间产生分压力梯度，则组分A从气相主体向界面扩散。同时，界面附近的气相总压力比气相主体的总压力稍微低一点，将有A、B混合气体从主体向界面移动，称为整体移动，如图7-8所示。

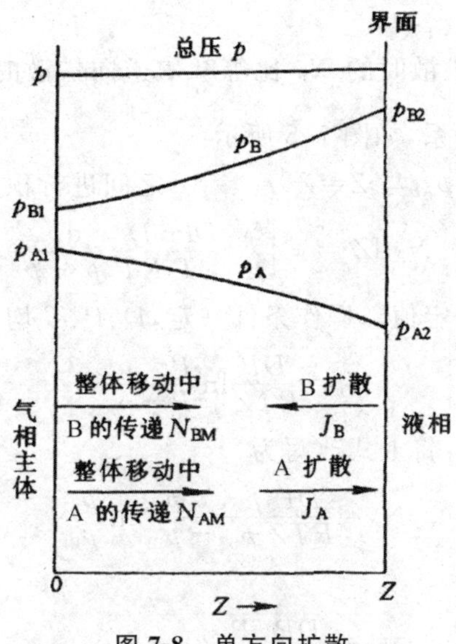

图7-8 单方向扩散

对组分B而言，在气液界面附近不仅不被液相吸收，而且还随整体移动从气相主体向界面附近传递。因此，界面处组分B的浓度增大。在总压力恒定的条件下，因界面处组分A的分压力减小，则组分B的分压力必增大，则在界面与主体之间产生组分B的分压力梯度，会有组分B从界面向主体扩散，扩散速率用 J_B 表示。而从主体向界面的整体移动所携带的B组分，其传递速率以 N_{BM} 表示。J_B 与 N_{BM} 两者数值相等，方向相反，表观上没有组分B的传递，表示为

$$J_B = -N_{BM}$$

对组分A而言，其扩散方向和气体整体移动方向相同，所以与等摩尔逆向扩散时比较，组分A的传递速率较大。下面推导其传质速率计算式。

在气相的整体移动中，A量与B量之比，等于它们的分压力之比，即

$$\frac{N_{AM}}{N_{BM}} = \frac{p_A}{p_B}$$

式中，N_{AM}、N_{BM} 分别为整体移动中组分A与B的传递速率，kmol/(m^2·s)；p_A、p_B 分别为组分A与B的分压力，kPa。

$$N_{AM} = N_{BM}\frac{p_A}{p_B} \tag{7-14}$$

组分A从气相主体至界面的传递速率为分子扩散与整体移动两者速率之和，即

$$N_A = J_A + N_{AM} = J_A + N_{BM}\frac{p_A}{p_B} \tag{7-15}$$

最终可得 $N_{BM} = -J_B = J_A$，代入式(7-15)得

$$N_A = \left(1 + \frac{p_A}{p_B}\right) J_A$$

将式(7-14)代入此式，求得

$$N_A = -\frac{D}{RT}\left(1+\frac{p_A}{p_B}\right)\frac{dp_A}{dZ} = -\frac{D}{RT}\frac{P}{P-p_A}\frac{dp_A}{dZ} \tag{7-16}$$

式中，总压力 $P=p_A+p_B$。

由式(7-16)可知，单方向扩散时的 N_A 比等摩尔逆向扩散时的 N_A 大，为其$\frac{p}{p_B}$倍。$\frac{dp_A}{dZ}$不是定值，故 p_A 的分布为曲线关系，如图 7-8 所示。

将式(7-16)在 $Z=0, p_A=p_{A1}$ 与 $Z=Z, p_A=p_{A2}$之间进行积分。

$$\int_0^Z N_A dZ = -\int_{p_{A1}}^{p_{A2}} \frac{DP}{RT}\frac{D}{RT}\frac{dp_A}{p-p_A}$$

对于稳态吸收过程，N_A 为定值。操作条件一定，D、P、T 均为常数，积分得

$$N_A = \frac{DP}{RTZ}\ln\frac{P-p_{A2}}{P-p_{A1}}$$

因 $P=p_{A1}+p_{B1}=p_{A2}+p_{B2}$将上式改写为

$$N_A = \frac{DP}{RTZ}\frac{p_{A1}-p_{A2}}{p_{B2}-p_{B1}}\ln\frac{p_{B2}}{p_{B1}}$$

或

$$N_A = \frac{DP}{RTZ}\frac{P}{p_{Bm}}(p_{A1}-p_{A2}) \tag{7-17}$$

此式即为所推导的单方向扩散时的传质速率方程式，式中 $p_{Bm}=\dfrac{p_{B2}-p_{B1}}{\ln\dfrac{p_{B2}}{p_{B1}}}$为组分 B 分压力的对数平均值。

式(7-17)中的$\frac{P}{p_{Bm}}$总是大于 1，易知，单方向扩散的传质速率 N_A 比等摩尔逆向扩散时的传质速率 J_A 大。这是因为在单方向扩散时除了有分子扩散，还有混合物的整体移动所致。$\frac{P}{p_{Bm}}$值越大，表明整体移动在传质中所占分量就越大。当气相中组分 A 的浓度很小时，各处 p_B 都接近于 P，即$\frac{P}{p_{Bm}}$接近于 1，此时整体移动便可忽略不计，可看作等摩尔逆向扩散（相互扩散）。$\frac{P}{p_{Bm}}$称为“漂流因子”或“移动因子”。

根据气体混合物的浓度 c 与压力 p 的关系 $c=p/RT$，可将总浓度 $c=p/RT$、分浓度 $c_A=p_A/RT$ 与 $c_{Bm}=p_{Bm}/RT$ 代入式(7-17)，求得

$$N_A = \frac{D}{Z}\frac{c}{c_{Bm}}(c_{A1}-c_{A2})$$

此式也适用于液相。

7.3.3 扩散系数

通过菲克定律可得扩散系数的物理意义如下：单位浓度梯度下的扩散通量，单位为 m^2/s。即

$$D=-\frac{J_A}{\frac{dc_A}{dZ}}$$

扩散系数反映了某组分在一定介质(气相或液相)中的扩散能力,是物质特性常数之其值随物质种类、温度、浓度或总压的不同而变化。

(1)空气中的扩散系数

某些气体在空气中的扩散系数列于表 7-1。

表 7-1 一些物质在空气中的扩散系数(101.3 kPa,0 ℃)

扩散物质	扩散系数 $D/(10^{-4}\ m^2/s)$	扩散物质	扩散系数 $D/(10^{-4}\ m^2/s)$
H_2	0.611	H_2O	0.220
N_2	0.132	C_6H_6	0.077
O_2	0.178	C_7H_8	0.076
CO_2	0.138	CH_3OH	0.132
HCl	0.130	C_2H_5OH	0.102
SO_2	0.095	CS_2	0.089
NH_3	0.170	$C_2H_5OC_2H_5$	0.078

(2)水中的扩散系数

某些气体在水中的扩散系数列于表 7-2。

表 7-2 一些物质在水中的扩散系数(浓度很低时)

物质名称	温度/K	扩散系数 $D/(10^{-9}\ m^2/s)$	物质名称	温度/K	扩散系数 $D/(10^{-9}\ m^2/s)$
Cl_2	298	1.25	N_2	293	2.60
CO	293	2.03	SO_2	294	1.69
CO_2	298	1.92	O_2	298	2.10
H_2	293	5.0	甲醇	283	0.84
NH_3	293	2.07	乙醇	283	0.84
NH_3	285	1.64	醋酸	293	1.19
NO	298	1.69	丙酮	293	1.16

7.4 吸收塔的计算

从传质的角度来看,吸收与解吸只是推动力和传质方向相反,两者最常用的设备都是填料塔和板式塔,计算的原则也有很多共同之处。本节以填料吸收塔为主,阐明其工艺计算的原则和方法。

7.4.1 物料衡算和操作线方程

1. 全塔物料衡算

稳定操作的逆流吸收塔内气、液流率和组成如图 7-9 所示，其中以下标 a 代表塔顶，下标 b 代表塔底，A、B、S 分别代表溶质、惰性气体和溶剂。令 G_a、G_b 分别为出塔、入塔气体的流率，以通过单位塔截面的摩尔流量计，kmol(A+B)/(m^2 · s)；y_a、y_b 分别为入塔、出塔液体的流率，kmol(A+S)/(m^2 · s)；G、L 分别为通过塔内任一截面的气、液流率，kmol/(m^2 · s)；y_a、y_b 分别为出塔、入塔气体的组成，摩尔分数，即 kmolA/kmol(A+B)；x_a、x_b 分别为入塔、出塔液体的组成，摩尔分数，即 kmolA/kmol(A+S)；x、y 分别为通过塔任一截面的液、气组成(设同一截面上各处的组成相同)。

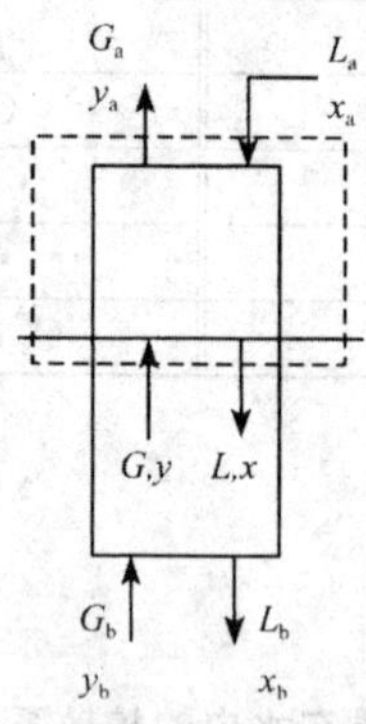

图 7-9 吸收塔气、液流率及组成

如果以摩尔分数表示气、液相组成，当气体由下向上通过吸收塔时，因其中的溶质 A 不断被吸收，使气相摩尔分数 y 及流率 G 都不断减小；同理，液体在塔内往下流时，由于吸收了溶质，其摩尔分数 x 和流率 L 都逐渐增大。为方便计，在整个传质过程中，希望找到不变的量作为物料衡算的基准：对于气体，是其中惰性气体 B 的流率 G_B；而对于液体，则是其中溶剂 S 的流率 L_S

$$G_B=G(1-y), L_S=L(1-x)$$

与此相应，气、液相组成应采用摩尔比表示

$$Y=\frac{y}{1-y}, X=\frac{x}{1-x}$$

对图 7-9 所示的吸收过程作全塔物料衡算如下

$$G_B(Y_b-Y_b)=L_S(X_b-X_a) \tag{7-18}$$

其中

$$G_B=G_a(1-y_a)=G_b(1-y_b)$$

$$L_S=L_a(1-x_a)=L_b(1-x_b)$$

式中，Y_a、X_a、Y_b、X_b 分别代表塔顶、塔底气、液相摩尔比。

吸收操作时，表征吸收程度有如下两种方式。

①吸收的目的是为了回收有用物质，通常以吸收率 η 表示

$$\eta=\frac{被吸收的溶质}{进塔气中的溶质}=\frac{Y_b-Y_a}{Y_b}=1-\frac{Y_a}{Y_b}$$

②吸收的目的是为了除去气体混合物中的有害物质，一般直接规定出塔气中有害物质的残余浓度 Y_a。

通常情况下，进塔混合气体的量 G_b、组成 Y_b 及出塔混合气体的组成 Y_a（或溶质的吸收率）均由工艺条件所规定，因此若已知吸收剂及其用量，则可通过式(7-18)计算出出塔液体的组成（或规定出塔液体的组成，计算吸收剂用量）。

2.操作线方程及操作线

为确定吸收塔内任一塔截面上相互接触的气、液组成间的关系，可对吸收塔塔顶与任一截面间（即图7-9中虚线所示的范围）作物料衡算如下

$$G_B(Y-Y_b)=L_S(X-X_a) \tag{7-19}$$

整理得

$$Y=\frac{L_S}{G_B}X+\left(Y_a-\frac{L_S}{G_B}X_a\right) \tag{7-20}$$

同理，也可对塔底与任一截面间作物料衡算，得

$$G_B(Y_b-Y)=L_S(X_b-X) \tag{7-21}$$

整理得

$$Y=\frac{L_S}{G_B}X+\left(Y_b-\frac{L_S}{G_B}X_b\right) \tag{7-22}$$

式(7-21)及式(7-22)称为逆流吸收塔的操作线方程式，它表明在 $X-Y$ 坐标系中塔内任一横截面上的气相浓度 Y 与液相浓度 X 之间呈直线关系，直线的斜率为$\frac{L_S}{G_B}$，且此直线应通过$B(X_b,Y_b)$及 $A(X_a,Y_a)$两点，如图7-10所示。直线 AB 上任一点 P 代表着塔内相应截面上的气、液浓度 Y、X，即 P 点为一操作点。直线 AB 实质上是由操作点所组成，故称之为操作线。

操作线上任一点 $P(X,Y)$沿垂直方向至平衡线 OE 的距离 PQ 为以气相摩尔比之差表示的总推动力 $(Y-Y^*)$；P 至 OE 的水平距离 PR 则代表以液相摩尔比之差表示的总推动力 (X^*-X)。由图7-10可知，操作线离开平衡线越远，则气相（或液相）总推动力越大，反之亦然。

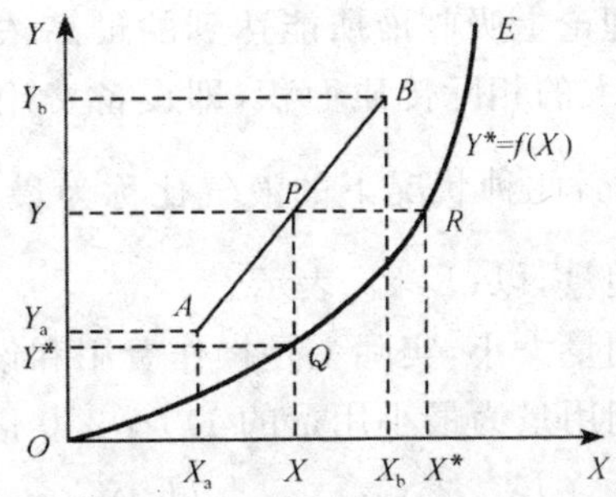

图7-10 逆流吸收塔操作线及传质推动力

以上关于逆流吸收塔的讨论，其操作线方程式及操作线均由物料衡算得到。显然对于气、液并流的吸收操作，吸收塔的操作线方程及操作线可用同样的方法求得。

当进行吸收操作时，在塔内任一横截面上，溶质在气相中的实际分压总是高于与其接触的液相平衡分压，所以吸收操作线总是位于平衡线的上方。反之，若操作线位于平衡线下方，则进行解吸过程。

7.4.2 吸收剂用量

确定合适的吸收剂用量是吸收塔设计计算的首要任务，从能耗的角度考虑，希望流量要小，但限于气体在液体中的溶解度，流率小到一定程度则达不到吸收要求，故需合理选取。

设计时，由吸收任务和要求可以确定 G_B、Y_b、Y_a，由工艺条件可知道 X_a，因此图 7-11 中表示塔顶状态的点 $A(X_a,Y_a)$ 是固定的，而表示塔底状态的点 $B(X_b,Y_b)$ 则因吸收剂用量 L_S 不同，即液气比 $\frac{L_S}{G_B}$ 的变化在 $Y=Y_b$ 的水平线上移动。由图 7-11 可知，如果增大吸收剂用量，则 B 点向左移动，即操作线远离平衡线，过程进行的推动力增大，对传质过程有利，但溶剂的消耗、输送、回收等项操作费用增大。

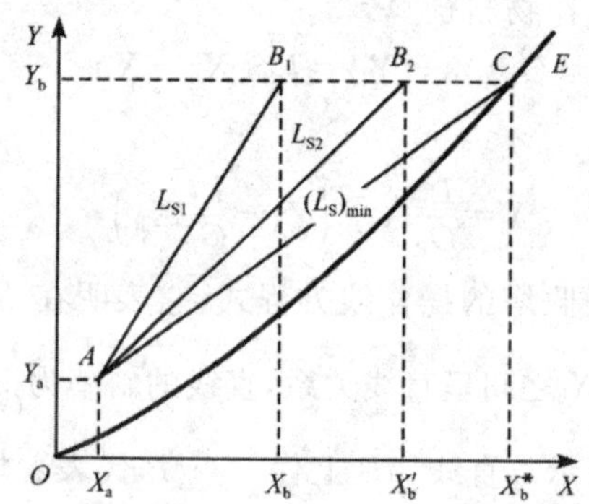

图 7-11 吸收剂用量对操作线的影响及最小液气比

反之，如果吸收剂用量 L_S 减少，则 B 点向右移动，即操作线靠近平衡线，过程进行的推动力减少，但出塔液体浓度增大。如图 7-11 所示，吸收剂用量为 L_{S1} 时，操作线为 AB_1，液体出塔组成为 X_b；吸收剂用量为 L_{S2} 时（$L_{S2}<L_{S1}$），操作线为 AB_2，液体出塔组成为 X_b'（$X_b'>X_b$）。如果吸收剂用量减少到代表塔底组成的操作点刚好与平衡线相交于点 C 时，则 $X_b=X_b^*$，即出塔液与进塔气达到平衡。显然，这是理论上吸收液所能达到的最高浓度，此过程的推动力为零，要实现指定的分离要求就需要无限大的相际传质面积，即设备费用无限大。这在实际中是行不通的，只能用来表示一种极限状况，此种状况下的液气比称为最小液气比，以 $\left(\frac{L_S}{G_B}\right)_{min}$ 表示；相应地，吸收剂用量为最小吸收剂用量，以 $(L_S)_{min}$ 表示。

由上述分析可知，吸收剂用量大小，实际上是操作费用和设备费用的经济权衡。根据生产实践经验，一般情况下取吸收剂用量为最小用量的 1.1～2.0 倍是比较适宜的，即

$$\frac{L_S}{G_B}=(1.1\sim2.0)\left(\frac{L_S}{G_B}\right)_{min}$$

或

$$L_S=(1.1\sim2.0)(L_S)_{min}$$

最小液气比可用图解法或计算求出。如图7-12所示，操作线与平衡线在点$C(X_b^*,Y_b)$相交，从而有

$$\left(\frac{L_S}{G_B}\right)_{min}=\frac{Y_b-Y_a}{X_b^*-X_a}$$

或

$$(L_S)_{min}=G_B\ \frac{Y_b-Y_a}{X_b'-X_a}$$

如果平衡曲线呈现如图7-12所示的形状，则应过点A作平衡曲线的切线，找到水平线$Y=Y_b$与此切线的交点B'，按下式计算最小液气比，即

$$\left(\frac{L_S}{G_B}\right)_{min}=G_B\ \frac{Y_b-Y_a}{X_b'-X_a}$$

或

$$(L_S)_{min}=G_B\ \frac{Y_b-Y_a}{X_b'-X_a} \tag{7-23}$$

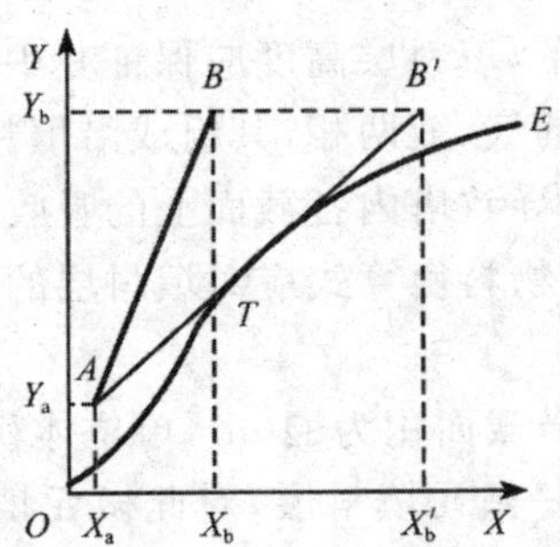

图7-12 特殊平衡线下的最小液气比

7.4.3 低浓度气体吸收时填料层高度的计算

多数工业吸收操作都是将气体中少量溶质组分加以回收或去除。当进塔混合气中的溶质浓度不高(如小于5%～10%)时，通常称为低浓度气体吸收。计算此类吸收问题时可作如下假设而不致引入显著误差。

①气、液相流量可视为常量。因被吸收的溶质量很少，流经全塔的混合气体流率G[单位为kmol混合气/(m^2塔截面·s)]与液体流率L[单位为kmol溶液/(m^2塔截面·s)]变化不大。

②吸收过程可视为等温吸收。因吸收量少，由溶解热而引起的液体温度的升高并不显著，故可认为吸收是在等温下进行的。

③传质系数可视为常量。因气、液两相在塔内的流率几乎不变，全塔的流动状况相同，传质分系数k_x、k_y在全塔视为常数。

鉴于此，对于低浓度气体的吸收，可近似地用气、液流经全塔的混合气体与液体的流率G、

L 代替惰性组分的流率 G_B、L_S，并以摩尔分数 y、x 代替摩尔比 Y、X，从而将式(7-20)写成

$$G(y-y_b)=L(x-x_a)$$

或

$$Y=\frac{L}{G}x+\left(y_a-\frac{L}{G}x_a\right) \tag{7-24}$$

物料衡算式也可按式(7-22)写出，即

$$y=\frac{L}{G}x+\left(y_b-\frac{L}{G}x_b\right) \tag{7-25}$$

由于逆流吸收的填料塔，从塔顶至塔底气、液相浓度都增加。式(7-24)用浓度较低的塔顶组成将低浓气体吸收的操作线简化成直线，误差较小，较采用塔底组成即式(7-25)为佳。相应地，式(7-22)也可写成

$$L_{\min}=G\frac{y_b-y_a}{x_b^*-x_a}$$

如果平衡关系符合亨利定律，则 $x_b^*=\frac{y_b}{m}$。

1. 填料层高度的计算

填料塔属连续接触式传质设备，填料层高度应保证其中有效气、液接触面积能满足传质任务的需要。在填料塔内连续接触的气、液两相，其组成沿填料层的高度呈连续变化。通常塔内任一截面上传质推动力均不相同，导致塔内各截面上的吸收速率也各不相同。为此，进行填料层高度的计算时，传质速率方程和物料衡算式应对填料层的微分高度列出，然后积分得到填料层总高度。

如图 7-13 所示，设填料塔的横截面积为 Ω m^2，单位体积填料层所提供的有效传质面积为 a，单位为 m^2/m^3。在填料塔内取一微元填料层，对此微元填料层作溶质 A 的衡算可知，单位时间内由气相转入液相的溶质量 dm_A 为

$$dm_A=\Omega G_B dY=\Omega L_S dX$$

对低浓度气体吸收，G、L 可视为常数，且 $G\approx G_B$，$L\approx L_S$，$Y\approx y$，$X\approx x$ 故

$$dm_A=\Omega G dy=\Omega L dx \tag{7-26}$$

在 dh 填料层中，因气、液相中溶质的组成变化均很小，传质速率 N_A 可视为一定值，则

$$dm_A=N_A a\Omega dh \tag{7-27}$$

由式(7-26)和(7-27)可得

$$G dy=N_A a dh,\ L dx=N_A a dh \tag{7-28}$$

将式(7-28)分别从塔顶至塔底积分，得

$$\int_0^h dh=\int_{y_a}^{y_b}\frac{G dy}{N_A a},\ \int_0^h dh=\int_{x_a}^{x_b}\frac{L dx}{N_A a} \tag{7-29}$$

如果以气、液相摩尔分数差为总传质推动力计算传质速率 N_A，则

$$N_A=K_y(y-y^*),\ N_A=K_x(x^*-x)$$

将上式代入式(7-29)中，可得

$$h=\int_{y_a}^{y_b}\frac{G dy}{K_y(y-y^*)a},\ h=\int_{x_a}^{x_b}\frac{L dx}{K_x(x^*-x)a} \tag{7-30}$$

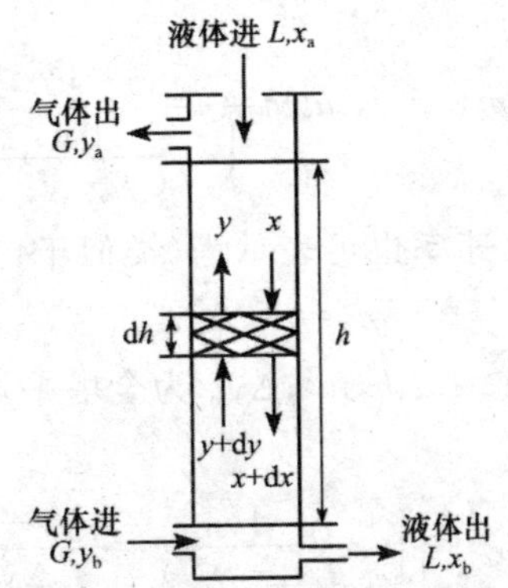

图 7-13　填料层高度计算的示意图

对于稳定的低浓度气体的吸收过程，G、L 及 a 均不随时间而改变，且在塔内不同截面位置上均为定值，总传质系数 K_y、K_x 在全塔范围内也可视为常数，则式(7-30)中的 G、L、K_y、K_x 及 a 均可从积分符号中提出，将式(7-30)在全塔范围内进行积分，得

$$h=\frac{G}{K_ya}\int_{y_a}^{y_b}\frac{\mathrm{d}y}{(y-y^*)},h=\frac{L}{K_xa}\int_{x_a}^{x_b}\frac{\mathrm{d}x}{(x^*-x)} \tag{7-31}$$

需要指出的是，上述填料层高度的计算式中，单位体积填料层内的有效接触面积 a(称为有效比表面积)总要小于单位体积填料层中的固体表面积 σ(称为比表面积)。这是因为只有那些被流动的液体膜层所覆盖的填料表面，才能提供气、液接触的有效面积。所以 a 值不仅与填料的形状、尺寸及充填状况有关，而且受流体物性及流动状况的影响。a 的数值很难直接测定。为了避开难以测得的有效比表面积 a，常将它与传质系数的乘积视为一体，作为一个完整的物理量来看待，这个乘积称为"体积传质系数"。例如，K_ya 及 K_xa 现分别称为气相总体积传质系数及液相总体积传质系数，其单位均为 $\mathrm{kmol/(m^3 \cdot s)}$。

如果选用气、液相摩尔分数差作为分传质推动力来计算传质速率 N_A，同理可得

$$h=\frac{G}{K_ya}\int_{y_a}^{y_b}\frac{\mathrm{d}y}{(y-y_i)},h=\frac{L}{K_xa}\int_{x_a}^{x_b}\frac{\mathrm{d}x}{(x_i-x)}$$

2. 传质单元数与传质单元高度

式(7-30)中，如果令

$$N_{OG}=\int_{y_a}^{y_b}\frac{\mathrm{d}y}{(y-y^*)} \tag{7-32}$$

$$H_{OG}=\frac{G}{K_ya}$$

则以气相摩尔分数差为总传质推动力的填料层高度计算式可写为

$$h=N_{OG}H_{OG} \tag{7-33}$$

式中，N_{OG}称为以$(y-y^*)$为推动力的气相总传质单元数，无因次；H_{OG}称为气相总传质单元高度，具有长度因次，m。

现在来讨论一下 N_{OG}、H_{OG}的物理意义。由于对全塔来说，单位时间内溶质的吸收量即吸收速率 m_A 可表示为

$$m_A=G\Omega(y_b-y_a)$$

将式(7-31)代入,得

$$m_A = K_y a\Omega h \frac{y_b - y_a}{\int_{y_a}^{y_b} \frac{dy}{(y-y^*)}} \tag{7-34}$$

参照 $N_A = K_y(y-y^*)$,吸收速率也可表示为(类似于传热速率方程式 $Q=KA\Delta t_m$)

$$m_A = K_y A' \Delta y_m \tag{7-35}$$

式中,A'为填料层有效传质面积,$A'=a\Omega h$,m^2;Δy_m 为全塔平均传质推动力。则比较式(7-34)和式(7-35)有

$$N_{OG} = \int_{y_a}^{y_b} \frac{dy}{(y-y^*)} = \frac{y_b - y_a}{\Delta y_m} \tag{7-36}$$

故气相总传质单元数 N_{OG} 表示气体经过填料层后的浓度变化对此段填料层平均传质推动力的比值。如果气相经过某一段填料层,浓度由 y_1 变到 $y_2(y_1>y_2)$,且恰使

$$\int_{y_2}^{y_1} \frac{dy}{(y-y^*)} = 1$$

即

$$\frac{y_1 - y_2}{(\Delta y_m)_{1\to2}} = 1$$

也就是说,气体经过该段填料后,其组成的变化刚好等于该段填料中的气相总平均传质推动力,则称这样的一个填料段为对气相总传质推动力而言的一个气相总传质单元。显然,气相总传质单元数即为这些传质单元的数目。

根据式(7-33),气相总传质单元高度 H_{OG} 为对应于一个气相总传质单元的填料层高度(即 $N_{OG}=1$ 时的 h)。传质单元高度在文献中常称为 HTU。

如果将传质单元的概念应用于以液相摩尔分数差作为总传质推动力的情形,则可得

$$h = N_{OL} H_{OL}$$

其中

$$N_{OL} = \int_{x_a}^{x_b} \frac{dx}{(x^* - x)} \tag{7-37}$$

$$H_{OL} = \frac{L}{K_x a}$$

式中,N_{OL}、H_{OL}分别称为以(x^*-x)为推动力的液相总传质单元数及液相总传质单元高度。

把填料层高写成 H_{OG}和 N_{OG}(或 H_{OL}和 N_{OL})的乘积,只是变量的分离和合并,并无实质性的变化。但是这样的处理有明显的优点。传质单元数 $N_{OG}(N_{OL})$只与物质的相平衡以及进出口的浓度条件有关,与设备的形式和气液处理量等无关。这样,在做出设备型式的选择之前即可先计算 $N_{OG}(N_{OL})$。$N_{OG}(N_{OL})$表示了吸收过程的难易程度。如果 $N_{OG}(N_{OL})$的数值太大,或表明吸收剂性能太差,或表明分离要求过高。$H_{OG}(H_{OL})$则与设备的型式及设备中的操作条件有关,它表示完成一个传质单元所需的填料层高度,是吸收设备效能高低的反映,显然 $H_{OG}(H_{OL})$越小,传质效果越佳。考虑到通常气膜控制时 $K_y a \approx k_y a \propto G^{0.7}$,液膜控制时 $k_x a \propto L^{0.7}$,因而 $H_{OG}(H_{OL})$与流率 G(或 L)约成 0.3 次方的关系,其受流率的影响较传质系数小,故传质单元

高度的数值变化不像传质系数那样大。常用吸收设备的传质单元高度为 0.15～1.5 m，具体数值须由实验测定。

另外，如果将不同传质推动力表示的传质速率 N_A 代入式(7-29)并进行积分，可得类似的填料层高度计算式。这些计算式也可用相应的传质单元数及传质单元高度表示。

3. 传质单元数的计算

传质单元数的计算，可以根据相平衡关系的不同，选择相应的计算方法。

(1)对数平均推动力法

在吸收操作所涉及的组成范围内，如果相平衡关系可用直线方程表示，即相平衡关系服从亨利定律 $y^*=mx$；或在操作组成范围内平衡关系为直线 $y^*=mx+b$，此时，如图 7-14 所示，传质推动力 $\Delta y=(y-y^*)$ 和 $\Delta x=(x^*-x)$ 分别随 y 和 x 呈线性变化，推动力 Δy 或 Δx 相对于 y 或 x 的变化率均为常数，从而

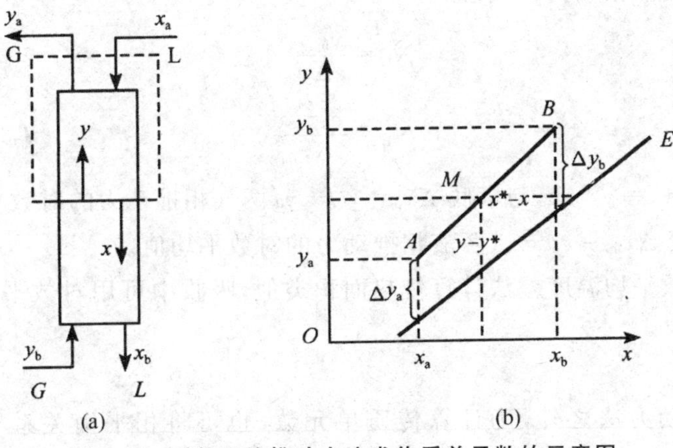

图 7-14 对数平均推动力法求传质单元数的示意图

$$\frac{d(\Delta y)}{dy}=\frac{(y_b-y_b^*)-(y_a-y_a^*)}{y_b-y_a}=\frac{\Delta y_b-\Delta y_a}{y_b-y_a} \tag{7-38}$$

$$\frac{d(\Delta x)}{dx}=\frac{(x_b-x_b^*)-(x_a-x_a^*)}{x_b-x_a}=\frac{\Delta x_b-\Delta x_a}{x_b-x_a} \tag{7-39}$$

式中，$\Delta y_b=y_b-y_b^*$，为塔底气相总传质推动力；$\Delta y_a=y_a-y_a^*$，为塔顶气相总传质推动力；$\Delta x_b=x_b-x_b^*$，为塔底液相总传质推动力；$\Delta x_a=x_a-x_a^*$，为塔顶液相总传质推动力。

将式(7-38)代入式(7-32)中，有

$$N_{OG}=\int_{y_a}^{y_b}\frac{dy}{(y-y^*)}=\int_{y_a}^{y_b}\frac{dy}{\Delta y}$$

$$=\frac{\Delta y_b-\Delta y_a}{y_b-y_a}\int_{y_a}^{y_b}\frac{d(\Delta y)}{dy}$$

$$=\frac{y_b-y_a}{\dfrac{\Delta y_b-\Delta y_a}{\ln\dfrac{\Delta y_b}{\Delta y_a}}}$$

与式(7-36)比较，得平均传质推动力为

$$\Delta y_m=\frac{\Delta y_b-\Delta y_a}{\ln\frac{\Delta y_b}{\Delta y_a}}$$

式中，Δy_m 称为气相对数平均传质推动力。

用同样的方法，将式(7-39)代入式(7-37)可得

$$N_{OL}=\frac{x_b-x_a}{\frac{\Delta x_b-\Delta x_a}{\ln\frac{\Delta x_b}{\Delta x_a}}}=\frac{x_b-x_a}{\Delta x_m}$$

其中

$$\Delta x_m=\frac{\Delta x_b-\Delta x_a}{\ln\frac{\Delta x_b}{\Delta x_a}}$$

称为液相对数平均传质推动力。同理，有

$$N_G=\frac{y_b-y_a}{\Delta y_{im}}$$

$$N_L=\frac{x_b-x_a}{\Delta x_{im}}$$

式中，Δy_{im} 为塔顶 $\Delta y_{ia}=y_a-y_{ia}$ 与塔底 $\Delta y_{ib}=y_b-y_{ib}$ 两气相推动力的对数平均值；Δx_{im} 为塔顶 $\Delta x_{ia}=x_a-x_{ia}$ 与塔底 $\Delta x_{ib}=x_b-x_{ib}$ 两液相推动力的对数平均值。

与传热中用对数平均温度差法计算传热面积类似，吸收中可用对数平均传质推动力法计算填料层高度。

(2)吸收因数法

除对数平均推动力法之外，为计算传质单元数，也可将相平衡关系与操作线方程代入 $\int_{y_a}^{y_b}\frac{dy}{(y-y^*)}$ 中，直接积分求取。现对相平衡关系服从亨利定律 $y^*=mx$ 的情形进行分析。

根据逆流吸收操作线方程式(7-24)，有

$$x=x_a+\frac{G}{L}(y-y_a) \tag{7-40}$$

从而

$$y^*=mx=mx_a+\frac{mG}{L}(y-y_a) \tag{7-41}$$

将式(7-40)和式(7-41)代入式(7-32)中得

$$N_{OG}=\int_{y_a}^{y_b}\frac{dy}{y-mx}=\int_{y_a}^{y_b}\frac{dy}{y-m\left[x_a+\frac{mG}{L}(y-y_a)\right]}$$

$$=\frac{1}{1-\frac{mG}{L}}\ln\frac{\left(1-\frac{mG}{L}\right)(y_b-mx_a)+\left(\frac{mG}{L}y_a-\frac{m^2G}{L}x_a\right)}{y_a-mx_a}$$

整理可得

$$N_{OG}=\frac{1}{1-\frac{mG}{L}}\ln\left[\left(1-\frac{mG}{L}\right)\frac{y_b-mx_a}{y_a-mx_a}+\frac{mG}{L}\right]$$

令 $A=\frac{L}{(mG)}$，A 为吸收因数，其几何意义为操作线斜率 L/G 与平衡线斜率 m 之比；$S=\frac{mG}{L}$，S 为脱吸因数，是吸收因数的倒数，则

$$N_{OG}=\frac{A}{A-1}\ln\left[\left(1-\frac{1}{A}\right)\frac{y_b-mx_a}{y_a-mx_a}+S\right] \tag{7-42}$$

也常写成

$$N_{OG}=\frac{A}{A-1}\ln\left[\left(1-\frac{1}{A}\right)\frac{y_b-mx_a}{y_a-mx_a}+\frac{1}{A}\right] \tag{7-43}$$

式(7-43)和式(7-43)实际上由 N_{OG}、$\frac{1}{A}$（或 S）、$\frac{y_b-mx_a}{y_a-mx_a}$三个数群构成，可将其关系用如图 7-15 所示的曲线来表示。图 7-15 中纵坐标为气相总传质单元数 N_{OG}，横坐标为$(y_b-mx_a)/(y_a-mx_a)$(对数坐标)，参变量为$\frac{mG}{L}$，即 S。

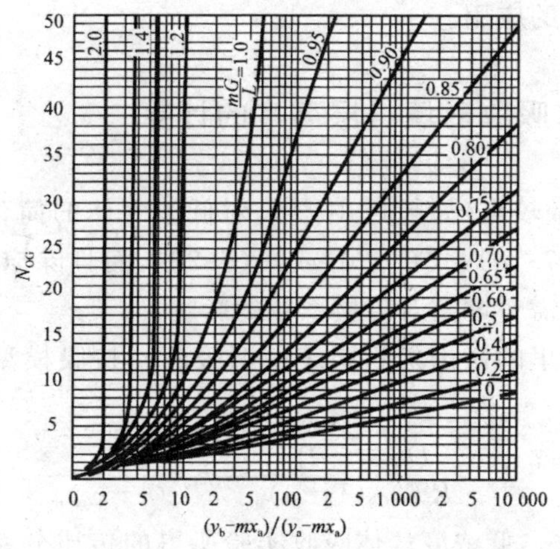

图 7-15 N_{OG}与$(y_b-mx_a)/(y_a-mx_a)$的关系曲线

横坐标$(y_b-mx_a)/(y_a-mx_a)$表示吸收的要求或吸收的程度。当气、液两相的进塔组成 y_b、x_a 一定时，若要求吸收率高，则 y_a 值小，相应的$(y_b-mx_a)/(y_a-mx_a)$值大，对于一定的 S 值，则 N_{OG}的值也大(图 7-15)，即所需的填料层高度高；反之亦然。

图 7-15 中的参变量脱吸因数 S 为平衡线斜率 m 与操作线斜率 L/G之比，反映了吸收过程推动力的大小。在相同的吸收任务下[y_b、y_a、x_a、m、G 一定，即$(y_b-mx_a)/(y_a-mx_a)$一定]，S 值越大，吸收操作线距平衡线越近，吸收过程中的推动力越小，要求的 N_{OG}值越大。反之，如果减小 S，则 N_{OG}也减小。但减小 S 是以增加操作液气比为代价的，这将导致吸收液的用量(循环量)增大，能耗增高。

同理也可以推出以液相浓度差为总传质推动力的传质单元数表达式

$$N_{OL}=\frac{S}{1-S}\ln\left[(1-S)\frac{y_b-mx_a}{y_a-mx_a}+S\right]=SN_{OG} \tag{7-44}$$

与对数平均推动力法相比，吸收因数法的计算式中涉及变量较少(少了 x_b)。其在吸收计算中的作用与传热中的传热单元数法类似，较适用于操作型计算。

当平衡关系不满足亨利定律，但可近似地以直线 $y=mx+b$ 表示时，则式(7-42)和式(7-44)变成

$$N_{OG}=\frac{S}{1-S}\ln\left[(1-S)\frac{y_b-y_a^*}{y_a-y_a^*}+S\right]$$

$$N_{OL}=\frac{S}{1-S}\ln\left[(1-S)\frac{y_b-y_a^*}{y_a-y_a^*}+S\right]$$

式中

$$S=\frac{mG}{L},y_a^*=mx_a+b$$

(3)其他计算方法

传质单元数的求解其实质为如何确定定积分的值。当平衡线不能作为直线，显然上述对数平均推动力法和吸收因数法已不能适用。此时，除了按照定积分的物理意义用图解积分外，还可采用数值积分。随着电子计算机技术的发展及相关工程计算软件的开发和利用，数值积分已易于实现，并得到广泛的应用。

7.4.4 高浓度气体吸收时填料层高度的计算

当入塔气体的溶质含量较高(如超过 10%)，对低浓气体的简化处理方法显然不再适用，此时物料衡算式应采用式(7-18)、式(7-20)或式(7-22)，而且除应考虑气体流率随塔高的变化对物料衡算的影响外，还需考虑它对传质系数的影响。

高浓度气体吸收时(这里的讨论仍只限于等温吸收)，按膜模型理论，气相传质分系数 k_y 可表示为

$$k_y=\frac{D_G}{RT\delta_G}\frac{P}{(1-y)_m}=k_y'\frac{1}{(1-y)_m} \tag{7-45}$$

式中，k_y' 与气相浓度 y 无关。低浓度气体吸收实验所得的传质分系数即为 k_y'；高浓度气体吸收时，气相传质分系数应考虑漂流因子 $\frac{1}{(1-y)_m}$ 的影响，而且 k_y' 随 G 变化，在全塔不再为一常数。

同理，如果液相浓度较高，则液相传质分系数 k_x 也与液相浓度 x 有关。但在许多场合下，高浓度气体吸收的溶液浓度并不一定很高，同时在液相中，浓度对传质分系数的影响较复杂，各种影响因素中，漂流因子往往不是主要的。故高浓度气体吸收时，k_x 常近似看成与浓度 x 无关，再考虑到液体流量沿塔下流时不会有明显的变化，从而 k_x 仍可作为常数。

综上所述，可知高浓度气体吸收的计算要比低浓度的复杂得多。为考虑传质系数变化的影响，常选用气相传质速率方程 $N_A=k_y(y-y_i)$ 作为计算的基础。由于高浓度气体吸收时气体流量 G 为变量，对微分填料层高度 h 的物料衡算为

$$k_ya(y-y_i)\mathrm{d}h=\mathrm{d}(Gy) \tag{7-46}$$

又 $G_B=G(1-y)$，所以

$$d(Gy)=d\left(\frac{G_B y}{1-y}\right)=G_B d\left(\frac{y}{1-y}\right)$$
$$=G_B\frac{dy}{(1-y)^2}=\frac{Gdy}{1-y} \tag{7-47}$$

将式(7-47)代入式(7-46)中，整理得

$$dh=\frac{Gdy}{k_y a(y-y_i)(1-y)} \tag{7-48}$$

对式(7-48)积分，上、下限分别为 $h=0, y=y_a; h=h, y=y_b$，得

$$h=\int_{y_a}^{y_b}\frac{Gdy}{k_y a(y-y_i)(1-y)}$$

结合式(7-45)，有

$$h=\int_{y_a}^{y_b}\frac{(1-y)_m Gdy}{k'_y a(y-y_i)(1-y)} \tag{7-49}$$

式(7-49)中，数群 $\frac{G}{k'_y a}$ 沿塔高变化不大(约与 $G^{0.3}$ 成正比)，可取塔顶、塔底的平均值作为常数。于是，式(7-49)可写成

$$h=\frac{G}{k'_y a}\int_{y_a}^{y_b}\frac{(1-y)_m dy}{(y-y_i)(1-y)}$$

或

$$h=H_{G,C}N_{G,C}$$

其中

$$H_{G,C}=\frac{G}{k'_y a}$$

$$N_{G,C}=\int_{y_a}^{y_b}\frac{(1-y)_m dy}{(y-y_i)(1-y)} \tag{7-50}$$

式中，$H_{G,C}$、$N_{G,C}$ 分别称为高浓度气体的气相传质单元高度和高浓度气体的气相传质单元数。

式(7-50)积分项中，$(1-y)_m$ 一般可用算术平均值代替对数平均值

$$(1-y)_m=\frac{(1-y+1-y_i)}{2}=\frac{(1-y)+(1-y_i)}{2}$$

故

$$N_{G,C}=\int_{y_a}^{y_b}\frac{\frac{(1-y)+(1-y_i)}{2}}{(y-y_i)(1-y)}dy$$

即

$$N_{G,C}=\int_{y_a}^{y_b}\frac{dy}{(y-y_i)}+\frac{1}{2}\ln\frac{1-y_a}{1-y_b}$$

式中，右边第二项表示气体浓度较高时漂流因子的影响。

第 8 章　干燥过程

8.1　概述

8.1.1　物料的去湿方法

在化工生产中,一些固体原料、半成品或产品中常含有一些湿分,为便于进一步的加工、储存和使用,通常需要将湿分从物料中去除,这种操作称为去湿。去湿方法可分为以下几类。

(1)机械去湿

通过沉降、过滤、压榨、抽吸和离心分离等方法除去湿分,当物料带水较多时,可先用上述机械分离方法除去大量的水。这些方法应用于溶剂不需要完全除尽的情况,能量消耗较少。

(2)吸附去湿

用一些平衡水汽分压很低的干燥剂与湿物料并存,使物料中水分经气相转入干燥剂内。该方法只能除去少量的水分。

(3)加热除湿

利用热能使湿物料中的湿分汽化,并排出生成的蒸汽,获得湿含量达到要求的产品。这种方法除湿完全,但能耗较大。简单地说,干燥就是利用热能除去固体物料中湿分的单元操作。由于是利用热能的操作,在工业生产中为了节约热能,降低生产成本,一般尽量先利用压榨、过滤或离心分离等机械方法除去湿物料中的大部分湿分,然后通过干燥方法继续除去机械法未能除去的湿分,以获得符合要求的产品。因此,干燥常常是产品包装或出厂前的最后一个操作过程。

化学工业中固体物料的去湿一般是先用机械去湿法除去大量的湿分,再利用干燥法使湿含量进一步降低,最终达到产品的要求。

8.1.2　物料的干燥方法

干燥过程的种类很多,但可按一定的方式进行分类。

1. 按操作压力分类

按操作压力的不同,干燥可分为常压干燥和真空干燥两种。真空干燥具有操作温度低、干燥速度快、热效率高等优点,适用于热敏性、易氧化以及要求最终含水量极低的物料的干燥。

2. 按操作方式分类

按操作方式的不同，干燥可分为连续式和间歇式两种。连续式具有生产能力强、热效率高、产品质量均匀、劳动条件好等优点，缺点是适应性较差。而间歇式具有投资少、操作控制方便、适应性强等优点，缺点是生产能力小，干燥时间长，产品质量不均匀，劳动条件差。

3. 按传热方式分类

按热能传给湿物料的方式，干燥又可分为传导干燥、对流干燥、辐射干燥和介电加热干燥，以及由其中两种或多种方式组成的联合干燥。

(1)传导干燥

载热体(加热蒸汽)将热能通过传热壁以传导的方式加热湿物料，产生的蒸汽被干燥介质带走或用真空泵排出。传导干燥的热能利用率较高，但物料易过热变质。

(2)对流干燥

载热体(干燥介质)将热能以对流的方式传给予其直接接触的湿物料，产生的蒸汽为干燥介质所带走。通常用热空气作为干燥介质。在对流干燥中，热空气的温度容易调节，但由于热空气在离开干燥器时，带走相当大的一部分热能，使得对流干燥的热能利用较差。

(3)辐射干燥

热能以电磁波的形式由辐射器发射到湿物料表面，被其吸收重新转变为热能，将湿分汽化而达到干燥的目的。辐射器可分为电能和热能两种。电能辐射器如专供发射红外线的灯泡。热能辐射器是用金属辐射板或陶瓷辐射板产生红外线。辐射干燥的速度快、效率高、耗能少，产品干燥均匀而洁净，特别适合于表面干燥，如木材和装饰板、纸张、印染织物等。

(4)介电加热干燥

将需要干燥的物料置于高频电场内，由于高频电场的交变作用使物料加热而达到干燥的目的，是高频干燥和微波干燥的统称。采用微波干燥时，湿物料受热均匀，传热和传质方向一致，干燥效果好，但费用高。

在上述 4 种干燥操作中，以对流干燥的应用最为广泛。多数情况下，对流干燥使用的干燥介质为空气，湿物料中被除去的湿分为水分。因此，本章主要讨论干燥介质为空气、湿分为水的常压对流干燥过程。

8.1.3 对流干燥流程

对流干燥可以是连续过程，也可以是间歇过程，其流程如图 8-1 所示。空气经风机送入预热器加热至一定温度再送入干燥器中，与湿物料直接接触进行传质、传热，沿程空气温度降低，湿含量增加，最后废气自干燥器另一端排出。干燥如果为连续过程，物料则被连续地加入与排出，物料与气流接触可以是并流、逆流或其他方式；如果为间歇过程，湿物料则被成批地放入干燥器内，干燥至要求的湿含量后再取出。

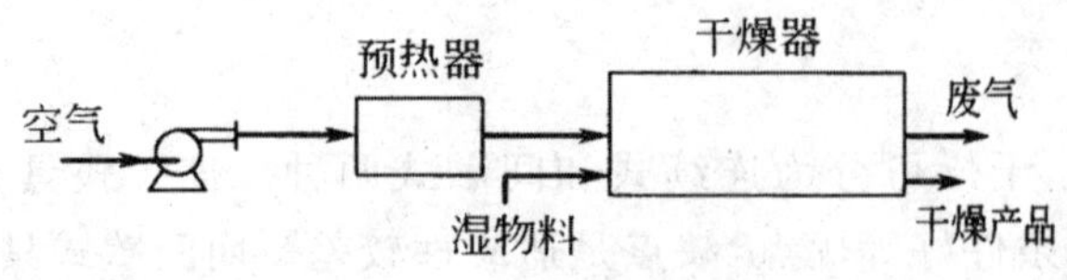

图 8-1 对流干燥流程

经预热的高温热空气与低温湿物料接触时，热空气以对流方式将热量传给湿物料，其表面水分因受热汽化扩散至空气中并被空气带走，同时，物料内部的水分由于浓度梯度的推动而迁移至表面，使干燥连续进行下去。可见，空气既是载热体，也是载湿体，干燥是传热、传质同时进行的过程，如图 8-2 所示，其传热方向是由气相到固相，推动力为空气温度 t 与物料表面温度 θ 之差；而传质方向则由固相到气相，推动力 Δp_v 为物料表面水汽分压 p_w 与空气主体中水汽分压 p_v 之差。显然，干燥是热、质反向传递过程。

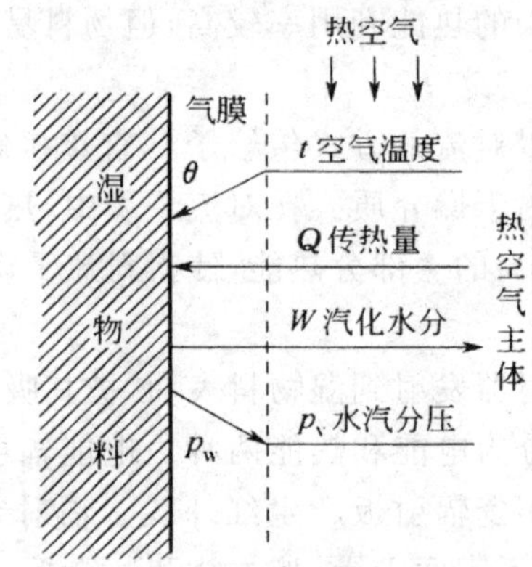

图 8-2 对流干燥的热、质传递过程

8.2 湿空气的性质与湿度图

8.2.1 湿空气的性质

湿空气是绝干空气和水气的混合物。对流干燥操作中，常采用一定温度的不饱和空气作为干燥介质，因此首先讨论湿空气的性质。由于在干燥过程中，湿空气中水气的含量不断增加，而绝干空气质量不变，因此湿空气的许多相关性质常以 1 kg 绝干空气为基准。

1. 水汽分压

不饱和空气的水汽分压 p_v 与干空气分压 p_g 以及其总压力的 $p_{总}$ 关系为

$$p_{总}=p_v+p_g$$

并有

$$p_v=py_v$$

式中，y_v 为湿空气中水汽的摩尔分数。

2.湿度

湿度 H 是湿空气中所含水蒸气的质量与干空气质量之比。即

$$H=\frac{\text{湿空气中水汽的质量}}{\text{湿空气中绝干气的质量}}=\frac{n_v M_v}{n_g M_g} \tag{8-1}$$

式中，H 为空气的湿度，kg 水汽/kg 绝干空气；M 为摩尔质量，kg/kmol；n 为物质的量，kmol；下标“v”表示水蒸气；“g”表示干空气。

对水蒸气-空气系统，式(8-1)可写成

$$H=\frac{18n_v}{29n_g}=\frac{0.622}{n_g}n_v \tag{8-2}$$

由道尔顿分压定律，式(8-2)可表示为

$$H=\frac{18p_v}{29p_g}=0.622\frac{p_v}{p-p_v} \tag{8-3}$$

式中，p 为湿空气总压，Pa。

当水蒸气的分压等于湿空气的饱和蒸汽压 p_S 时，湿空气呈饱和状态，对应的湿度称为饱和湿度，用 H_s 表示。

$$H_s=0.622\frac{p_s}{p-p_s} \tag{8-4}$$

式中，p_s 为同温度下水的饱和蒸汽压，Pa；H_s 为湿空气的饱和湿度，kg 水汽/kg 干空气。

3.相对湿度

水蒸气分压 p_s 与水汽分压 p_v 可能达到的最大值之比的百分数为相对湿度 φ。

由相对湿度 φ 的定义可得

$$\varphi=\frac{p_v}{p_s}\times 100\% \tag{8-5}$$

相对湿度反映湿空气吸收水汽的能力，与水汽分压 p_v 及空气温度 t 有关[因 $p_s=F(t)$]，当 t 一定时，φ 随 p_v 的增大而增大。当 $p_v=0$ 时，$\varphi=0$ 空气为干空气；当 $p_v<p_s$ 时，$\varphi<1$ 空气为未饱和湿空气；当 $p_v=p_s$ 时，$\varphi=1$ 空气为饱和湿空气，气体不能吸湿，无干燥能力。

根据相对湿度值可判断干燥介质，φ 越小，湿空气的干燥能力越大。将式(8-5)代入式(8-3)，得

$$H=0.622\frac{\varphi p_s}{p-\varphi p_s}$$

4.湿空气的焓

1 kg 干空气的与相应 H kg 水蒸气共同具有的焓称为湿空气的焓 I，kJ/kg 干空气，根据定义有

$$I=I_g+I_v H$$

式中，I_g 为干空气的焓，kJ/kg 干空气；I_v 为水汽的焓，kJ/kg 干空气。

在工程计算时，常规定干空气和液态水在 0 ℃时的焓作为参考状态，即在此状态下的焓为

零。在其他温度下，湿空气的焓值等于水蒸气在 0 ℃汽化时所需的潜热以及干空气和水蒸气从 0 ℃升至 t 所需的显热之和。0 ℃液态水的气化热为 $r_0=2\ 490$ kJ/kg，则有

$$I_g=c_g t=1.01t$$

$$I_v=r_0+c_v t=2\ 490+1.88t$$

因此，湿空气的焓为

$$I=(c_g+c_v H)t+r_0 H=(1.01+1.88H)t+2\ 490H \tag{8-6}$$

式中，r_0 为 0 ℃时水的汽化热，$r_0=2\ 490$ kJ/kg。

式(8-6)中，右端为湿空气的显热与水蒸气的潜热之和。当干空气的组成和总压一定时，湿空气的焓随温度和湿度而变；而饱和湿空气的焓仅为温度的函数。

5. 干球温度与湿球温度

如图 8-3 所示，干球温度计所测的温度为湿空气的真实温度，称为干球温度，湿球温度计的感温球用湿纱布包裹，下部浸入水中使之保持润湿，其在流动空气中达到平衡或稳定时所测得温度为空气的湿球温度。

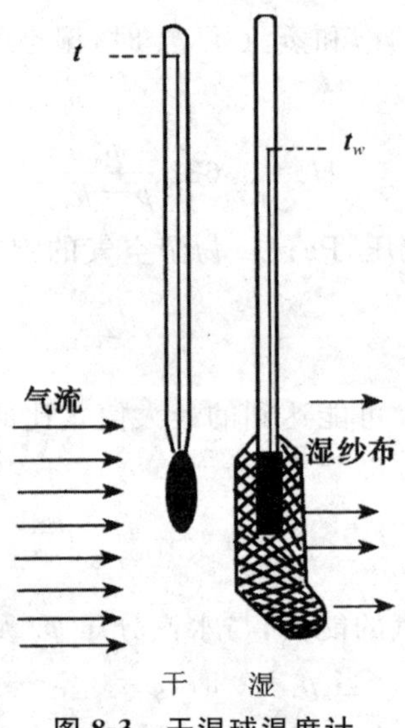

图 8-3 干湿球温度计

湿空气至水的传热速率恰好等于水表面汽化向空气传递潜热速率时的温度，故湿球温度是表示湿空气状态或性质的一种参数。

通过传热、传质计算可得

$$t_w=t-\frac{k_H r_{t_w}}{\alpha}(H_{s,t_w}-H)$$

式中，H_{s,t_w} 为湿空气在温度为 t_w 下的饱和湿度，kg 水/kg 干空气；H 为空气的湿度，kg 水/kg 干空气；α 为对流传热系数，kW/(m^2·℃)；k_H 为传质系数 kg/(m^2·s)；r_{t_w} 为湿球温度下水的汽化热，kJ/kg。

6. 绝热饱和温度

如图 8-4 所示为绝热饱和器，将含有水蒸气的温度为 t、湿度为 H 的不饱和空气，连续通入器内与大量喷洒的水接触，水用泵循环，认为水温是完全均匀的，因饱和器处于绝热，故水汽化所需的潜热只能取自空气中的显热，使空气增湿而降温，但湿空气的焓是不变的。当空气被水所饱和时，温度不再下降，等于循环水的温度，即空气的绝热饱和温度 t_{as}。

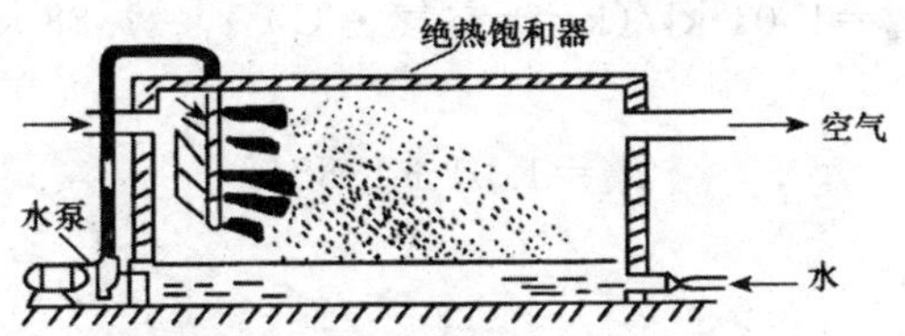

图 8-4　绝热饱和器的示意图

由于湿空气的焓保持不变，故进入绝热饱和器时的焓 I 等于经绝热增湿而降温至 t_{as} 时的焓 I_{as}。根据式(8-6)，有

$$\begin{aligned}I_{as}=I&=(c_g+c_v H)t+r_0 H\\&=(1.01+1.88H)t+2\,490H\\&=(c_g+c_v H_{a,s})t_{as}+r_0 H_{as}\end{aligned}$$

在温度不太高时，H 与 H_{as} 非常小，忽略 c_g 与 c_v 随温度的变化，则有

$$c_g+c_v H\approx c_g+c_v H_{as}=c_H$$

联合上述两式并整理得

$$t_{as}=t-\frac{r_0}{c_H(H_{as}-H)} \tag{8-7}$$

式(8-7)称为绝热饱和方程。由于 H_{as} 取决于 t_{as}，故当干空气的组成以及总压一定时，绝热饱和温度与空气温度和湿度有关。

湿球温度 t_w 与绝热饱和温度 t_{as} 在数值上近似相等，可简化水蒸气-空气系统的干燥计算。但应注意，湿球温度 t_w 与绝热饱和温度 t_{as} 是两个完全不同的概念。而对于其他系统，湿球温度 t_w 与绝热饱和温度 t_{as} 不相等。

7. 露点温度

不饱和湿空气冷却到饱和状态时的温度称为露点温度 t_d，对应的湿度为露点下的饱和湿度 H_{s,t_d}。

由式(8-4)得

$$H_{s,t_d}=0.622\,\frac{p_{s,t_d}}{p-p_{s,t_d}}$$

式中，p_{s,t_d} 为露点时的饱和蒸汽压，也是该空气在初始状态下的水蒸气分压，Pa；p_{s,t_d} 为湿空气在露点下的饱和湿度，kg/kg 干空气。

湿空气的四种温度之间的关系为

$$\text{不饱和湿空气：}t>t_w(t_{as})>t_d$$

$$\text{饱和湿空气：}t=t_w(t_{as})=t_d$$

8. 湿空气的比热容

常压下，将 1 kg 干空气和 H kg 水蒸气温度升高 1 ℃所吸收的热量，称为湿空气的比热容 c_H，即

$$c_H = c_g + c_v H \tag{8-8}$$

式中，c_g 为干空气的比热容，kJ/(kg 干空气·℃)；c_v 为水蒸气的比热容，kJ/(kg 水汽·℃)。

在工程计算中，常取 $c_g = 1.01$ kJ/(kg 干空气·℃)，$c_v = 1.88$ kJ/(kg 水汽·℃)。代入式(8-8)，得

$$c_H = 1.01 + 1.88H$$

9. 湿空气的比体积

1 kg 干空气同其所带有的水蒸气体积之和为湿空气的比体积 V_H，m³(湿空气)/kg 干空气。

在标准状态下，气体的摩尔体积为 22.4 m³/kmol。故湿空气的比容为

$$v_H = 2\ 204\left(\frac{1}{M_g} + \frac{H}{M_v}\right) \times \frac{273+t}{273} \times \frac{101.3}{p} \tag{8-9}$$

式中，v_H 为湿空气的比体积，m³(湿空气)/kg 绝干空气；t 为温度，℃；p 为湿空气总压，kPa。

将 $M_g = 29$ kg/kmol，$M_v = 18$ kg/kmol 代入式(8-9)，得

$$v_H = (0.773 + 1.244H) \times \frac{273+t}{273} \times \frac{101.3}{p} \tag{8-10}$$

由式(8-10)可知，湿空气的比体积 V_H 与湿空气的温度和湿度成正比例关系。

干空气的质量消耗量 L 与湿空气的体积消耗量 V_V 有如下关系

$$V_v = L v_H$$

8.2.2 湿度图

从前面的介绍可知，湿空气的各项状态参数都可以用公式计算出来，但计算比较烦琐，甚至需要试差。工程上为方便起见，将湿空气各参数间的函数关系标绘在坐标图上，只要知道湿空气的任意两个独立参数，即可以从图上迅速查出其他参数，这种图统称为湿度图。在干燥计算中，常用的湿度图是焓湿图，即 I-H 图。

如图 8-5 所示为常压下湿空气的 I-H 图，为了使各种关系曲线分散开采用两个坐标夹角为 135°的坐标图。以提高读数的准确性。为了便于读数和节省图的幅面，将斜轴(图中没有将斜轴全部画出)上的数值投影在辅助水平轴上。

湿空气的 I-H 图由以下诸线群组成。

(1)等焓线(等 I 线)群

等焓线是平行于斜轴的线群，图 8-5 中的 I 的读数范围为 0～680 kJ/kg 绝干气。

(2)等湿度线(等 H 线)群

等湿度线是平行于纵轴的线群，图 8-5 中 H 的读数范围为 0～0.2 kJ/kg 绝干气。

(3)等温线(等 t 线)

$$I=1.01t+(1.88t+2\ 491)H$$

可见，当温度一定时，I 与 H 呈线性关系，直线的斜率为$(1.88t+2\ 491)$。因此，任意规定一温度值即可绘出一条 I-H 直线，此直线即为一条等温线，如此规定一系列的温度值即可得到一组等温线群。图 8-5 中 t 的读数范围为 0～250 ℃。

(4)等相对湿度线(等 φ 线)

当总压一定时，$\varphi=\dfrac{p_{总}\ H}{p_s(0.622+H)}$表示 φ 与 p_s 及 H 之间的关系。由于 p_s 是温度的函数，故实际上表示 φ、t、H 之间的关系。取一定的 φ 值，在不同 t 下求出 H 值，就可画出一条等 φ 线。显然，在每一条等 φ 线上，随 t 增加，p_s 增加，H 也增加，而且温度越高，p_s 与 H 增加越快。图 8-5 中的等 φ 线为 $\varphi=5\%\sim100\%$的一簇曲线。

图 8-5 中最下面一条等 φ 线为 $\varphi=100\%$的曲线称为饱和空气线，线上任意点的空气状态均为一定温度下的被水汽饱和的饱和空气，该点对应的湿度也就是该温度下的饱和湿度。此线以上的区域称为不饱和区，作为干燥介质的空气状态点必在此区域内。

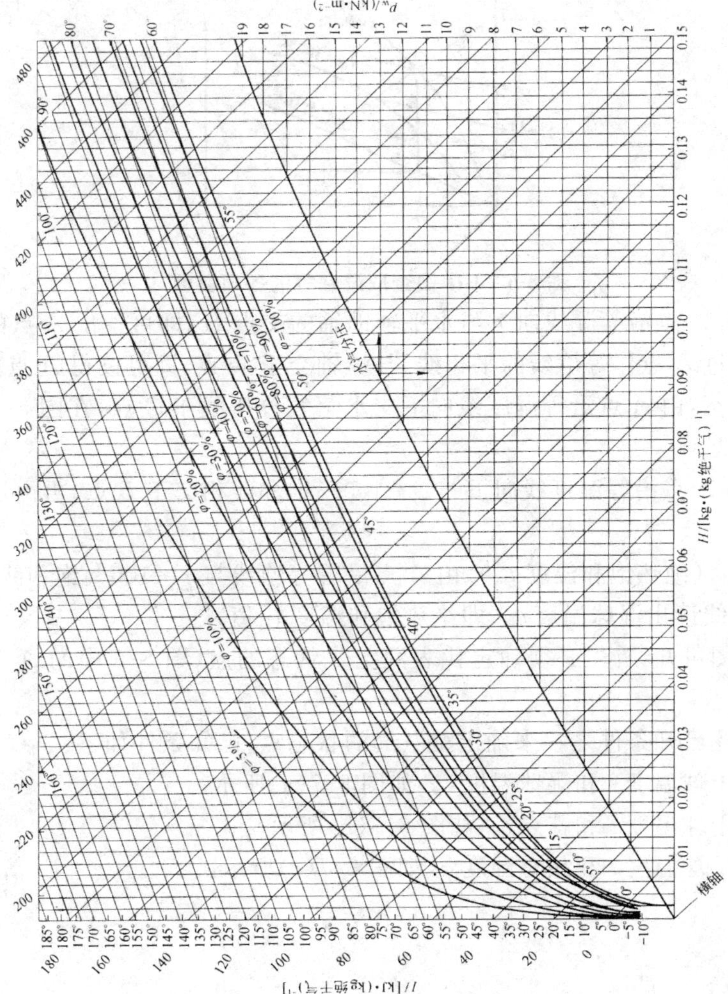

图 8-5　湿空气的 I-H 图

(5)水蒸气分压线

$$p_w=\frac{p_{总} H}{0.622+H}$$

可见,当总压 $p_{总}$ 一定时,水蒸气分压是湿度 H 的函数,当 $H \leqslant 0.622$ 时,p_w 与 H 可视为线性关系。在总压 $p_{总}=101.3$ kPa 的条件下,根据在焓湿图上标绘出 p_w 与 H 的关系曲线,即为水蒸气分压线。为保持图面清晰,将水蒸气分压线标绘于饱和空气线的下方,其水蒸气分压可从右端的纵轴上读出。

通过 I-H 图查取湿空气的各项参数非常方便。

已知湿空气的某一状态点 A 的位置,如图 8-6 所示。可直接读出通过点 A 的四条参数线的数值,它们是相互独立的参数 t、φ、H 及 I。进而可由 H 值读出与其相关但互不独立的参数 p、t_d 的数值;由 I 值读出与其相关但互不独立的参数 $t_{as} \approx t_w$ 的数值。

例如,图 8-6 中 A 代表一定状态的湿空气,则

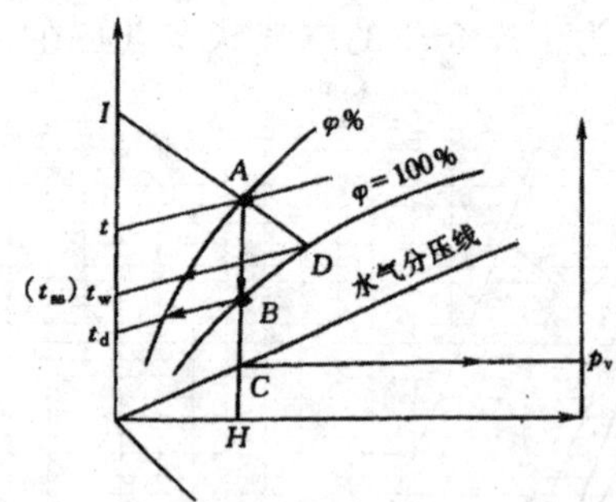

图 8-6 I-H 图查取湿空气的各项参数

①湿度 H,由 A 点沿等湿线向下与水平辅助轴的交点 H,即可读出 A 点的湿度值。

②焓值 I,通过 A 点作等焓线的平行线,与纵轴交于 D 点,即可读得 A 点的焓值。

③水气分压 p_v,由 A 点沿等湿度线向下交水蒸气分压线于 C 点,在图 8-6 右端纵轴上读出水气分压值。

④露点 t_d,由 A 点沿等湿度线向下与 $\varphi=100\%$ 饱和线相交于 B 点,再由过 B 点的等温线读出露点 t_d 值。

⑤湿球温度 t_w(绝热饱和温度 t_{as}),由 A 点沿着等焓线与 $\varphi=100\%$ 饱和线相交于 D 点,再由过 D 点的等温线读出湿球温度 t_w(即绝热饱和温度 t_{as} 值)。

通过上述查图可知,首先必须确定代表湿空气状态的点(图 8-6 中的 A 点),然后才能查得各项参数。

通常根据下述已知条件之一来确定湿空气的状态点,已知条件如下:

①湿空气的干球温度 t 和湿球温度 t_w,如图 8-7(a)所示。

②湿空气的干球温度 t 和露点 t_d,如图 8-7(b)所示。

③湿空气的干球温度 t 和相对湿度 φ,如图 8-7(c)所示。

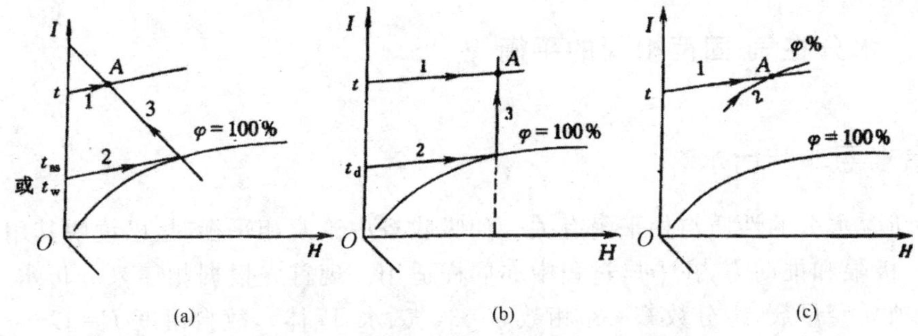

图 8-7　在 *I-H* 图中确定湿空气的状态点

8.3　固体物料的干燥平衡

8.3.1　物料中水分含量的表示方法

湿物料中含水量是水分在湿物料中的浓度，依据不同的计算基准，通常有以下两种表示方法。

1. 湿基含水量

湿基含水量是指以湿物料为基准时湿物料中水的质量分率或质量分数，以 ω 表示，即

$$\omega=\frac{湿物料中水分的质量}{湿物料总质量}\times 100\%$$

2. 干基含水量

干基含水量是指以绝干物料为基准时湿物料中水分的质量，以 X 表示，单位为 kg 水/kg 绝干料，即

$$X=\frac{湿物料中水分的质量}{湿物料中绝干物料的质量}$$

两种含水量的关系为

$$\omega=\frac{X}{1+X}$$

在工业生产中，通常用湿基含水量表示物料中水分的含量，但在干燥过程中湿物料的总量会因失去水分而逐渐减少，故用湿基含水量表示时，计算不方便，但绝干物料的质量是不变的，故干燥计算中多采用干基含水量。

8.3.2 水分在气-固两相间的平衡

1. 结合水与非结合水

物料中所含水分的性质与相平衡有关。如吸收章中论及相平衡时，已说明其用途是：决定传质的方向、极限和推动力，在干燥过程中亦同样适用。现首先根据相律来分析水-空气-固体物料物系的独立变量数：组分数 $C=3$，相数 $\varphi=3$（气、水、固体），故自由度 $F=C-\varphi+2=2$，在温度固定时，只有一个独立变量，即气-固间的水分平衡关系，可在平面上用一条曲线表示，如图 8-8 所示。与吸收中的汽-液平衡关系一样，图 8-8 中所示的曲线，既是空气中水汽分压 p_w 与湿物料的平衡含水率 X^* 的关系曲线（p_w-X^* 线），也是物料中含水率 X 与空气中与之平衡的水汽分压 p_w^* 之间的关系曲线（p_w^*-X^* 线）。

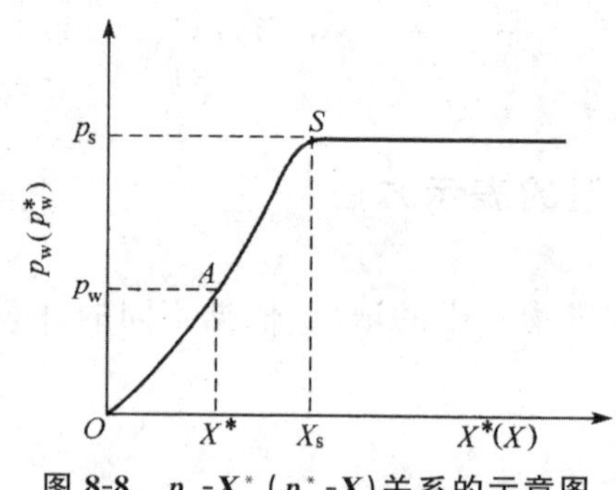

图 8-8 p_w-X^*（p_w^*-X）关系的示意图

当物料的含水率 X 大于或等于图 8-8 中与点 S 相当的 X_s 时，空气中的平衡水蒸气分压恒等于系统温度下纯水的蒸汽压 X_s。这表明对应于 $X \geqslant X_s$ 的那一部分水分，主要是以机械方式附着在物料上，与物料没有结合力，因此其汽化与纯水相当，这类水分称为非结合水分。当 $X<X_s$ 时，平衡水汽分压都低于同温度下纯水的蒸汽压。表明这类水分与物料间有结合力而较难除去，而称为结合水分。

2. 平衡水分和自由水分

(1)平衡水分

将某种物料与一定温度和相对湿度的空气相接触，当湿物料表面的水蒸气压与空气中的水汽分压不等时，物料将脱除水分或吸收水分，直至二者相等。只要空气的状态不变，物料中所含水分不再因与空气接触时间的延长而变化，物料中水分与空气达到平衡，此时物料中所含的水分称为此空气状态下该物料的平衡水分，平衡水分的含量（平衡含水量）用 X^* 表示。物料的平衡含水量是一定空气状态下物料被干燥的极限。

物料的平衡含水量与物料的种类及湿空气的性质有关，如图 8-9 所示为某些物料在 25 ℃时的平衡含水量 X^* 与空气相对湿度 φ 的关系曲线（又称为平衡曲线）。平衡含水量随物料种类的不同而有较大差异。非吸水性的物料（如陶土、玻璃棉等）的平衡含水量接近于零；而吸水性物料（如烟叶、皮革等）则平衡含水量较高。对于同一物料，平衡含水量又因所接触的空气状态不同而变化，温度一定时，空气的相对湿度越高，其平衡含水量越大；相对湿度一定时，温度越高，平衡含水量越小，但变化不大，由于缺乏不同温度下平衡含水量的数据，一般温度变化不大时，可忽略温度对平衡含水量的影响。

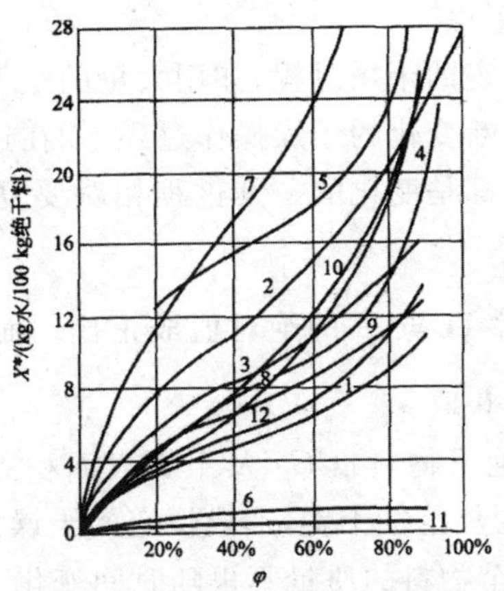

图 8-9　25 ℃时某些物料的平衡含水量 X^* 与空气相对湿度 φ 的关系

1—新闻纸；2—羊毛，毛织物；3—硝化纤维；

4—丝；5—皮革；6—陶土；7—烟叶；8—肥皂；

9—牛皮胶；10—木材；11—玻璃棉；12—棉花

(2)自由水分

物料中所含大于平衡水分的那一部分水分，它可在该空气状态下用干燥方法除去，称为自由水分。

物料中所含总水分为自由水分与平衡水分之和。

8.4　干燥速率与干燥过程的计算

8.4.1　干燥曲线与干燥速率

1. 干燥速率

单位时间内通过单位有效干燥表面所汽化的水分量称为干燥速率，即

$$U=\frac{\mathrm{d}W}{S\mathrm{d}\tau}=-\frac{G_C\mathrm{d}X}{S\mathrm{d}\tau}\ \mathrm{kg/m^2\cdot s} \tag{8-11}$$

式中，S 为物料的有效干燥表面积，$\mathrm{m^2}$；τ 为干燥时间，s；$\frac{\mathrm{d}X}{\mathrm{d}\tau}$ 为物料含水量随干燥时间的变化率，1/s；负号表示物料含水量随干燥时间的增长而下降。

物料干燥时间的长短取决于干燥速率的大小。速率越大，则干燥时间越短。因此，为确定干燥时间，必须先研究干燥速率的变化规律。

2. 恒定干燥条件下的干燥曲线

干燥速率与干燥过程有关，而干燥过程又与干燥介质的状态有关。工程上将干燥过程分为两大类，即恒定干燥和非恒定干燥。

恒定干燥是指空气的性质恒定的干燥过程；如用大量的空气对少量物料的间歇干燥过程。非恒定干燥是指空气的状态是不断变化的干燥操作过程；如在连续操作的干燥器内，沿干燥器的长度或高度，空气的温度、湿度都是变化的。其过程相对要复杂一些，我们在本节主要研究前者。

根据式(8-11)可知，干燥速率 U 与$\frac{dX}{d\tau}$的绝对值成正比。而$\frac{dX}{d\tau}$的值可借助用实验方法测得的恒定干燥条件下的干燥曲线获取。

在间歇干燥实验装置中，将绝干物料量 G_C 及干燥表面积 S 已知的少量进口温度小于空气湿球温度 t_w 的湿物料用大量的热空气干燥，形成恒定的干燥条件。每隔一段时间测定物料的质量及表面温度 T 的变化，直至物料的质量不再随时间变化为止($X=X^*$)。将整理得到的物料的湿含量 X 及表面温度 T 随时间 τ 的变化关系数据绘制成图，即为恒定干燥条件下物料的干燥曲线，具体如图 8-10 所示。

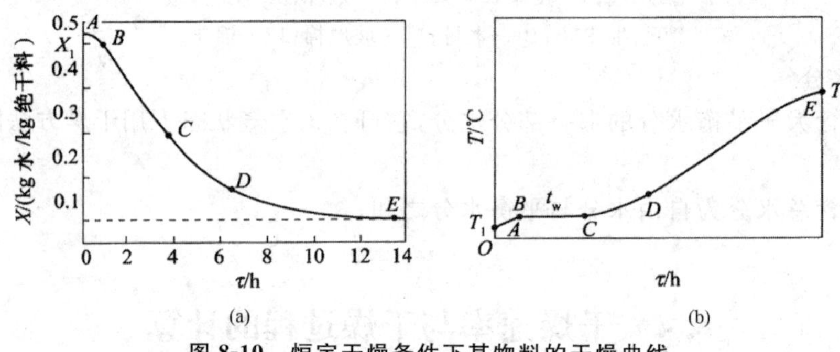

图 8-10 恒定干燥条件下某物料的干燥曲线

(a)湿含量与时间的变化曲线；(b)湿物料表面温度随时间的变化曲线

干燥开始于 A 点。开始后，物料含水量下降；表面温度上升，但幅度不大，即斜率$\frac{dX}{d\tau}$或$\frac{dT}{d\tau}$较小，AB 段为预热段。预热段一般时间较短，到达 B 点时，物料表面温度已升至 t_w，即空气的湿球温度。在其后的 BC 段，X 与 τ 基本呈直线关系，即$\frac{dX}{d\tau}$为常数，此阶段温度也恒定，因空气传给物料的显热恰等于水分从物料中汽化所需的汽化潜热。进入 CD 段后，物料开始升温，热空气传给物料的热量一部分用于汽化水分，另一部分用于加热物料使其由 t_w 升高到 T_2，因此这段斜率逐渐变小，直到物料中所含水分降至平衡含水量 X^* 干燥过程结束。

3. 恒定干燥条件下的干燥速率曲线

对图 8-10(a)中的 X-τ 关系曲线分段求取斜率，即为$\frac{dX}{d\tau}$，然后用式(8-11)求出干燥速率 U，根据分段的干燥速率和 X 的对应关系作图，即得恒定干燥条件下的干燥速率曲线，如图 8-11 所示。

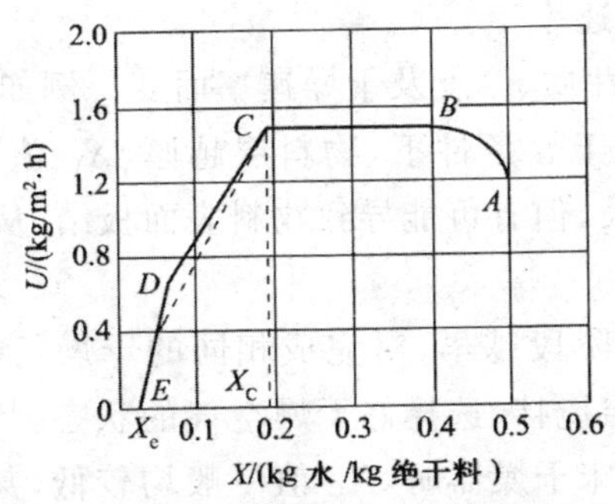

图 8-11　恒定干燥条件下的干燥速率曲线

从图 8-11 中可知，干燥过程可划分为两个阶段，ABC 段表示第一阶段，其中 AB 段为预热段，此段内物料温度升高，干燥速率提高，但变化幅度很小。预热段一般很短，通常并入 BC 段内一起考虑。当物料的表面温度升至空气的湿球温度时，进入 BC 段，BC 段内干燥速率保持恒定，基本上不随物料含水量而变化，故称为恒速干燥阶段（又称为第一干燥阶段）。此后，如图 8-11 中 CDE 所示，称为降速干燥阶段（又称为第二干燥阶段）。在此阶段内，干燥速率随物料含水量的减少而降低，直至 E 点，物料的含水量等于平衡含水量 X_e，干燥速率降为零，干燥停止。两个干燥阶段之间的交点 C 称为临界点，与点 C 对应的物料含水量即为临界含水量 X_C，该点的干燥速率仍等于恒速干燥速率，以 U_C 表示。

在恒速干燥阶段，固体物料的表面充分润湿，去除的水分属于非结合水分。其状况与湿球温度计的感温部分表面的状况类似，物料表面的温度 T 等于空气的湿球温度 t_w，物料表面空气的湿含量等于 t_w 下的饱和湿度 H_w，故传热推动力 $(t-t_w)$、传质推动力 (H_w-H) 均保持恒定，干燥速率的大小取决于物料表面水分的汽化速率，亦即取决于物料外部的干燥条件，与物料内部水分的状态无关，所以恒速干燥阶段又称为表面汽化控制阶段。

当物料的含水量降到临界含水量 X_C 以后，便转入降速干燥阶段。此时水分自物料内部向表面迁移的速率小于物料表面水分汽化速率，物料表面不能维持充分润湿，部分表面变干，使得空气传给物料的热量无法全部用于汽化水分，有一部分热量用于加热物料，使物料温度上升。因此，干燥速率将逐渐减小，在部分表面上汽化出的是结合水分，当干燥过程进行到图 8-11 中的 D 点时，物料表面全干，汽化面逐渐向物料内部移动，汽化结合水分，故平衡蒸汽压下降，传质推动力减小。汽化所需的热量通过已被干燥的固体层传递到汽化面，从物料中汽化出的结合水分也通过这层固体毛细孔隙，扩散到空气层流中，这时干燥过程的传热、传质阻力增加，干燥速率比 CD 段下降得更快，到达 E 点时速率降为零。此时物料所含的水分即为该空气状态下的平衡水分 X^*。

降速阶段干燥曲线的形状随物料的内部结构、形状和尺寸有关，与干燥介质的状态参数关系不大，故降速阶段又称为物料内部迁移控制阶段。

在降速干燥阶段，物料内部的水分扩散极慢，内扩散是影响干燥的主要因素。因此，用改变空气温度等状态参数的办法来改变干燥速度是不合适的。对非多孔性物料，如肥皂、木材、皮革等，汽化表面只能是物料的外表面，汽化面不可能内移。当表面水分除去后，内部水分只能极慢地扩散到外表面，此时干燥速率与气速等参数无关，如果提高空气温度会造成龟裂。固体内水分扩散的理论告诉我们，扩散速率与物料的厚度的平方成反比。因此，减薄物料厚度或增加分散度将有效地提高干燥速率。

临界含水量 X_C 随物料的性质、厚度及干燥速率而变。例如，无孔吸水性物料的临界含水量比多孔物料的大。在一定的干燥条件下，物料层越厚，X_C 值越大。干燥介质温度高，湿度低，则恒速干燥阶段干燥速率大，但有可能导致物料表面板结，从而提前进入降速干燥阶段，也即 X_C 值增大。

X_C 值越大，转入降速干燥阶段越早，对完成相同的干燥任务所需干燥时间越长。因此，降低物料层厚度、加强对物料层搅拌、选择好干燥空气的状态，均能达到降低临界含水量的目的。如采用气流干燥器或流化床干燥器时，X_C 值一般均较低，甚至整个干燥过程均处于恒速阶段。所以，气流干燥器等又称为快速干燥器。

湿物料的临界含水量通常由实验测定，见表 8-1。

表 8-1　常见物料的临界含水量

有机物料		无机物料		临界含水量/[kg/kg 干物料]
特征	例子	特征	例子	
很粗纤维	未染过的羊毛	粗状无孔物料粒度约 50 目	石英	0.03～0.05
		晶体的粒状的孔隙较大的，粒度 60 目～325 目	食盐，海沙，矿石	0.05～0.15
晶体石料，粒状，孔隙较少物料	麸酸结晶	有孔的结晶物料	硝石，细沙，黏土，细泥	0.15～0.25
粗纤维的细粉	粗毛线，醋酸纤维，印刷纸，碳素颜料	细沉淀物，无定形和胶体状物料，粗无机颜料	碳酸钙，细陶土，普鲁士蓝	0.25～0.5
细纤维，无定形的和均匀状态压紧的物料	淀粉，纸浆，厚皮革等	浆状，有机的，无机盐	碳酸钙，碳酸镁，二氧化钛，硬脂酸	0.5～1.0
分散的压紧物料，凝胶状物料	鞣制皮革，糊墙纸，动物胶	有机物的无机盐，触媒剂，吸附剂	硬脂酸锌，四氯化锡，硅胶，氢氧化铝	1.0～30.0

4. 恒定干燥条件下的干燥时间计算

由于干燥速率计算公式

$$U=\frac{dW}{Sd\tau}=-\frac{G_C dX}{Sd\tau}$$

将其变形并拆分积分区间，则有

$$\tau=\frac{G_C}{S}\int_{X_2}^{X_1}\frac{dX}{U}=\frac{G_C}{S}\left(\int_{X_C}^{X_1}\frac{dX}{U}+\int_{X_2}^{X_C}\frac{dX}{U}\right)$$

如图 8-12 所示，对恒速干燥阶段，$U=U_C=$常数，可直接查干燥曲线计算。对降速干燥阶段，U 随 X 的变化关系可根据图 8-12 中的曲线，用解析法确定。

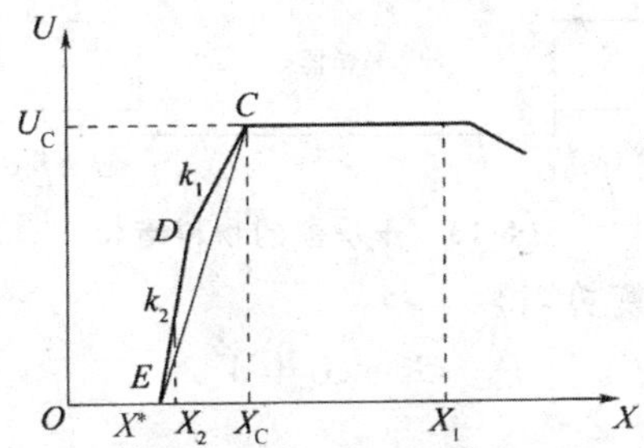

图 8-12　降速干燥段的近似解析

若图 8-12 中自 C 点到 E 点降速段的速率曲线可近似为直线，则可根据(X_C,U_C)和$(X^*,0)$两点获得 $U=f(X)$ 的直线关系式为

$$U=k(X-X^*)=\frac{U_C}{U_C-X^*}(X-X^*)$$

代入上式积分整理可得

$$\tau=\frac{G_C}{SU_C}\left[(X_1-X_C)+(X_C-X^*)\ln\frac{X_C-X^*}{X_2-X^*}\right]$$

当平衡含水量 X^* 缺少数据时，X^* 可忽略即假设降速干燥速率曲线为通过原点的直线。则上式可简写为

$$\tau=\frac{G_C}{SU_C}\left[(X_1-X_C)+X_C\ln\frac{X_C}{X_2}\right]$$

当 $X_2\geqslant X_C$，干燥过程全都处于恒速段，则干燥时间为

$$\tau=\frac{G_C}{SU_C}(X_1-X_C)$$

值得注意的是当降速干燥段的干燥速率曲线为分段函数时(图 8-12 中的 CD 段和 DE 段，斜率分别为 k_1 和 k_2)可通过建立分段函数方程的方法来确定减速段的干燥时间。

8.4.2　物料衡算与热量衡算

1. 物料衡算

(1)干燥的水分蒸发量

通过物料衡算可确定将湿物料干燥到规定的含水量时所除去的水分量和空气的消耗量。

对于干燥器的物料衡算来说，通常已知条件为单位时间物料的质量、物料在干燥前后的含水量、湿空气进入干燥器的状态。

如图 8-13 所示，在干燥过程中，在干燥介质的带动下，湿物料的质量是不断减少的。设绝对干物料的质量流量为 G_C，进、出干燥器的湿物料质量流量分别为 G_1 和 G_2。

图 8-13 干燥器的物料衡算

对连续式干燥器做总物料衡算，得

$$G_1 = G_2 + W$$

做绝干物料衡算，得

$$G_C = G_1(1-\omega_1) = G_2(1-\omega_2)$$

式中，G_C 为湿物料中绝干物料的质量流率，kg/h；G_1 为进入干燥器的湿物料质量流率，kg/h；G_2 为离开干燥器的物料质量流率，kg/h；W 为物料在干燥器中失去的水分质量流率，kg/h；ω_1、ω_2 分别为干燥前、后物料中的含水率，kg/kg。

干燥器中汽化的水分量为

$$W = G_1 - G_2$$

式中，X_1、X_2 分别为干燥前、后物料中的含水率，kg/kg 干基。

于是可以得到

$$W = G_1 - G_2 = \frac{G_1(\omega_1-\omega_2)}{1-\omega_2} = \frac{G_2(\omega_1-\omega_2)}{1-\omega_1}$$

若用干基含水量表示，则水分蒸发量可表示为

$$W = G_C(X_1 - X_2)$$

(2)空气消耗量

通过干燥器的干空气的质量流率维持不变，故可用它作为计算基准。对水分做衡算得

$$W = L(H_2 - H_1) = G_C(X_1 - X_2)$$

或

$$L = \frac{W}{H_2 - H_1} = \frac{G_C(X_1 - X_2)}{H_2 - H_1}$$

式中，L 为干空气的质量流率，kg/h；H_1、H_2 分别为进、出干燥器的空气湿度，kg/kg。

令 $L/W = l$，称为比空气用量，其意义是从湿物料中汽化 1 kg 水分所需的干空气量。

空气通过预热器的前、后，湿度是不变的。故若以 H_0 表示进入预热器时的空气湿度，则有

$$l = \frac{L}{W} = \frac{1}{H_2 - H_1} = \frac{1}{H_2 - H_0}$$

l 的单位为 kg 干空气/kg 水，以后简写成 kg/kg 水。由此可知，比空气用量只与空气的最初和最终湿度有关，而与干燥过程所经历的途径无关。

l 为干空气量，实际的比空气用量为 $l(1+H)$。

可见，单位空气消耗量仅与最初和最终的湿度 H_0、H_2 有关，与路径无关。而 H_0 越大，单位空气消耗量 l 就越大。而 H_0 是由空气的初温 t_0 及相对湿度 φ_0 所决定的，所以在其他条件相同的情况下，l 将随 t_0 及相对湿度 φ_0 的增加而增大。对于同一干燥过程，夏季的空气消耗

量比冬季的要大，故选择输送空气的鼓风机等装置，要按全年中最大的空气消耗量而定。

如果绝干空气的消耗量为 L，湿度为 H_0，则湿空气消耗量为

$$L'=L(1+H_0)$$

式中，V 为湿空气消耗量，kg 湿空气/s 或 kg 湿空气/h。

干燥装置中鼓风机所需风量根据空气的体积流量 V 而定。湿空气的体积流量可由绝干空气的质量流量 L 与湿空气的比容 v_H 的乘积求得，即

$$V=Lv_H=L(0.772+1.244H)\frac{t+273}{273}$$

式中，V 为湿空气的消耗量，m^3/s 或 m^3/h；v_H 为湿空气的比容，m^3 湿空气/kg 绝干气。

2. 热量衡算

应用热量衡算可求出需加入干燥器的热量，并了解输出、输入热量间的关系。为方便起见，干燥器的热量衡算用 1 kg 汽化水分为基准。如图 8-14 所示，干燥器包括预热室和干燥室两部分，因此汽化 1 kg 水分所需的全部热量等于在预热器内加入的热量与干燥室中补充的热量之和，即

$$q=\frac{Q}{W}=\frac{Q_p+Q_d}{W}=q_p+q_d$$

式中，q 为汽化 1 kg 水分所需的总热量，简称比热耗量，kJ/kg 水；q_p 为预热器内加入的热量，kJ/kg 水；q_d 为干燥室内补充的热量，kJ/kg 水。

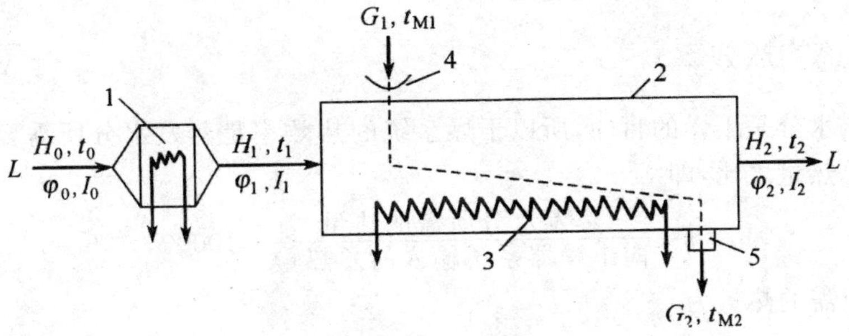

图 8-14 干燥器的热量衡算

1—预热器；2—干燥室；3—输送装置；

4—湿物料入口；5—干燥后物料出口

就整个干燥器而言，输入的热量之和应等于输出的热量之和，故

$$\frac{G_2c_Mt_{M1}}{W}+c_1t_{M1}+lI_0+q_d=\frac{G_2c_Mt_{M2}}{W}+lI_2+q_1$$

即

$$q=q_p+q_d=l(I_2-I_0)+q_M+q_1-c_1t_{M1}$$

或

$$q=\frac{I_2-I_0}{H_2-H_0}+q_M+q_1-c_1t_{M1}$$

其中

$$q_M=\frac{G_2c_M(t_{M2}-t_{M1})}{W}$$

8.4.3 热效率

1. 干燥器的热效率

空气经过预热器时所获得的热量为

$$Q_0=L(1.01+1.88H_0)(t_1-t_0)$$

而空气通过干燥器时，温度由 t_1 降至 t_2，所放出的热量为

$$Q_e=L(1.01+1.88H_0)(t_1-t_2)$$

空气在干燥器内的热效率 η_h 定义为，空气在干燥器内所放出的热量 Q_e 与空气在预热器所获得的热量 Q_0 之比，即

$$\eta_h=\frac{Q_e}{Q_0}\times100\%=\frac{t_1-t_2}{t_1-t_0}\times100\% \tag{8-58}$$

干燥器的热效率表示干燥器中热的利用程度，热效率越高，则热利用程度越好。提高热效率的方法，一方面可以合理地利用废气的热量，另一方面使离开干燥器的空气温度降低和湿度增加。另外还要注意设备及管道的保温。利用废气热量可采用废气部分循环或用废气预热空气、物料等。在降低出口空气温度或提高其湿度时，要注意空气湿度增高会使湿物料表面与空气间的传质推动力下降，汽化速率也随之下降。

2. 干燥系统的热效率

蒸发湿物料水分是干燥的目的，所以干燥系统的热效率是蒸发水分所需要的热量与向干燥系统输入的总热量之比，即

$$\eta=\frac{\text{蒸发水分所需的热量}}{\text{向干燥器系统输入的总热量}}\times100\%$$

蒸发水分所需的热量为

$$Q_v=W(2\ 492+1.88t_2)-4.187\theta_1W$$

如果忽略湿物料中水分带入的焓，则有

$$Q_v\approx W(2\ 492+1.88t_2)$$

$$\eta\approx\frac{W(2\ 492+1.88t_2)}{Q}\times100\%$$

在实际干燥操作中，空气离开干燥器的温度需要比进入干燥器的绝热饱和温度高 20～50 ℃，这样才能保证干燥产品不会返潮。对于吸水性物料的干燥，更应注意这一点。

8.5 干燥器

干燥设备简称干燥器，少数情况下也称干燥机（如对有运动装置的干燥设备）。在化工生

产中，由于被干燥物料的形状（如块状、粒状、溶液、浆状及膏糊状等）和性质（如耐热性、含水量、分散性、黏性、耐酸碱性、防爆性及湿度等）各不相同；生产规模或生产能力存在很大差别；对于干燥后的产品要求（如含水量、形状、强度及粒度等）也不尽相同。因此，所采用的干燥方法和干燥器的型式也是多种多样的。

8.5.1　厢式干燥器

厢式干燥器又称为盘式干燥器，一般小型的称为烘箱，大型的称为烘房，是一类典型的间歇式干燥设备。按气体流动的方式，又可分为并流式、穿流式和真空式。

并流式厢式干燥器的基本结构如图 8-15 所示，其外形呈厢式，被干燥物料放在盘架 7 上的浅盘内，物料的堆积厚度为 10～100 mm。风机 3 吸入的新鲜空气，经加热器 5 预热后沿挡板 6 均匀地水平掠过各浅盘内物料的表面，对物料进行干燥。部分废气经排出管 2 排出，带走物料中的水汽，余下的循环使用，以提高热效率。废气循环量由吸入口或排出口的挡板进行调节。空气的流速根据物料的粒度而定，应以物料不被气流夹带出干燥器为原则，一般为 1～10 m/s。这种干燥器的浅盘也可放在能移动的小车盘架上，以方便物料的装卸，减轻劳动强度。若对干燥过程有特殊要求，如干燥热敏性物料、易燃易爆物料或物料的湿分需要回收等，厢式干燥器可在真空下操作，称为厢式真空干燥器。干燥厢是密封的，将浅盘架制成空心的，加热蒸汽从中通过，干燥时以传导方式加热物料，使盘中物料所含水分或溶剂汽化，汽化出的水汽或溶剂蒸汽用真空泵抽出，以维持厢内的真空度。

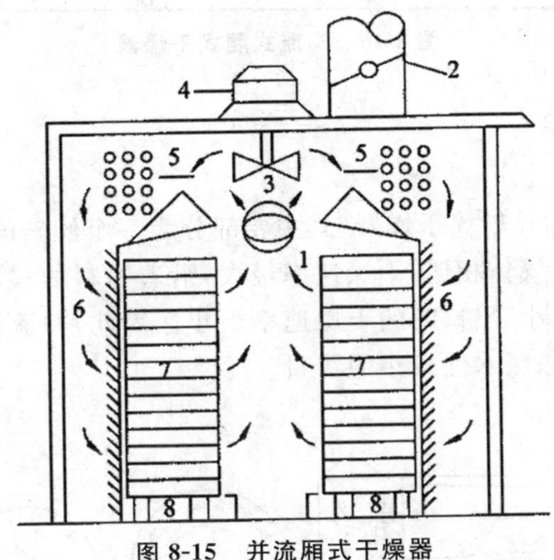

图 8-15　并流厢式干燥器

1—空气入口；2—空气出口；3—风机；4—电动机；
5—加热器；6—挡板；7—盘架；8—移动轮

厢式干燥器的优点是对各种物料的适应性强，构造简单，容易装卸，设备投资少，物料损失小，盘易清洗。对经常需要更换产品、高价的成品及小批量物料的干燥特别适宜。厢式干燥器的缺点是不能连续生产，物料得不到分散，产品质量不稳定；工人劳动强度大，装卸物料或翻动物料时，不仅粉尘飞扬，环境污染严重，而且热量损失大，热效率低，一般为 40%。

对于颗粒状的物料，可采用穿流式厢式干燥器，如图 8-16 所示，将物料铺在多孔的浅盘

(或网)上,气流垂直地穿过物料层。两层物料之间设置倾斜的挡板,以防从一层物料中吹出的湿空气再吹入另一层。热风形成的气流容易引起物料的飞扬,所以必须控制盘中的风速。空气通过小孔时的速度为 0.3～1.2 m/s。穿流式厢式干燥器适用于通气性好的颗粒状物料的干燥。

厢式干燥器还可用烟道气作为干燥介质,厢式干燥器适用于处理有爆炸性和易生碎末物料,胶黏性、可塑性、膏浆状及粒状物料,陶瓷制品,棉纱纤维及其他制品等。

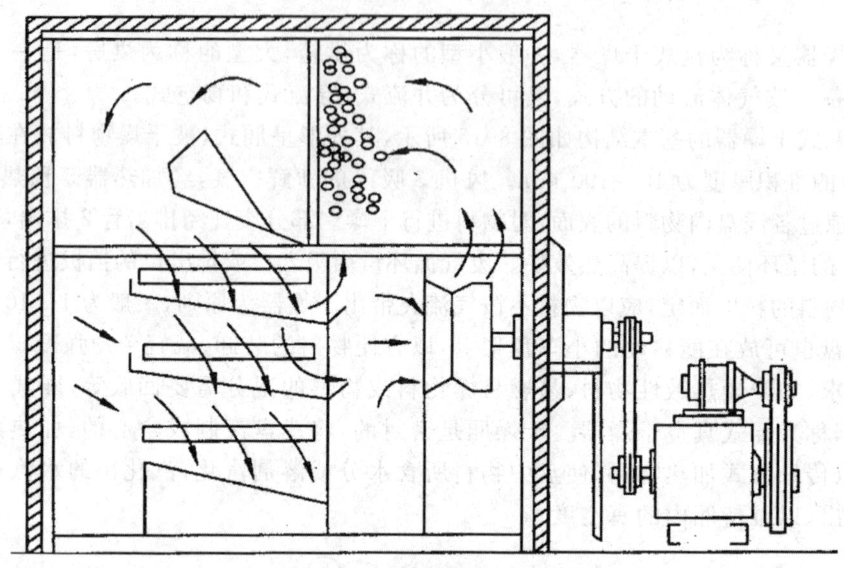

图 8-16 穿流式厢式干燥器

8.5.2 转筒干燥器

如图 8-17(a)所示为并流转筒干燥器,其主要部分为一个倾斜的旋转圆筒。并流时,入口处湿物料与高温、低湿的热气体相遇,干燥速率最大,沿着物料的移动方向,热气体温度降低,湿度增大,干燥速率逐渐减小,出口时的干燥速率最小。因此,并流操作适用于含水量较高且允许快速干燥、不能耐高温、吸水性较小的物料。

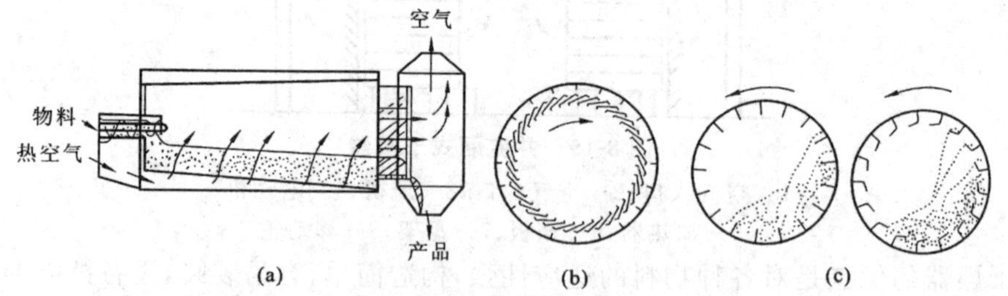

图 8-17 热空气直接加热的并流转筒干燥器

(a)并流转筒干燥器;(b)圆筒;(c)各种抄板

干燥器内空气与物料间的流向除并流外,还可采用逆流操作。物料从转筒较高的一端进入,与另一侧进入的热空气逆流接触,随着圆筒的旋转,物料在重力作用下流向较低的一端,完成干燥后排出。逆流时干燥器内各段干燥速率相差不大,它适用于不允许快速干燥而产品能耐高温的物料。

在圆筒内壁通常装有若干块抄板,它的作用是将物料抄起后再撒下,以增大干燥的表面积,使干燥速度加快,同时还能促进物料向前运行。抄板的形式很多,同一回转筒内可采用不同的抄板,如前半部分可采用结构较简单的抄板,而后半部分采用结构较复杂的抄板。

为了减少粉尘的飞扬,气体在干燥器内的速度不宜过高。对于能耐高温且不怕污染的物料,还可采用烟道气作为干燥介质。对于不能受污染或极易引起大量粉尘的物料,可采用间接加热的转筒干燥器。

转筒干燥器结构复杂,占地面积大,传动部件需经常维修,且热效率低,设备笨重,金属材料耗量多。但是,机械化程度高,生产能力大,流体阻力小,容易控制,产品质量均匀。另外,转筒干燥器对物料的适应性较强,适用于处理大量粒状、块状、片状物料的干燥。

8.5.3 滚筒干燥器

双滚筒干燥器,两圆筒由传动装置带动,具体如图8-18所示。操作时,加热蒸汽由滚筒的空心轴通入筒内,通过间壁将黏附在筒外的物料加热和烘干。干燥后的物料用刮刀刮下,滚筒转一周与物料接触的时间只有几秒至几十秒。滚筒干燥器属于传导干燥器,适用于干燥悬浮液、膏糊状物料,不适用于干燥含水量过低的热敏性物料。

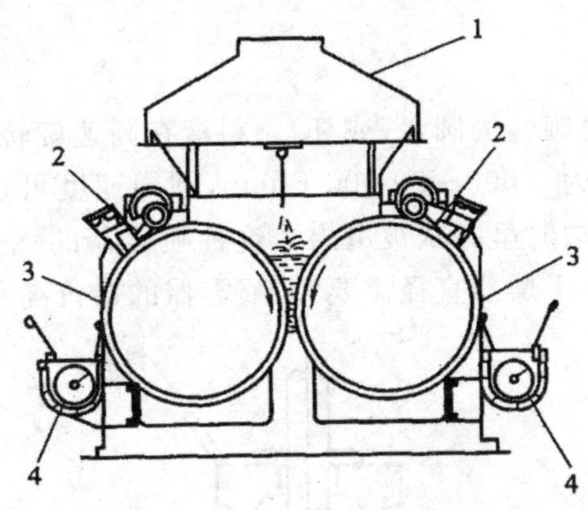

图8-18 双滚筒干燥器

1—排气罩;2—刮刀;3—蒸汽加热滚筒;4—螺旋输送器

8.5.4 喷雾干燥器

喷雾干燥器是将料液(溶液、浆液或悬浮液)通过喷雾器分散成雾状细滴后与热气流接触,从而使水分迅速汽化达到干燥的目的。其由雾化器、干燥室、产品回收系统、供料及热风系统等部分组成,如图8-19所示。

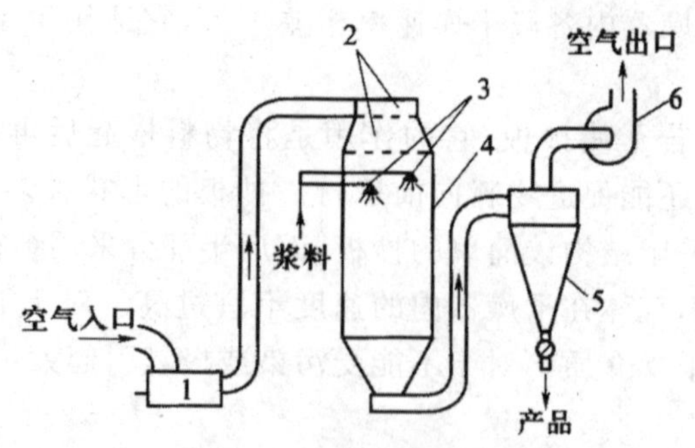

图 8-19 喷雾干燥流程

1—加热器；2—空气分布器；3—压力式喷雾嘴；
4—干燥塔；5—旋风分离器；6—风机

浆液用送料泵压至喷雾器(喷嘴)，经喷嘴喷成雾滴而分散在热气流中，使雾滴中的水分迅速汽化，成为微粒或细粉落到器底。产品由风机吸至旋风分离器中，而被回收，废气经风机排出。喷雾干燥的干燥介质为热空气，也可用烟道气，对含有机溶剂的物料，也可使用氮气等惰性气体作热载体。热气流与物料的相互接触方式可以是并流、逆流或混合流。

喷雾器是喷雾干燥的关键部分。液体通过喷雾器分散成为 10～60 μm 的雾滴，提供了很大的蒸发表面积，每升溶液具有的表面积均为 100～600 m^2，有利于达到快速干燥的目的。对喷雾器的一般要求为：雾粒应均匀，结构简单，生产能力大，能量消耗低及操作容易等。常用的喷雾器有以下 3 种类型。

(1)离心式喷雾器

如图 8-20 所示为一高速旋转的圆盘(或杯)。料液在高速旋转盘中，受离心力的作用而分散成雾状。圆盘的转速一般为 4 000～20 000 r/min，圆周速度可达 90～140 m/s。液体受离心力的作用而被加速到达周边时呈雾状被甩出。这种喷雾器的优点是操作简单，对料液适应性强，产品粒度分布均匀。但干燥器直径需要大，喷雾器的造价高和安装要求高。

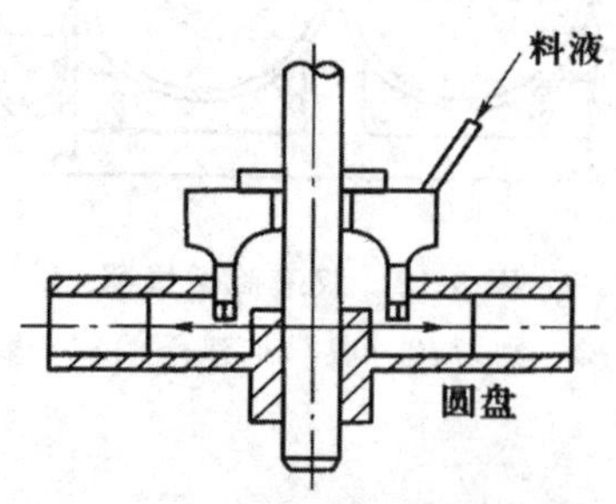

图 8-20 离心式喷雾器

(2)压力式喷雾器

压力式喷雾如图 8-21 所示，用高压泵使液浆获得高压(3～20 MPa)。高压料液从 6 个小孔进入，经切线通道进入旋涡室，然后从喷嘴喷出。其特点是价格便宜，适用于并流和逆流操作，同时适用于塔式或卧式设备；但操作弹性小、产品粒度不够均匀，喷嘴容易堵塞、腐蚀和磨损。

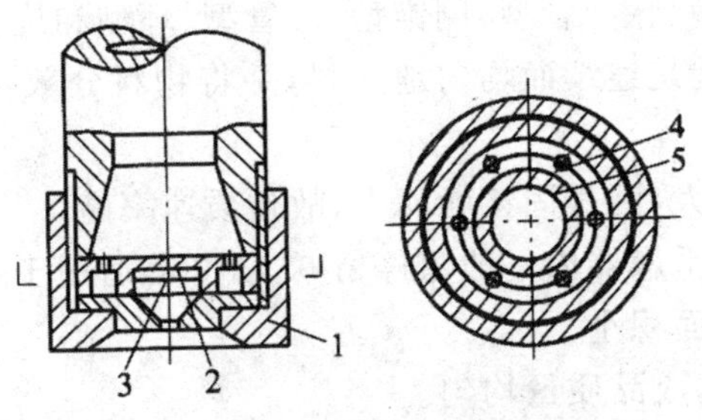

图 8-21　压力式喷雾器

1—外套；2—圆板；3—旋涡室；
4—小孔；5—切线通道

(3)气流式喷雾器

气流式喷雾器如图 8-22 所示。用高速气流使料液经过喷嘴成雾滴而喷出。一般所用压缩空气的压力为 0.3～0.7 MPa，抽送料液以很高的速度(200 m/s 以上)从喷嘴喷出，靠气液两相间的摩擦力使料液分裂成雾滴。

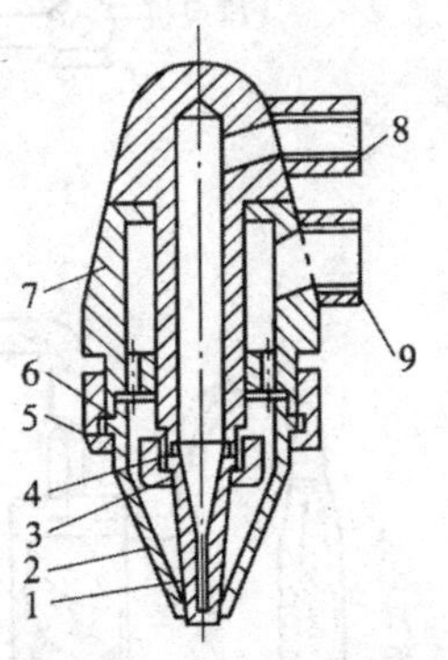

图 8-22　气流式喷雾器

1—气体通道；2—喷嘴；3，5—螺帽；4，6—垫片；
7—喷嘴座；8—料液入口；9—压缩空气入口

在这 3 种喷雾器中，压力式最为普遍，离心式用于大型干燥器，气流式由于动力消耗大，通常用在生产能力小的场合。处理固体浓度较大的物料时，宜采用离心式喷雾器。

喷雾干燥方法的优点：不需要将原料预先进行机械分离，且干燥时间很短，仅为 5～30 s，特别适用于热敏性物料，如食品、药品、生物制品、染料、塑料及化肥等；能处理其他干燥方法难以进行干燥的低浓度的溶液，并直接获得产品；操作稳定，容易实施，连续和自动化生产，干燥过程无粉尘，劳动条件好。缺点是：对不耐高温的物料干燥时，其传热系数低，使干燥器热效率低，能耗大。

8.5.5　气流干燥器

把固体流态化中稀相输送技术应用在干燥操作中，称为气流干燥。气流干燥器是一种连续操作的干燥器。利用高速流动的热空气，使粉粒状物料悬浮在气流中，热气流与物料并流流过干燥管，进行传热和传质，使物料干燥，然后随气流进入旋风分离器分离。废气经过风机而排出。气流干燥器有直管型、脉冲管型、倒锥型、套管型、环型和旋风型等。

气流干燥器操作的关键是连续而均匀地加料，并将物料分散于气流中。气流干燥器的优点如下：

①处理量大，干燥强度大，因气固接触面大，故传质速率高。

②干燥时间短，物料在干燥器内一般只停留 0.5～2 s，适用于热敏性、易氧化物料的干燥。

③设备结构简单，占地面积小。

④输送方便，操作稳定，成品质量均匀。

气流干燥器的特点如下：

①对所处理物料的粒度有一定的限制。

②由于干燥管内气速较高，对物料有破碎作用，使产品磨损较大。

③对除尘设备要求严，系统的流体阻力较大。

如图 8-23 所示为气流干燥器。

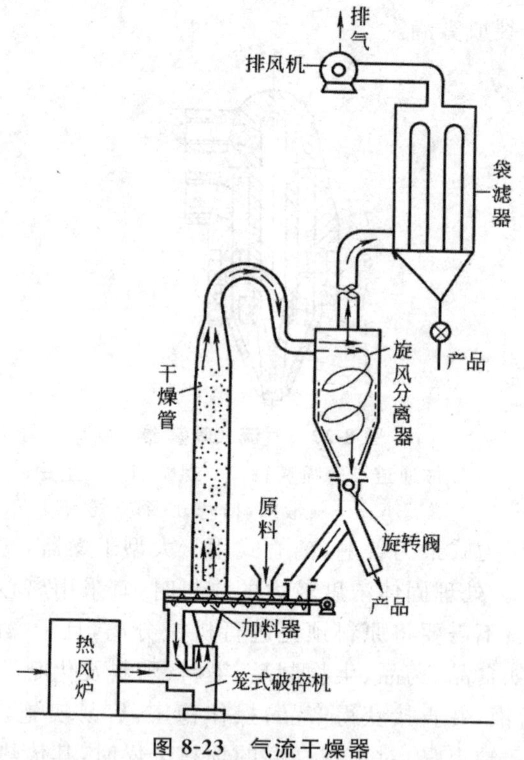

图 8-23 气流干燥器

气流干燥器可以处理泥状、粉粒状或块状的湿物料，对于泥状物料需装设分散器，对于块状物料需要附设粉碎机。当要求干燥产物的含水量很低时，应改用其他低气速干燥器继续干燥。

8.5.6 流化床干燥器

流化床干燥器也称为沸腾床干燥器，适用于分离状物料，其种类很多，大致可分为单层流化床干燥器、多层流化床干燥器、卧式多室流化床干燥器、喷动床干燥器、旋转快速干燥器、振动流化床干燥器、离心流化床干燥器和内热式流化床干燥器等。如图8-24所示为单层圆筒流化床干燥器。只要气流速度保持在颗粒的临界流化速度与带出速度之间,颗粒便在热气流中上下翻滚,互相混合和碰撞,从而完成干燥。

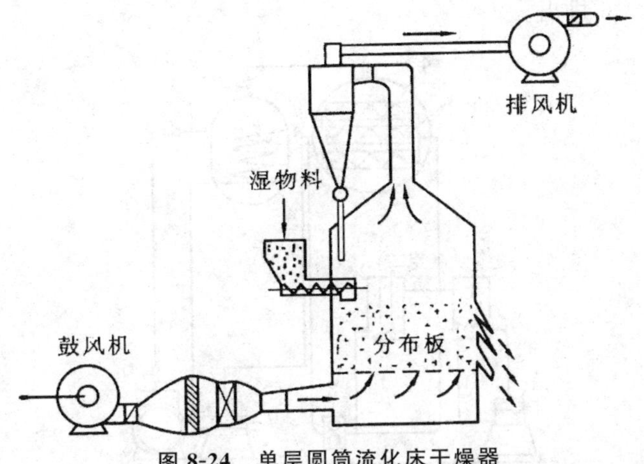

图8-24 单层圆筒流化床干燥器

流化干燥与气流干燥一样,具有较高的热质传递速率。物料在干燥器中停留时间可自由调节,由出料口控制,因此可以得到含水量很低的产品。当物料干燥过程存在降速阶段时,采用流化床干燥较为有利。另外,当干燥大颗粒物料,不适于采用气流干燥器时,若采用流化床干燥器,则可通过调节风速来完成干燥操作。

流化床干燥器结构简单,造价低,活动部件少,操作维修方便。与气流干燥器相比,流化床干燥器的流体阻力较小,对物料的磨损较轻,气固分离较易,热效率较高。

流化床干燥器适用于处理粒径为30 μm～6 mm的粉粒状物料,粒径过小时气体通过分布板后易产生局部沟流,且颗粒易被夹带;粒径过大则流化需要较高的气速,从而使流体阻力加大、磨损严重。流化床干燥器处理粉粒状物料时,要求物料中含水量为2%～5%,对颗粒状物料则可低于15%,否则物料的流动性较差。但如果在湿物料中加入部分干料或在器内设置搅拌器,会有利于物料的流化并防止结块。

由于流化床中存在返混或短路,可能有一部分物料未经充分干燥就离开干燥器,而另一部分物料又会因停留时间过长而产生过度干燥现象,因此,单层流化床干燥器仅适用于易干燥、处理量较大而对干燥产品的要求又不太高的场合。有时流化床干燥器与气流干燥器串联使用,比单独使用一种效果要好。

8.5.7 升华干燥器

升华干燥又称为冷冻干燥,其原理是湿物料从冻结状态下除去水分,即水分不经过液态直接升华成气态的干燥过程。与其他方法相比,升华干燥法具有被干燥材料的结构变化最小以及干燥温度较低等特点。因此,升华干燥可用于热不稳定的产品,例如,活的微生物体、酶、某些抗生素等。与其他形式干燥相比,升华干燥后、物料结构具有良好的耐贮性。

如图8-25所示为间歇升华干燥器。物料被放置在升华箱4中的换热平板3上;起初,换热平板内经循环泵 8 输入来自蛇管冷凝器 2 中的冷冻剂(冷量来自制冷机 1),进行物料的冷冻处理;此后,进入干燥阶段,热载体经加热箱 9 加热后用循环泵 8 输到换热平板内加热升华物料中的水分,水蒸气离开升华箱到冷凝器 5 中进行冷凝,用来自制冷机 7 的冷冻剂交换热量,不凝气体由真空泵 6 排出。

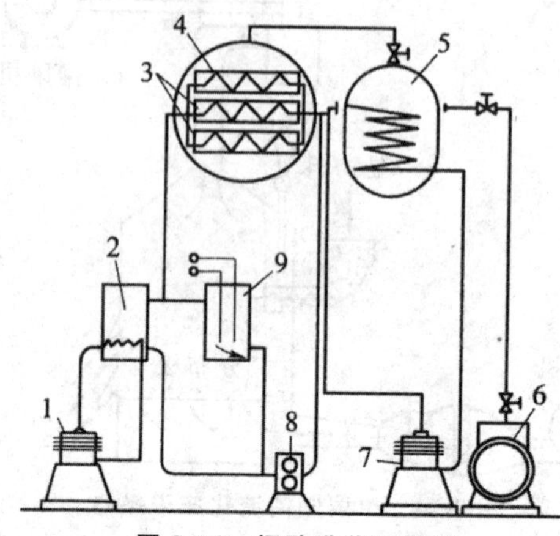

图 8-25　间歇升华干燥器

1,7—制冷装置;2—蛇管冷凝器;3—换热平板;4—升华箱;
5—冷凝器;6—真空泵;8—循环泵;9—加热箱

物料在干燥过程的大部分时间里处于 −20～−30 ℃的温度范围内,仅在干燥的最后阶段,水分含量已微不足道时,温度才升高到 30～40 ℃;同时因操作压强通常在数十 Pa 下进行,空气中氧的浓度仅为常压下的万分之一,故避免了化学变化和氧化的可能性。

升华干燥适用于蛋白质、蔗糖、生物悬浮液等物质的干燥。升华过程开始时,把原始的悬浮液或溶液转变成为固体糊浆是必要条件。固体糊浆称为低共熔混合物(共晶体),发生共晶体转变阶段的温度,称为低共熔温度。各种物质的低共熔温度和浓度是不同的,由实验测取。升华条件的确定取决于材料表面的饱和蒸汽压和温度。理论上生物材料的升华干燥应该在温度小于低共熔温度下进行。

8.5.8　带式干燥器

带式干燥器是最常用的连续式干燥装置,如图 8-26 所示,是在一个长方形干燥室或隧道中,装有带式运输设备。传送带多为网状,气流与物料成错流,物料在带上被运送的过程中不断地与空气接触而被干燥。传送带可以是多层的,带宽为 1～3 m,长为 4～50 m。通常在物料的运动方向上分成许多区段,每个区段都可装设风机和加热器。在不同区段上,气流方向及气体的温度、湿度和速度都可不同。由于被干燥物料的性质不同,传送带可用帆布、涂胶布、橡胶或金属网制成。

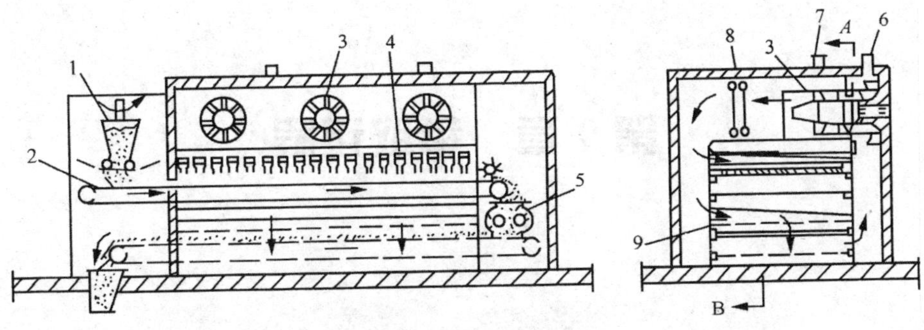

图 8-26 带式干燥器

1—加料器；2—传送带；3—风机；4—热空气喷嘴；5—压碎机；
6—空气入口；7—空气出口；8—加热器；9—空气再分配器

带式干燥器的特点如下：

①物料在干燥过程中，物料是以静止状态堆积于金属丝网或其他材料制成的水平循环输送带上，进行通风干燥，故物料翻动少，不受振动或冲击，无破碎等损坏，可保持物料的形状，且有利于防止粉尘公害。

②可同时连续干燥多种固体物料，适用于干燥粒状、块状和纤维状物料。

带式干燥器的缺点是：热效率不高，在40%左右。

第9章 萃取过程

9.1 萃取原理与过程

液液萃取又称为溶剂萃取，简称萃取，它是利用混合液中各组分在不完全互溶的两个液相之间不同的分配关系(即溶解度的差异)、通过相际间物质传递达到分离、富集及纯化的操作过程。

9.1.1 萃取原理

液液萃取是分离液体混合物的一种方法，利用液体混合物各组分在某溶剂中溶解度的差异而实现分离。

设有一溶液内含 A、B 两组分，为将其分离可加入某溶剂 S。该溶剂 S 与原溶液不互溶或只是部分互溶，于是混合体系构成两个液相，如图 9-1 所示。为加快溶质 A 由原混合液向溶剂的传递，将物系搅拌，使一液相以小液滴形式分散于另一液相中，造成很大的相际接触表面。然后停止搅拌，两液相因密度差沉降分层。这样，溶剂 S 中出现了 A 和少量 B，称为萃取相；被分离混合液中出现了少量溶剂 S，称为萃余相。

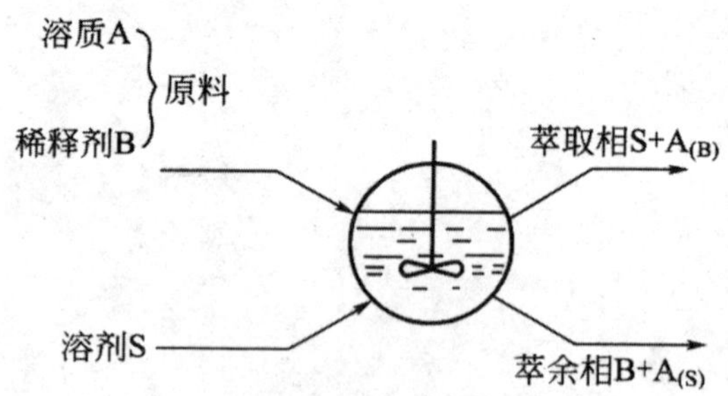

图 9-1　萃取操作示意

以 A 表示原混合物中的易溶组分，称为溶质；以 B 表示难溶组分，习称稀释剂。由此可知，所使用的溶剂必须满足以下两个基本要求：

①溶剂不能与被分离混合物完全互溶，只能部分互溶。

②溶剂对 A、B 两组分有不同的溶解能力，或者说，溶剂具有选择性：

$$\frac{y_A}{y_B} > \frac{x_A}{x_B}$$

即萃取相内 A、B 两组分浓度之比$\frac{y_A}{y_B}$大于萃余相内 A、B 两组分浓度之比$\frac{x_A}{x_B}$。

选择性的最理想情况是组分 B 与溶剂 S 完全不互溶。此时如果溶剂也几乎完全不溶于被分离混合物，那么，此萃取过程与吸收过程十分类似。唯一的重要差别是吸收中处理的是气液两相，萃取中则是液液两相，这一区别将使萃取设备的构型不同于吸收。但就过程的数学描述和计算而言，两者并无区别，完全可按吸收章中所述的方法处理。

在工业生产中经常遇到的液液两相系统中，稀释剂 B 都或多或少地溶解于溶剂 S，溶剂也少量地溶解于被分离混合物。这样，三个组分都将在两相之中出现，从而使过程的数学描述和计算较为复杂。

9.1.2　萃取过程

萃取的基本过程如图 9-2 所示。

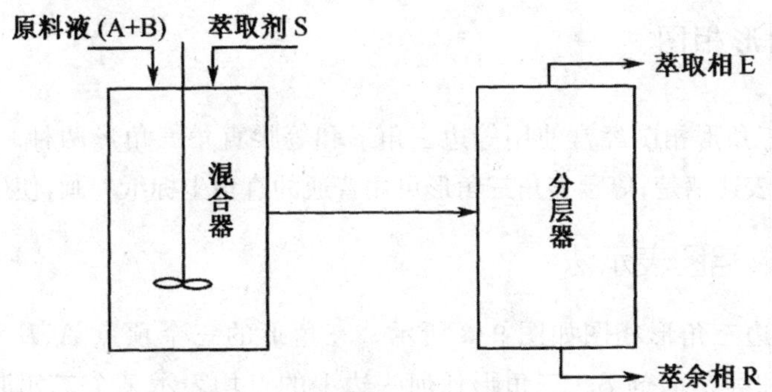

图 9-2　萃取操作的基本过程

原料液由溶质 A 和原溶剂 B 组成，为使 A 与 B 尽可能地分离完全，向其中加入萃取剂 S。萃取剂 S 应与原溶剂 B 不互溶或互溶度很小，此处 S 的密度小于 B 的密度，极性比溶剂 B 更接近于溶质 A，因而对 A 的溶解能力大于 B。将它们充分搅拌混合，此时溶质 A 会沿 B 与 S 的两相界面，由 B 扩散入 S。待扩散完成后，将三元混合物转入分层器，由于萃取剂 S 与原溶剂 B 不互溶或互溶度很小，且密度不同，经静置后，三元混合物分为两层，上层以萃取剂 S 为主，并溶解有较多的溶质 A，称之为萃取相 E；下层以原溶剂 B 为主，并含有少量未萃取完全的溶质 A，称之为萃余相 R。

图 9-2 中所示的萃取操作过程，只包含一次混合、传质和一次静止分层，在化工操作过程称之为单级萃取，在该萃取过程中萃取剂 S 与原溶剂 B 完全不互溶是一种理想情况。现实中，S 与 B 总会有部分互溶，因此会导致静置分层后，萃取相中含有部分原溶剂 B，萃余相中也含有部分萃取剂 S。此时，如果要进一步将萃余相中的溶质 A 萃取完全，则需要重复进行多次萃取。同时，原料液中往往会含有多种溶质，除溶质 A 外其他都为杂质，这些杂质在萃取过程中，也可能会扩散到萃取相中，在这种情况下，要将溶质 A 分离完全，往往要经过连续多次反复萃取的过程，形成多个串联的理论级，称为多级萃取。

9.2 液液相平衡

在溶质A、原溶剂B和萃取剂S三元体系中，若原溶剂B与萃取剂S在操作的范围内相互溶解的能力非常小，以至可以忽略，达到平衡后，萃取相中只含有萃取剂S和大部分的溶质A两个组分，萃余相中只含有原溶剂S和少部分的溶质A两个组分，此时的相平衡关系类似于吸收中的溶解度曲线，可在直角坐标上标绘。但现实中B与S存在的部分互溶情况，往往不能被忽略，平衡后，萃取相与萃余相中都含有三个组分，此时的相平衡关系，在化工研究、设计与生产过程中，常用三角形相图表示，在一些较为简单的情况下，特别是在三元体系中原溶剂与萃取剂的相溶性可以忽略不计时，直角坐标相图相对要直观和方便得多，因此也会用到直角坐标表示的相图。

9.2.1 三角形相图

化工过程中的三角形相图经常使用等边三角形和等腰直角三角形两种。等边三角形在运用中，易于将基本原理表述清楚；等腰直角三角形可用普通的直角坐标纸勾画，使用上较为方便。

1. 等边三角形相图表示法

三元组成的等边三角形相图如图9-3所示。三角形的三个顶点A、B和S分别表示纯溶质A、纯原溶剂B和纯萃取剂S。三角形任何一边上的点均表示某个二元混合物，如图9-3中的C点代表仅含A和B的一个混合物，其中B所占的质量分率为0.6，A的质量分率为0.4。三角形内部的任何一点都代表一个三元混合物，如图9-3中的D点。当用三角形的高来表示组成时，通过D点向三角形各边做垂直线，分别交各边于E、F、G点，各点垂线的长度则分别代表了该混合物中各组分的质量分率，即DE、DF、DG分别代表了A、B和S的质量分率，即$x_A=\overline{DE}=0.4$，$x_B=\overline{DF}=0.4$，$x_S=\overline{DG}=0.2$。三组分质量分率之和等于1。

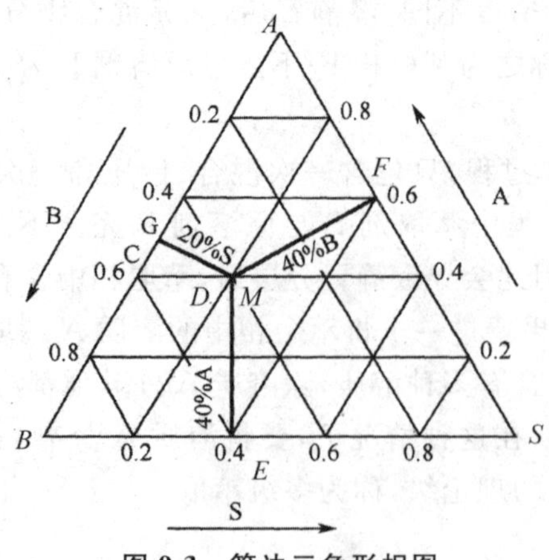

图9-3 等边三角形相图

2. 等腰直角三角形相图表示法

等腰直角三角形的表示方法与等边三角形的表示方法基本相同(图 9-4),但其三角形内任意一点向各边作垂线,这些垂线的长度之和不等于该三角形高,因此这些垂线的长度不代表该点组成。三角形内任一点 M 的组成表示方法为:过 M 点作各边的平行线 FG、DE 和 HJ,如图 9-4 所示,由上述三条平行线分别与三角形边线的交点可读出该混合物中任一组分的含量。如图 9-4 中 M 点的组成为:组分 A 的质量分率 $x_A=\overline{ES}=0.6$,组分 B 的质量分率 $x_B=\overline{AJ}=0.2$,组分 S 的质量分率 $x_S=\overline{BF}=0.2$。

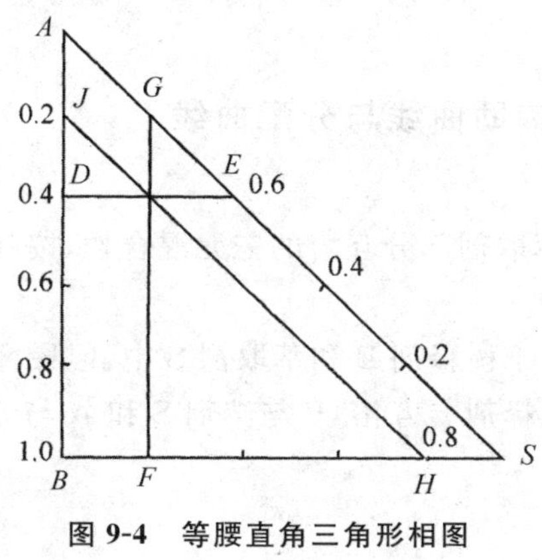

图 9-4　等腰直角三角形相图

9.2.2　杠杆规则

杠杆规则包括两条内容,如图 9-5 所示,在某一组成点为 U 的溶液中,加入另一组成点为 V 的溶液,则代表所得混合物组成的点 Z 必落在直线 UV 上,且点 Z 的位置按比例式确定,即

$$\frac{\overline{ZU}}{\overline{ZV}}=\frac{m_V}{m_U}$$

式中,m_U、m_V 分别为混合液中 U 及 V 的量,kg;$\overline{ZU}$、$\overline{ZV}$分别为线段$\overline{ZU}$、$\overline{ZV}$的长度,二者单位相同。

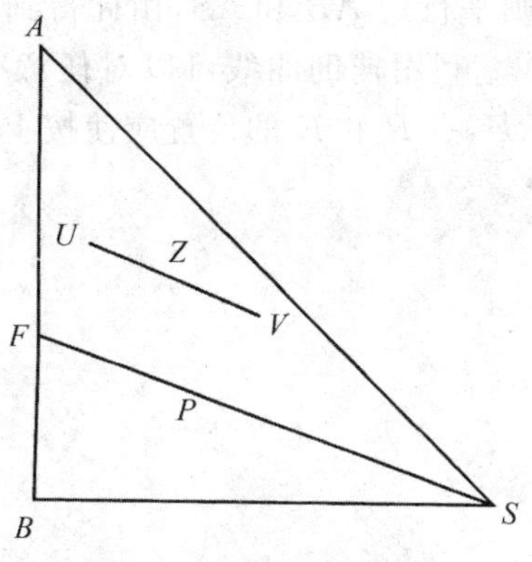

图 9-5　杠杆定律示例

如果液体 U 的量越大，则点 Z 就越靠近图 9-5 中的点 U。杠杆规则可用来阐述萃取过程中，加入萃取剂后，混合液的变化规律。例如，将原料液（A+B）和萃取剂 S 混合后，组成的新混合体系在三角形相图中，以 AB 边上的 F 代表原料液，以顶点 S 代表萃取剂，则新组成的混合液所代表的点，必位于连接点 F 与点 S 的直线上，如图 9-5 所示，而且点 P 的位置符合以下比例关系

$$\frac{\overline{PF}}{\overline{PS}}=\frac{m_S}{m_F}$$

当溶剂的量 S 逐渐加大时，点 P 在直线上的位置也逐渐向点 S 靠拢。至于混合液中 A 与 B 的比例关系则保持不变，与原料液的相同。

9.2.3 溶解度曲线、辅助曲线与分配曲线

对于稀释剂（原溶剂）与萃取剂部分互溶的三元混合物，按其组分间的互溶度的不同，可以分为以下两类：

第Ⅰ类物系：溶质 A 可溶于稀释剂 B 和萃取剂 S 中，但稀释剂 B 与萃取剂 S 部分互溶。

第Ⅱ类物系：溶质 A 与稀释剂 B 互溶，B 与溶剂 S 和 A 与 S 部分互溶。

1. 溶解度曲线

如果以字母 E 和 R 分别表示平衡的两个相，则在一定温度下改变混合物的组成可以由实验测得一组平衡数据，在图 9-6 中分别以点 E_1 和 R_1、E_2 和 R_2…表示，连接这些点成一平滑曲线，称为溶解度曲线。该曲线下所围成的区域为两相区，以外为均相区。线段$\overline{E_1R_1}$、$\overline{E_2R_2}$、…称为联结线；在溶解度曲线上的点 K，联结线变成一个点，即 E 相和 R 相合为一个相，称此点 K 为临界混溶点。溶解度曲线随温度不同而变化，一般温度升高，两相区相应缩小。

2. 辅助曲线

在图 9-6 中，分别以线段$\overline{E_1R_1}$、$\overline{E_2R_2}$…为一边作三角形，图 9-6(a)使三角形的另两边分别平行于边 AB 和 BS；图 9-6(b)则平行边 AB 和 AS，由此得到相应的顶点 C_1、C_2…，连接这些点所成的光滑曲线即为辅助曲线。利用辅助曲线可以对任意组成的混合物 M 求得平衡的两个相 E 和 R，即过点 M 作直线 RE，点 R 和 E 的位置应使按上法所组成的三角形的顶点 C 正好落在辅助线 E 上。

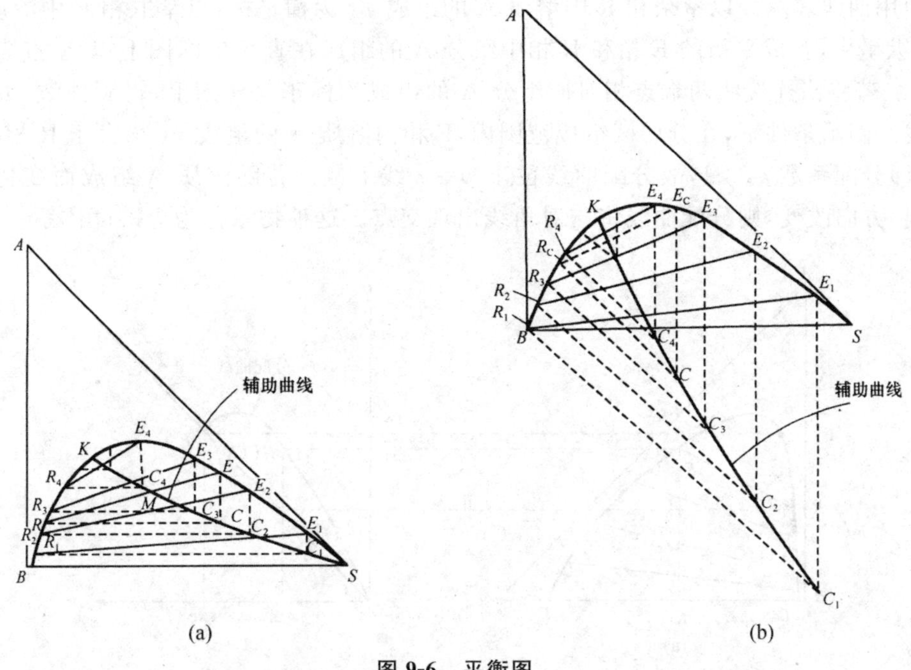

图 9-6 平衡图

3. 分配曲线

一定温度下，某组分在互相平衡的 E 相与 R 相中的组成之比称为该组分的分配系数，以 k 表示，即

溶质 A

$$k_A = \frac{y_A}{x_A}$$

原溶剂 B

$$k_B = \frac{y_B}{x_B}$$

式中，y_A、y_B 分别为萃取相 E 中组分 A、B 的质量分数；x_A、x_B 分别为萃余相 R 中组分 A、B 的质量分数。

分配系数 k_A 表达了溶质在两个平衡液相中的分配关系。显然，k_A 值越大，萃取分离的效果越好。k_A 值与连接线的斜率有关。不同物系具有不同的分配系数 k_A 值；同一物系，k_A 值随温度而变，在恒定温度下，k_A 值随溶质 A 的组成而变。只有在一定溶质 A 的组成范围内温度变化不大或恒温条件下的 k_A 值才可近似视为常数。

在操作条件下，如果萃取剂 S 与稀释剂 B 互不相溶，且以质量比表示相组成的分配系数为常数时有

$$Y = KX$$

式中，Y 为萃取相中溶质 A 的质量比组成；X 为萃余相中溶质 A 的质量比组成；K 为以质量比表示相组成的分配系数。

溶质 A 在三元物系互成平衡的两个液层中的组成，也可像蒸馏和吸收一样，在 x-y 直角

坐标图中用曲线表示。以萃余相 R 中溶质 A 的组成 x_A 为横坐标，以萃取相 E 中溶质 A 的组成 y_A 为纵坐标，互成平衡的 E 相和 R 相中组分 A 的组成在直角坐标图上以 N 点表示，如图 9-7 所示。若将诸连接线两端点相对应组分 A 的组成均标于 x-y 图上，得到曲线 ONP，称为分配曲线。图示条件下，在分层区组成范围内，E 相内溶质 A 的组成 y_A 均大于 R 相内溶质 A 的组成，即分配系数 $k_A>1$，故分配曲线位于 $y=x$ 线上侧。若随溶质 A 组成而变化，联结线发生倾斜，方向改变，则分配曲线将与对角线出现交点。这种物系称为等溶度体系。

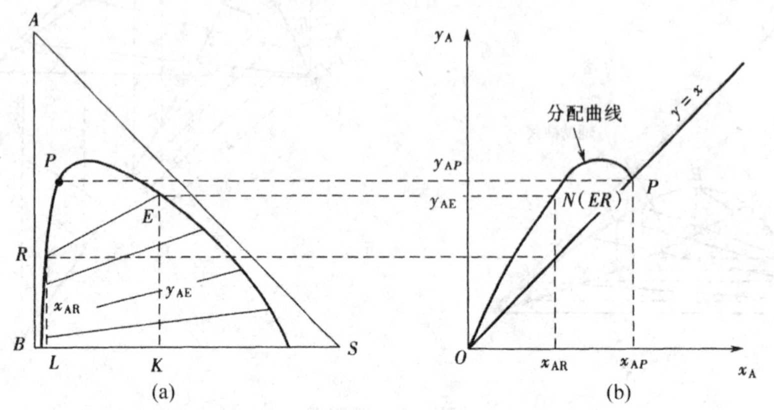

图 9-7　一对组分部分互溶的分配曲线

(a)溶解度曲线；(b)分配曲线

由于分配曲线表达了萃取操作中互成平衡的两个液层 E 相与 R 相中溶质 A 的分配关系，故也可以利用分配曲线求得三角形相图中的任一连接线 ER。

9.2.4　温度对相平衡关系的影响

由于温度会影响物系的互溶度，所以在三角形相图上的两相区面积的大小除了与物系性质有关外，还与操作温度有关。通常，物系的温度升高，溶质在溶剂中的溶解度加大。温度明显地影响溶解度曲线的形状、连接线的斜率和两相区面积，从而也影响分配曲线形状和分配系数值。

如图 9-8 所示表示了一对组分部分互溶物系在 T_1、T_2 及 T_3 $(T_1<T_2<T_3)$ 3 个温度下的溶解度曲线和连接线。通常来说，温度升高，萃取剂 S 与稀释剂 B 的互溶度增大，两相区面积缩小，对萃取操作不利。但温度降低会引起液体黏度增大，界面张力增加，扩散系数减小，不利传质。因此，在确定萃取温度时应对利弊加以分析，做出合理的选择。

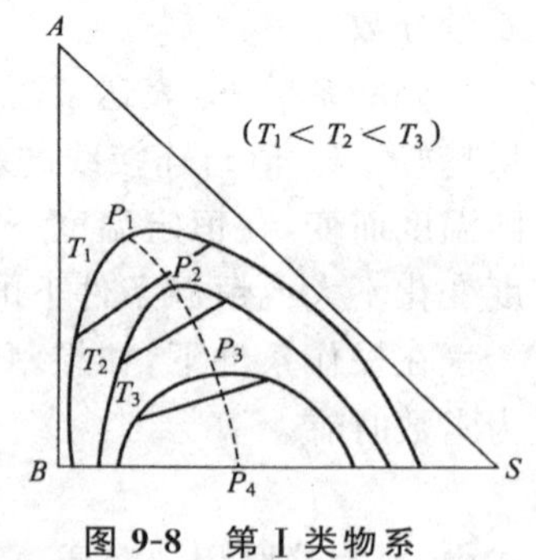

图 9-8　第Ⅰ类物系

图 9-9 表明，温度变化时，不仅分层区面积和连接线斜率改变，而且还可能引起物系类型的改变。如在 T_1 温度时为第Ⅱ类物系，当温度升高至 T_2 时变为第Ⅰ类物系。

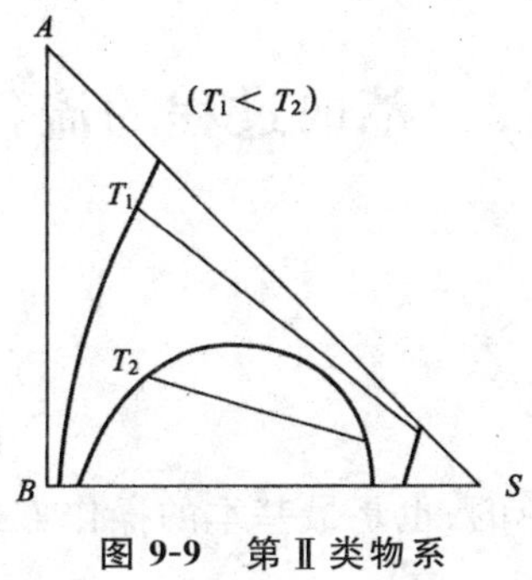

图 9-9 第Ⅱ类物系

9.2.5 萃取剂的选择

由于萃取剂和稀释剂部分互溶，作为萃取分离应该使溶质 A 在萃取剂中的溶解度尽可能大，同时使稀释剂在萃取剂中的溶解度尽可能小，这就是萃取剂的选择性，用选择性系数 β 表示

$$\beta=\frac{k_{\mathrm{A}}}{k_{\mathrm{B}}}=\frac{\dfrac{y_{\mathrm{A}}}{x_{\mathrm{A}}}}{\dfrac{y_{\mathrm{B}}}{x_{\mathrm{B}}}}=\frac{\dfrac{y_{\mathrm{A}}}{y_{\mathrm{A}}}}{\dfrac{x_{\mathrm{B}}}{x_{\mathrm{B}}}}=\frac{\left(\dfrac{A}{B}\right)_{\mathrm{E}}}{\left(\dfrac{A}{B}\right)_{\mathrm{R}}}$$

选择性系数的定义相当于精馏中的相对挥发度。在萃取分离时，应选择合适的萃取剂使 β 的值较大；如果 $\beta=1$，则表示 E 相中组分 A 和 B 的比值与 R 相中的相同，不能用萃取方法分离。

选择水为萃取剂虽然对溶质 A 的分配系数较小，但选择性系数较大，且价廉易得，因此是适宜的。

工业上所用的萃取剂一般都需要分离回收，因此，在选择萃取剂时既要考虑到萃取分离效果，又要使萃取剂的回收较为容易和经济。具体如下所示。

(1)选择性

萃取剂应对溶质 A 的溶解度大而对稀释剂 B 的溶解度小，即萃取剂的选择性系数 β 要大，有利于传质分离。

(2)萃取相与萃余相的分离

萃取后形成的萃取相与萃余相是两个液相，要求萃取剂与稀释剂之间有较大的密度差，且二者之间的界面张力适中。界面张力过小，则分散后的液滴不易凝聚，对分层不利；界面张力过大，又不易形成细小的液滴，对两相间的传质不利。

(3)萃取剂的回收

萃取相与萃余相经分层后常用蒸馏方法脱除萃取剂以循环使用，因此，要求萃取剂 S 对其他组分的相对挥发度大，且不形成恒沸物。如果萃取剂的使用量较其他组分大，为了节省能耗，萃取剂应为难挥发组分。

此外，萃取剂还应满足一般的工业要求，如稳定性好、腐蚀性小、无毒及价廉易得等。

9.3 萃取过程的流程

9.3.1 单级萃取

单级萃取是液液萃取中最简单的、也是最基本的操作方式，其流程如图 9-10 所示。

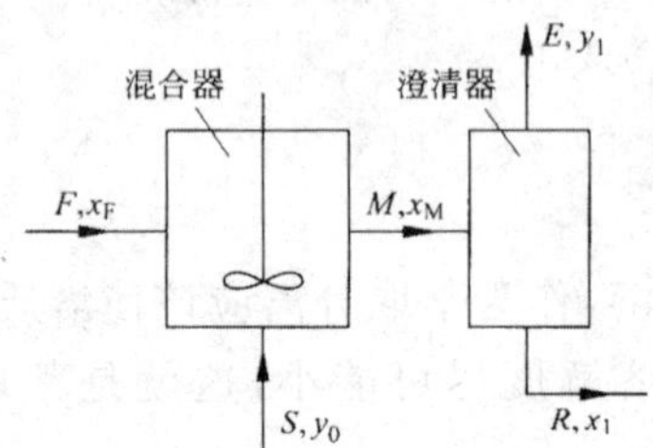

图 9-10 单级萃取的流程

原料液 F 和萃取剂 S 同时加入混合器内，充分搅拌，使两相混合。溶质 A 从料液进入萃取剂，经过一定时间，将混合液 M 送入澄清器，两相澄清分离。若此过程为一个理论级，则此两液相(萃余相 R 和萃取相 E)互呈平衡，萃取相与萃余相分别从澄清器放出。如萃取剂与稀释剂(原溶剂)部分互溶，通常萃取相与萃余相需分别送入萃取剂回收设备以回收萃取剂，相应地得到萃取液与萃余液。

单级萃取可以间歇操作，也可以连续操作。连续操作时，原料液与萃取剂同时单独以一定速率送入混合器，在混合器和澄清器中停留一定时间后，萃取相与萃余相分别从澄清器流出。实际上，无论间歇操作还是连续操作，两液相在混合器和澄清器中的停留时间总是有限的，萃取相与萃余相不可能达到平衡，只能接近平衡，也就是说，单级萃取不可能是一个理论级。它与一个理论级的差距用级效率表示，单级萃取过程中流出的萃取相与萃余相距离平衡状态越近，级效率越高，但是，单级萃取的计算通常按一个理论级考虑。单级萃取过程的计算中，一般已知的条件是：所要求处理的原料液的量和组成、溶剂的组成、体系的相平衡数据、萃余相(或萃余液)的组成。要求计算所需萃取剂的用量、萃取相和萃余相的量与萃取相的组成。

1. 萃取剂与稀释剂部分互溶的体系

对于这种体系，通常根据三角形相图用图解法进行计算。如图 9-10 所示流程中各物流的量与组成在图 9-11 中示出。

图 9-11 中，F 为原料液的量，kg 或 kg/h；S 为萃取剂的量，kg 或 kg/h；M 为混合液(原料液+萃取剂)的量，kg 或 kg/h；E 为萃取相的量，kg 或 kg/h；R 为萃余相的量，kg 或 kg/h；E' 为萃取液的量，kg 或 kg/h；R' 为萃余液的量，kg 或 kg/h；x_F 为原料液中溶质 A 的质量分数；x_M 为混合液中溶质 A 的质量分数；x_R 为萃余相中溶质 A 的质量分数；$x_{R'}$ 为萃余液中溶质 A 的质量分数；y_0 为萃取剂中溶质 A 的质量分数；y_E 为萃取相中溶质 A 的质量分数；y_E 为萃取液中溶质 A 的质量分数；因为组成均以 A 的含量表示，所以书写时常省略 A 而以 x_F，x_R，…表

示。

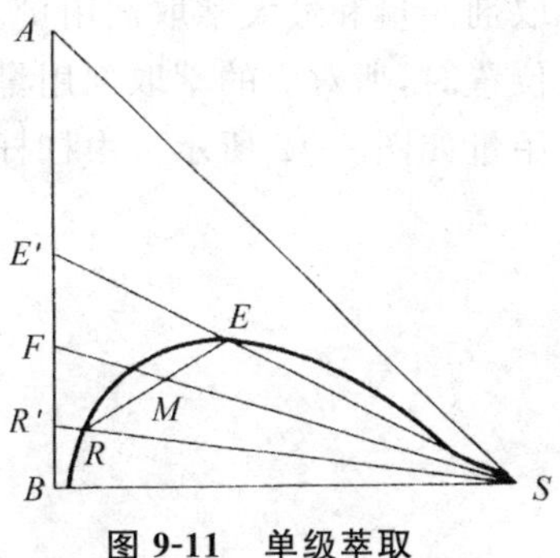

图 9-11 单级萃取

图解法的计算步骤如下：

①根据已知平衡数据在直角三角形坐标图中画溶解度曲线及辅助曲线。

②在三角形坐标的 AB 边上根据原料液的组成确定 F 点（图 9-11），根据所用萃取剂的组成在图上确定 S 点（设为纯萃取剂，萃取剂 S 点落在三角形右顶点上），连接 FS，则代表原料液与萃取剂的混合液的点 M 必定落在 FS 的连线上。

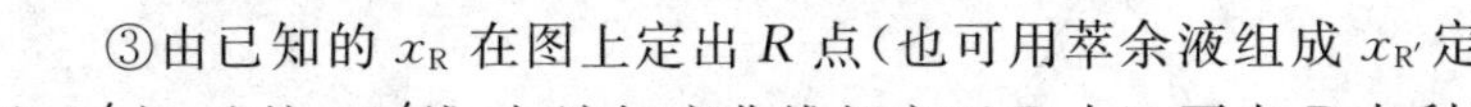

③由已知的 x_R 在图上定出 R 点（也可用萃余液组成 $x_{R'}$ 定出 R' 点，连接 SR' 线，与溶解度曲线相交于 R 点），再由 R 点利用辅助曲线求出 E 点，连 RE 直线，则 RE 与 FS 线的交点即为混合液的组成点 M。根据杠杆规则，求出所需萃取剂的量 S 为

$$\frac{S}{F}=\frac{\overline{MF}}{\overline{MS}}$$

$$S=\frac{\overline{MF}}{\overline{MS}}F$$

式中，原料液量 F 为已知，$\overline{MF}$ 与 $\overline{MS}$ 线段的长度可从图 9-11 中量出，故可求出 S。

④求萃取相量 E 和萃余相量 R，根据杠杆规则

$$\frac{R}{E}=\frac{\overline{ME}}{\overline{MR}}$$

根据系统的总物料衡算

$$F+S=R+E=M$$

联立上二式即可解出 R 与 E，并从图 9-11 中读出 y_E 用类似的方法，可根据杠杆规则求得萃取液量 E' 与萃余液量 R'，并从图上读出 $y_{E'}$ 与 $x_{R'}$。

实际上也可以根据三角形相图中读出的各物流的组成，用物料衡算式求出 S，E 与 R。作溶质 A 的物料衡算

$$Fy_F+Sy_S=Rx_R+Ey_E=Mx_M$$

将上式与式 $F+S=R+E=M$，求解可得

$$S=\frac{F(x_F-x_M)}{x_M-y_S}$$

$$E=\frac{M(x_M-x_R)}{y_E-x_R}$$

$$R=\frac{M(y_E-x_M)}{y_E-x_R}$$

同理，可得萃取液和萃余液的量

$$E'=\frac{F(x_F-x_{R'})}{y_{E'}-x_{R'}}$$

$$R'=\frac{F(y_{E'}-x_F)}{y_{E'}-x_{R'}}$$

在单级萃取操作中，当原料液量 F 一定时萃取剂的加入量 S 过小或过大，都可能使 M 点落在两相区之外，因未形成两相，不能起分离作用，所以在进行单级萃取操作时有一个最小萃

取剂用量和最大萃取剂用量。最小萃取剂用量 S_{min} 为 F 和 S 混合液的组成点 M 落在点 D 的位置时，所对应的萃取剂用量；最大萃取剂用量 S_{max}，为 M 点落在 G 位置时，所对应的萃取剂用量如图 9-12 所示。由杠杆规则可得

$$S_{min}=F\frac{\overline{FD}}{\overline{DS}}$$

$$S_{max}=F\frac{\overline{GF}}{\overline{GS}}$$

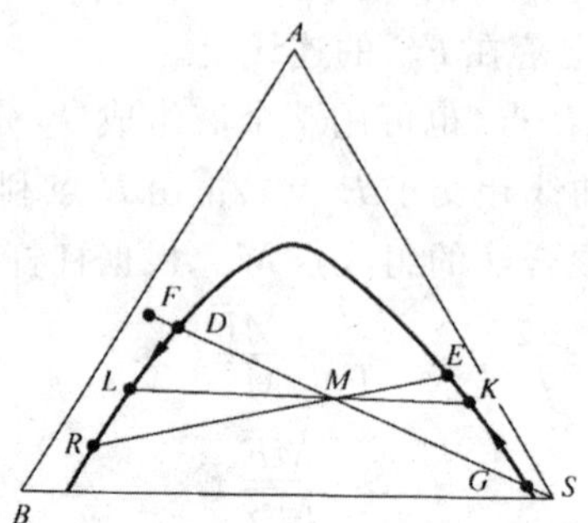

图 9-12　单级萃取的最小与最大萃取剂用量

2. 萃取剂与稀释剂不互溶的体系

对于这类体系，溶质在两液相间的平衡关系易于用函数形式表示，因此联立平衡关系式与物料衡算式，即可解出萃取剂需要量与萃取液的组成。

平衡关系式为

$$Y=f(X)$$

若分配系数不随溶液组成而变，则平衡关系可表示为

$$Y=KX$$

系统溶质 A 的物料衡算式为

$$S'(Y_E-Y_0)=B(X_F-X_R) \tag{9-1}$$

式中，S' 为萃取剂（萃取相）中纯萃取剂的量，kg 或 kg/h；B 为原料液（萃余相）中稀释剂的量，kg 或 kg/h；Y 为溶质 A 在萃取相中的质量比；X 为溶质 A 在萃余相中的质量比；下标 0，F、E 和 R 分别为萃取剂、原料液、萃取相和萃余相。

联立各式可得 S' 与 Y_E，此解法在直角坐标图上表示，如图 9-13 所示。式(9-1)为单级萃取的操作线方程，在图上为通过点（X_F，Y_0）、斜率为 $-B/S'$ 的直线，由它与平衡线（分配曲线）的交点得出 Y_E 与 X_R。

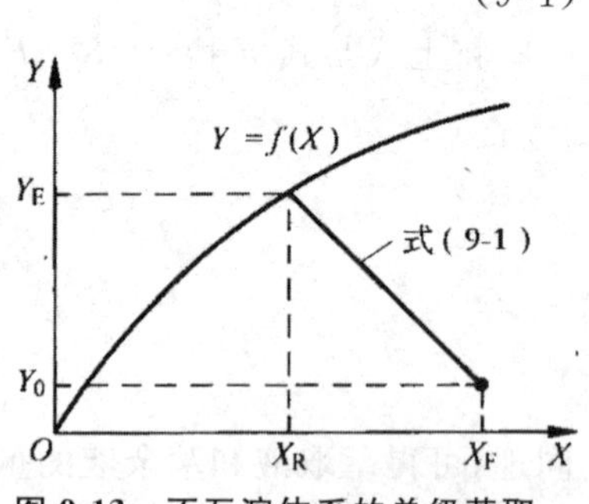

图 9-13　不互溶体系的单级萃取

9.3.2　多级错流萃取

单级萃取所得到的萃余相中一般都含有较多的溶质，要萃取出更多的溶质，需要较大量的

萃取剂。为了用较少萃取剂萃取出较多溶质，可用多级错流萃取。如图9-14所示为多级错流萃取的流程示意图。

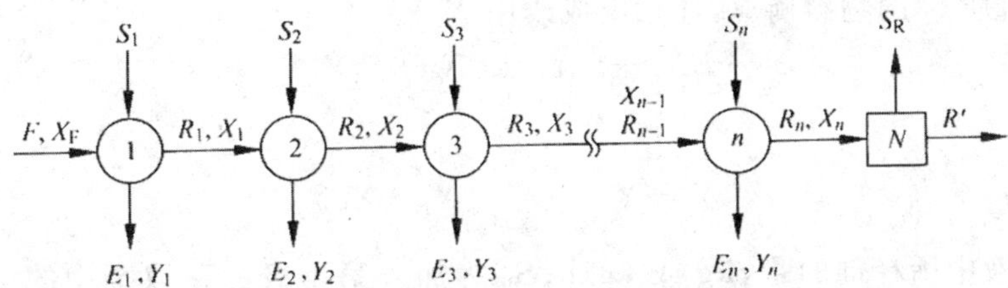

图9-14 多级错流接触萃取的流程

原料液从第1级加入，每一级均加入新鲜的萃取剂。在第1级中，原料液与萃取剂接触，传质，最后两相达到平衡。分相后，所得萃余相 R_1，送到第2级中作为第2级的原料液，在第2级中用新鲜萃取剂再次进行萃取，如此萃余相多次被萃取，一直到第 n 级，排出最终的萃余相，各级所得的萃取相 $E_1, E_2, \cdots, E_n$ 排出后回收萃取剂。

多级错流萃取的计算，分以下两种情况加以说明。

1. 萃取剂和稀释剂部分互溶的体系

对于这种体系，通常根据三角形相图用图解法进行计算，现按以下情况说明计算过程及方法。

已知物系的相平衡数据、原料液的量 F 及其组成 x_F，最终萃余相组成 x_R 和萃取剂的组成 y_0，选择萃取剂的用量 S（每一级萃取剂的用量可相等，亦可以不相等），求所需理论级数。

多级错流萃取的计算中，每一级的算法与单级萃取的图解法相同，因此多次重复单级萃取的图解步骤，即可求出所需的理论级数及萃取剂的用量。

如图9-15所示表示出了这一计算过程。设萃取剂中含有少量溶质A和稀释剂，其状态点如 S_0 点所示。在第1级中用萃取剂量 S_1 与原料液接触得混合液 M_1，点 M_1 必须位于 S_0F 连线上，由 $F/M_1=\overline{S_0M_1}/\overline{FS_0}$ 定出 M_1 点。萃取过程达到平衡而分层后，得到萃取相 E_1 和萃余相 R_1。点 E_1 与点 R_1 在溶解度曲线上，且在通过点 M_1 的一条连接线的两端，这条连接线可利用辅助线，通过试差法找出。在第2级中用新鲜溶剂来萃取第一级流出的萃余相 R_1，两者的混合液为 M_2，同样点 M_2 也必位于 S_0R_1 连线上，萃取结果得到的萃取相 E_2 与萃余相 R_2，由过点 M_2 的连接线求出。如此类推，直到萃余相中溶质的组成等于或小于要求的组成 x_R 为止，则萃取级数即为所求的理论级数。

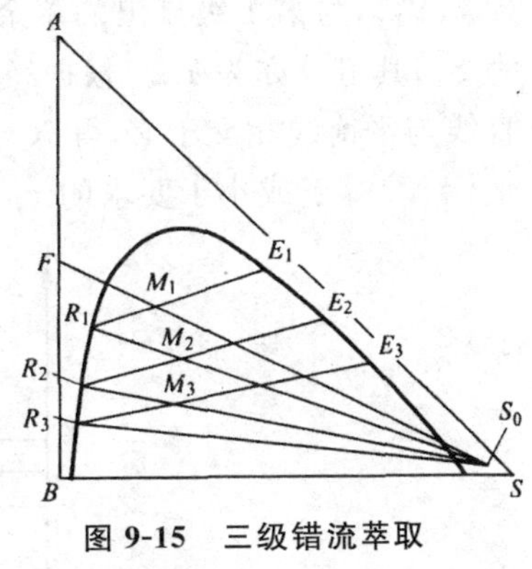

图9-15 三级错流萃取

2. 萃取剂和稀释剂不互溶的体系

若稀释剂B与萃取剂S不互溶或互溶度很小，可以认为原料液与从各级流出的萃余相中的稀释剂量B保持不变。各级中，加入的萃取剂与流出的萃取相中的纯萃取剂量相同，因此在计算时萃取相和萃余相的量分别用纯萃取剂和稀释剂量表示，而它们的组成用质量比 Y[kg(A)/kg(S)]和 X[kg(A)/kg(B)]表示比较方便。过程的计算可用单级萃取的算法逐级进行,也可以用图解法进行。

做第 1 级溶质 A 的物料衡算,注意组成改用 X,Y

$$BX_F+S_1Y_0=BX_1+S_1Y_1$$

由上式可得

$$Y_1-Y_0=-\frac{B}{S_1}(X_1-X_F) \tag{9-2}$$

式中,B 为原料液中稀释剂的量,kg 或 kg/h;S_1 为加入第 1 级的萃取剂中的纯萃取剂量,kg 或 kg/h;Y_0 为萃取剂中溶质 A 的质量比,kg(A)/kg(S);X_F 为原料液中溶质 A 的质量比,kg(A)/kg(B);Y_1 为第 1 级流出的萃取相中溶质 A 的质量比,kg(A)/kg(S);S_1 为第 1 级流出的萃余相中溶质 A 的质量比,kg(A)/kg(B)。

式(9-2)表示第 1 级的萃取过程中萃取相与萃余相组成变化的操作线方程。

同理,对任意一个萃取级 n,溶质 A 的物料衡算得

$$Y_n-Y_0=-\frac{B}{S_n}(X_n-X_{n-1}) \tag{9-3}$$

式(9-3)表示任一级的萃取过程中萃取相组成 Y_n 与萃余相组成 X_n 之间的关系,为错流萃取每一级的操作线方程,在直角坐标图上是一直线。此直线通过点(X_{n-1},Y_0),斜率为$-B/S_n$。当此级达到一个理论级时,X_n 与 Y_n 为一对平衡值,即为此直线与平衡线的交点(X_n,Y_n)。

已知原料液量及组成 X_F,每一级加入的萃取剂量和萃取剂组成 Y_0,即可用图解法求出将萃余液中溶质 A 的组成降到 X_R 所需的级数。

在直角坐标图上,画出系统的分配曲线,如图 9-16 所示,根据原料液的组成 X_F 及萃取剂组成 Y_0,定出 V 点。从 V 点开始作斜率为$-B/S_1$ 的直线与平衡线相交于 T。T 点的坐标为(X_1,Y_1),为第 1 级流出的萃余相和萃取相的组成。第 2 级进料液组成为 X_1,萃取剂加入量为 S_2,其组成亦为 Y_0。根据组成 X_1 和 Y_0 可以在图上定出 U 点,自 U 点作斜率为$-B/S_2$ 的直线与平衡线相交于 Z,得 X_2 和 Y_2,…如此继续作图,直到 n 级的操作线与平衡线交点的横坐标 X_n 等于或小于要求的 x_R 为止,则 n 即为所需理论级的数目。

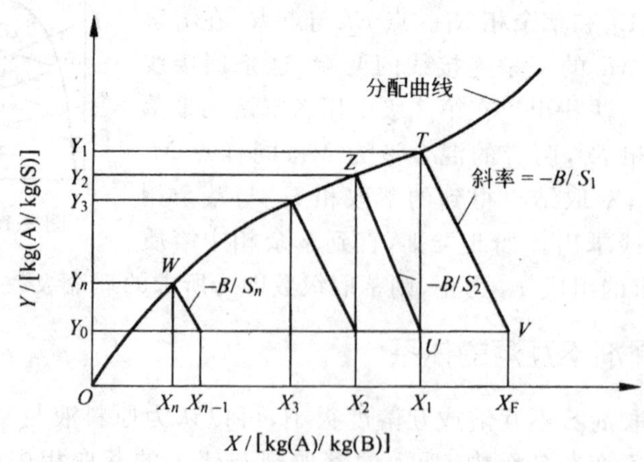

图 9-16 图解法求多级错流萃取所需的理论级数

图 9-16 中各操作线的斜率随各级萃取剂的用量而异,若每级所用萃取剂量相等,则各操

作线斜率相同，相互平行。

9.3.3　多级逆流萃取

多级逆流萃取的流程如图 9-17 所示，原料液从第 1 级进入，逐级流过系统，最终萃余相从第 n 级流出，新鲜萃取剂从第 n 级进入，与原料液逆流，逐级与料液接触，在每一级中两液相充分接触，进行传质。当两相达到平衡后，两相分离，各进入其随后的级中，最终的萃取相从第 1 级流出。为了回收萃取剂，最终的萃取相与萃余相分别在溶剂回收装置中脱除萃取剂得到萃取液与萃余液。在此流程的第 1 级中，萃取相与含溶质最多的原料液接触，故第 1 级出来的最终萃取相中溶质的含量高，可达到接近与原料液呈平衡的程度。而在第 n 级中萃余相与含溶质最少的新鲜萃取剂接触，故第 n 级出来的最终萃余相中溶质的含量低，可达到接近与新萃取剂呈平衡的程度。因此多级逆流萃取可以用较少的萃取剂达到较高的萃取率，应用较广。

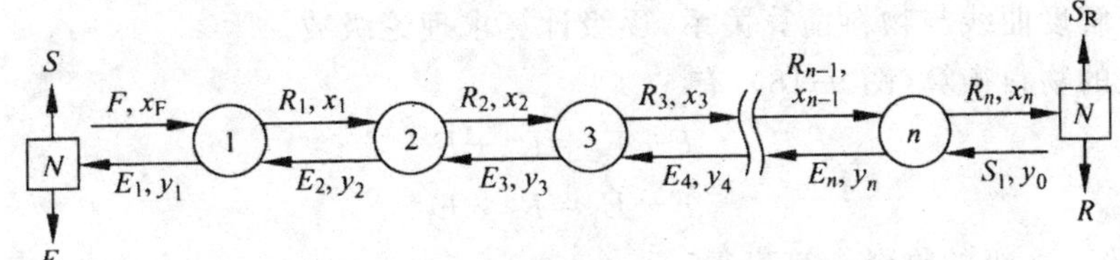

图 9-17　多级逆流萃取的流程

多级逆流萃取的计算原则上与多级逆流吸收过程类似，应用相平衡与物料衡算两个基本关系，计算方法也是逐级计算，计算的问题也可分设计型与操作型两类，这里以设计型计算为例进行说明。

1. 萃取剂与稀释剂部分互溶的体系

典型的设计型问题是已知原料液量 F(kg/h)及其组成 x_F、萃取剂组成 Y_0、最终萃余相的组成 x_R，选择萃取剂用量 S，求所需理论级数。因为解析法求解部分互溶体系比较复杂，通常应用逐级图解法求解，可用三角形坐标图或直角坐标图进行计算，这种图解法很直观，适用于讲述基本原理。

(1)用三角形坐标图求理论级数

在三角形相图上逐级图解法的步骤与原理如下：

①根据平衡数据在三角形坐标图上作出溶解度曲线及辅助曲线(图 9-18)。

②由已知的组成 x_F 与 x_R 在图 9-18 上定出原料液和最终萃余相的状态点 F 和 R_n。由萃取剂的组成定出其状态点 S 的位置，连 SF 线，并根据给定的 F 和选定的萃取剂量 S，按照杠杆法则确定混合后的总量及其状态点 M 的位置，连接 R_nM，并延长与溶解度曲线交于 E_1 点，该点即为最终萃取相 E_1 的状态点。

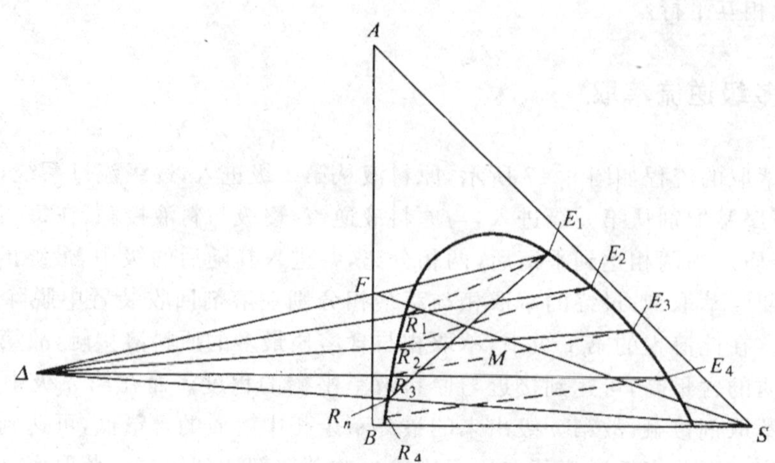

图 9-18　多级逆流萃取理论级数的图解法

③应用溶解度曲线与物料衡算关系，逐级计算求理论级数。

做第 1 级的物料衡算(图 9-18)，有

$$F+E_2=R_1+E_1$$

$$F-E_1=R_1-E_2$$

同理，做第 1,2 级的物料衡算可得

$$F-E_1=R_2-E_3$$

做第 1 级～第 n 级的物料衡算，有

$$F-E_1=R_n-S$$

由以上各式可得

$$F-E_1=R_1-E_2=R_2-E_3=\cdots=R_n-E_{n-1}=R_n-S=\Delta \tag{9-4}$$

上式表明离开每一级萃余相的流量与进入该级的萃取相的流量之差为一常数，以 Δ 表示。Δ 可以认为是自左向右(图 9-18)通过每一级的“净流量”。这股虚拟的净物流在三角形相图上也可用一定点(Δ 点)表示，称为操作点。当用上式表示的 Δ 为负值时，可将上式改写为以下形式：

$$S-R_n=E_1-F=E_2-R_1=\cdots=R_n-E_{n-1}=\cdots=E_n-R_{n-1}=\Delta \tag{9-5}$$

式(9-4)和式(9-5)表示任意两级间相遇的萃取相与萃余相间的关系，称为逆流萃取的操作线方程。与吸收的操作线方程比较，这个操作线方程虽然形式上不同，但它具有相同的物理意义与用途。

分析式(9-5)表示的 E_1、F 和 Δ 之间的关系，可以认为原料液 F 是由流出第 1 级的萃取相 E_1 和净流量 Δ 混合而成。点 F 是点 E_1 和 Δ 的合点，F、E_1 与 Δ 三点共线。同理，R_n 与 S，R_1 与 E_2，R_2 与 E_3，…，R_{n-1}，与 E_n 均与 Δ 共线(图 9-18)。可见，在三角形相图上，任两级间相遇的萃取相和萃余相的状态点的连线必通过 Δ 点。根据此特性，就可以很方便地进行逐级计算以确定逆流萃取所需的理论级数。作法如下，首先作 E_1 与 F 和 S 与 R_n 的连线，并延长使其相交于 Δ，然后从 E_1 开始，先作连接线求出 R_1 点，连 ΔR_1 并延长与溶解度曲线交于 E_2，再作连接线求出 R_2 点，连 ΔR_2 并延长与溶解度曲线交于 E_3，…，这样反复利用平衡线(溶解度曲

线)与操作线,连续作图。当第 n 条连接线所得到的 R_n 的组成值等于或小于要求的最终萃余相组成 x_R 时,则 n 就是所要求的级数。从图 9-18 看出,R_4 中溶质 A 的组成 x_4 已小于规定量 x_R,表明 4 个理论级就可以达到萃取要求。

E_1F 和 SR_n 连线交点 Δ 的位置与这 4 股物流的量与组成等因素有关,它可能在三角形的左侧,也可能在三角形的右侧。在某一个特定的情况下,即直线 E_1F 和 SR_n 平行时,没有交点(或者说交点在无限远处)。但是无论 ΔFE_1 点落在何处,计算理论级数的方法都是一样的。

(2)用直角坐标图求理论级数

当多级逆流萃取所需的理论级数较多时,如用三角形坐标图图解法求解,线条密集不很清晰,此时可用直角坐标图上的分配曲线进行图解计算,其步骤如下:

①在直角坐标图上,根据已知相平衡数据绘出分配曲线。

②在三角形坐标图上,按前述多级逆流图解法,根据 E_1 与 F 和 S_0 与 R_n 诸点求出 Δ 点。如图 9-19(a)所示。

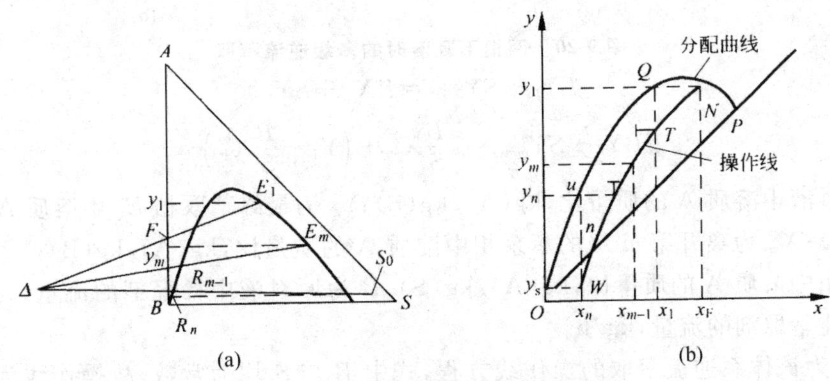

图 9-19　用分配曲线图解法求理论级数

③在三角形坐标图上,直线 ΔFE_1 及 ΔR_nS_0 两线之间,从 Δ 点出发作若干条直线,均与溶解度曲相交于两点 R_{m-1} 和 E_m,其组成为 x_{m-1} 和 y_m,对应地在直角坐标图上可找出一个操作点。将若干个操作点连成一条曲线,即得直角坐标图上逆流多级萃取的操作线[图 9-19(b)]。

④在分配曲线与操作线之间,从点 $N(x_F,y_1)$ 开始画阶梯,直至某一梯级所指萃余相组成 x 等于或小于要求的最终萃余相组成 x_R 为止,所绘的梯级数即为萃取所需的理论级数。

上述画阶梯求逆流萃取所需理论级数的过程与精馏、吸收中求理论级数的方法相同。两者不同之处只在于:精馏、吸收操作时,认为逆流两相的量是常数,故在 y-x 图上操作线方程是一条直线;而在部分互溶体系的萃取过程中,稀释剂与萃取剂之间的互溶度随溶质 A 的浓度变化,逆流两相的质量比不是常数,故操作线不是直线,而是一条随浓度变化的曲线。

2. 萃取剂与稀释剂不互溶的体系

对于萃取剂与稀释剂不互溶时的多级逆流萃取计算,因为在萃取过程中萃取相中萃取剂的量和萃余相中稀释剂的量均保持不变。所以可以用类似于计算吸收理论级数的方法进行计算。计算中原料液和萃余相的量用其中的稀释剂量表示,萃取剂和萃取相的量用其中的纯萃取剂量表示,组成用溶质的质量比 X[kg(溶质 A)/kg(稀释剂 B)]和 Y[kg(溶质 A)/kg(萃取剂 S)]表示。

解题步骤如下：

①将平衡数据(换算成 x,y 表示后)绘在 X-Y 坐标图上，得平衡线，如图 9-20(b)所示。

②根据物料衡算找出逆流萃取的操作线方程。在第 1 级与第 n 级间做溶质 A 的物料衡算，如图 9-20(a)所示。

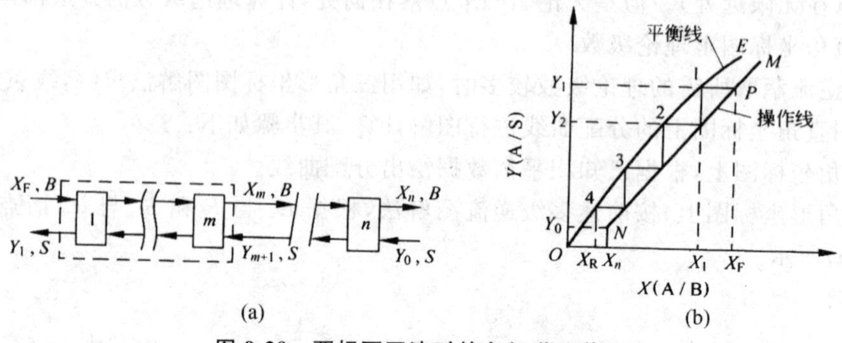

图 9-20　两相不互溶时的多级逆流萃取

$$BY_F + SY_{m+1} = BX_m + SY_1$$

$$BY_F + SY_{m+1} = \frac{B}{S}X_m + \left(Y_1 - \frac{B}{S}X_F\right) \tag{9-6}$$

式中，X_F 为料液中溶质 A 的质量比，kg(A)/kg(B)；Y_1 为最终萃取相 E_1 中溶质 A 的质量比，kg(A)/kg(S)；X_m 为离开第 m 级的萃余相中溶质 A 的质量比，kg(A)/kg(B)；Y_{m+1} 为进入第 m 级的萃取相中溶质 A 的质量比，kg(A)/kg(S)；B 为原料液中稀释剂的流量，kg/h；S 为原始萃取剂中纯萃取剂的流量，kg/h。

式(9-6)为该体系逆流萃取的操作线方程，式中 B 与 S 均为常数，故操作线为一直线，其斜率为 B/S。操作线两个端点为(X_F,Y_1)及(X_n,Y_0)。

③从操作线的一端点 P 开始，在操作线与平衡线间画梯级，至另一端点，其间的梯级数即为所需理论级数，图 9-20 所示的为 4 个理论级。

9.3.4　连续接触逆流萃取

连续接触逆流萃取过程通常在塔设备内进行，可采用如图 9-21 所示的填料塔。重液、轻液各从塔顶、塔底进入，选择两液相之一作为分散相，以扩大两相间的接触面积。

如图 9-21 所示，轻液被塔底的喷洒器 1 分散成液滴，在填料层 2 中曲折上升及撞击填料时，液滴将变形乃至破碎，从而增大两相间的传质系数和相界面积。液滴浮出填料层后，在轻液液滴并聚层 3 中逐渐合并、集聚，并在塔顶形成轻液层 4，流出塔外。重液则为连续相，自上而下通过填料层，与轻液液滴接触、传质，到塔底段成为澄清的重液层 5，经重液溢流管 6 排出。

也可以选择重液为分散相，为此，将喷洒器改置于塔顶重液入口处。不同的选择往往导致萃取效果和处理能力的差别，需在试验后进行优选。在缺乏试验数据时，以下的论点可作参考。

①分散相不宜与填料或塔壁材料相润湿，以免液滴在壁面上并聚，形成膜状流动而减小传质面积。

②由于分散相在塔内所占的体积较小，选择昂贵或易燃的液体作分散相，较为经济或安全。

③将体积流率大的相分散，在分散粒径一定时，可获得较多的分散液滴，因此能增大塔内的相接触面积。

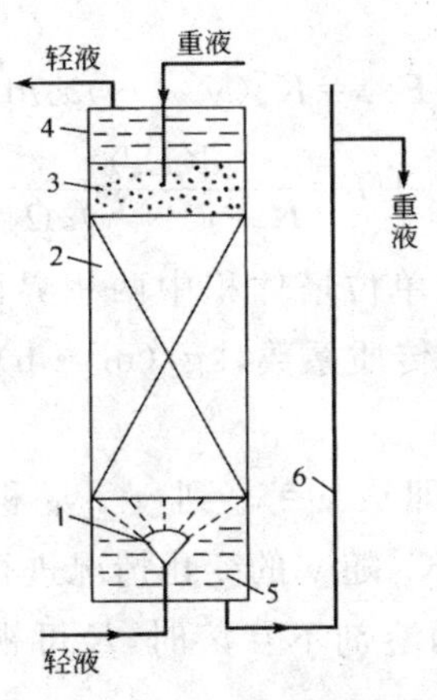

图 9-21　填料萃取塔

1—喷洒器；2—填料层；3—轻液液滴并聚层；
4—轻液层；5—重液层；6—重液溢流管

④萃取传质时，液滴表面不同点的浓度差 dx，所引起的表面张力差 $d\sigma$，可产生表面骚动（传质本身引起的表面运动），而有利于传质。为此，经试验和分析解证实：对于比值$\frac{d\sigma}{dx}>0$ 的系统，宜选择原料液作为分散相，使传质方向从液滴向连续相；而对于$\frac{d\sigma}{dx}<0$ 的系统，宜选择溶剂作为分散相，使传质方向从连续相向液滴。

两液相在塔内的逆流流动，是因其密度的不同而导致其所受重力之差。通常两液相间的密度差比气液两相小很多，两相间的摩擦力则要大很多，故萃取塔的允许空速比气液接触塔要小得多。

连续接触式萃取塔的计算主要是对给定的任务确定出塔径和塔高。塔径的大小取决于两液相的流率及适宜的相对流速，后者的计算有一些相当烦琐的经验公式，此处从略。若需进一步了解，可阅读参考读物。塔高（两液相接触传质的有效塔高）的计算通常有以下两种方法。

1. 理论级模型法

理论级模型法是把连续逆流萃取作为多级逆流萃取处理，先计算萃取所需的理论级数 N_T，然后乘以理论级当量高度即得塔高 H：

$$H=N_T H_e$$

式中，H_e 为理论级当量高度，其物理意义是分离效果等于一个理论级的萃取塔段高度，它是反映萃取塔传质特性的一个参数，它与两液相的物性、设备的结构型式和两相流速等操作条件有关,由实验研究确定或根据实际生产装置的操作数据求得。

2.传质速率方程法

传质速率方程法也称传质单元法。取连续逆流萃取塔中一个微元段 dH 进行分析。萃取相 E 在微元段 dH 中与萃余相接触,溶质以一定速率溶入萃取相,使其组成由 y 变为 $y+dy$,同时其流量由 E 变为 $E+dE$。对此微元段作溶质的物料衡算,溶质从萃余相进入萃取相的量等于萃取相中溶质的增量

$$d(E_y)=K_y(y_*-y)a\Omega dH$$

$$dH=\frac{d(E_y)}{K_y(y^*-y)a\Omega} \tag{9-7}$$

式中,E 为萃取相的流量,kg/h;α 为单位塔体积中两相界面积,m^2/m^3;Ω 为塔截面面积,m^2;K_y 为以萃取相组成表示推动力的总传质系数,$kg/(m^2 \cdot h)$;y^* 为与组成为 x 的萃余相呈平衡的萃取相组成,质量分数。

原则上,对上式从塔底到塔顶,即从 $y=y_0$ 到 $y=y_E$ 积分,即可求得塔高。积分的困难在于 E 与 K_y 也是变量,因此需视 E、K_y 随 y 的变化情况进行适当处理。

当萃取相中溶质浓度较低,且两溶剂不互溶时,E 可视为常数,如 K_y 也可取平均值作为常数,则上式积分可得

$$H=\frac{E}{K_y a\Omega}\int_{y_0}^{y_E}\frac{Edy}{y^*-y}=H_{OE}N_{OE}$$

式中,H_{OE} 为稀溶液时萃取相总传质单元高度,m;N_{OE} 为稀溶液时萃取相总传质单元数;y_0 为原始萃取剂中溶质的组成,质量分数;y_E 为最终萃取相中溶质的组成,质量分数。

在萃取相中溶质浓度较高时,可按照高浓度气体吸收的处理方法,将式(9-7)积分,写成如下形式

$$H=\int_{y_0}^{y_E}\left[\frac{Edy}{K_y a\Omega(1-y)_m}\right]\frac{(1-y)_m E}{(1-y)(y^*-y)}dy$$

工程上为方便计,常把 $\frac{E}{K_y a\Omega(1-y)_m}$ 作为常数,则得

$$H=\frac{E}{K_y a\Omega(1-y)_m}\int_{y_0}^{y_E}\frac{(1-y)_m dy}{(1-y)(y^*-y)}=H_{OE,c}N_{OE,c}$$

式中,$H_{OE,c}$ 为浓溶液时萃取相总传质单元高度,m;$N_{OE,c}$ 为浓溶液时萃取相总传质单元数。

$$H_{OE,c}=\frac{E}{K_y a\Omega(1-y)_m}$$

$$N_{OE,c}=\int_{y_0}^{y_E}\frac{(1-y)_m dy}{(1-y)(y^*-y)}$$

$$(1-y)_m=\frac{(1-y)(1-y^*)_m dy}{\ln\frac{1-y}{1-y^*}}$$

$N_{OE,c}$ 可直接根据工艺条件与相平衡数据计算;$H_{OE,c}$ 则需根据设备与操作条件等具体情况,由实验确定。

9.3.5　回流萃取及双溶质的萃取

采用逆流萃取流程(图 9-17 或图 9-20)可将最终萃余相中的溶质 A 降得很低；但只要原溶剂 B 与萃取剂 S 有一定的互溶度，萃取相中就会含有定量的 B，将 S 分离后所得的萃取液也是 A 与 B 的混合物。为得到高纯度的 A，需从萃取相中进一步分离 B。对此，可应用如精馏中的回流技术，其流程如图 9-22 所示。设 S 为轻相，从塔底加入，料液 F 则从塔中部某处加入，这两个进口之间的塔段即为图 9-21 所示的连续逆流萃取塔。由于选用萃取剂时需有 $\beta=\left(\frac{y_A}{x_A}\right)\left(\frac{y_B}{x_B}\right)>1$，使向上流的萃取相 A 比 B 要多溶于 S，即 A 逐渐增浓；而向下流的萃余相 B 则逐渐提浓而称为萃余相提浓段(对 B)。从塔顶引入含 A 足够高的液体作为回流，在下流中 A 逐步溶入上升的萃取相中(B 则相反由后者向回流液转移)，于是萃取相在上升中 A 逐步增浓、B 相应变稀，当 A、B 的浓度比达到指定要求后，从塔顶流出；再经萃取剂回收装置脱去 S，可得 A 达到所需纯度的萃取液。其一部分作为产品，另一部分回流入塔。

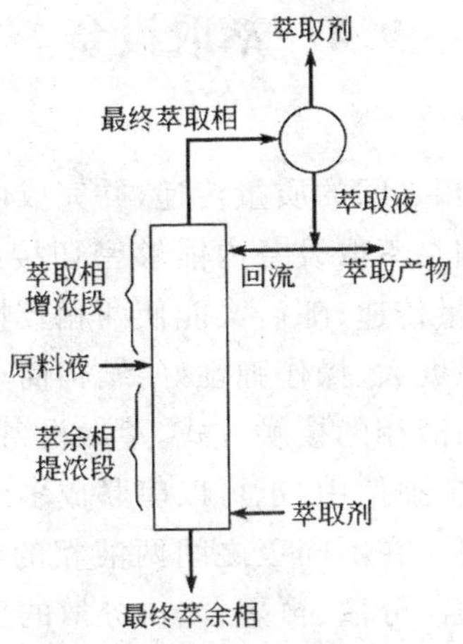

图 9-22　回流萃取的流程

由上可知，当 B 与 S 部分互溶时，采用回流萃取才能使分离后的 A 和 B 都达到指定的纯度，而无回流时最多只能得到高纯 B。显然，正如精馏时相对挥发度 α 越大，分离越容易；萃取过程的选择性系数 β 越大，回流萃取上下两段所需的高度或理论级数越小。

当溶液中含有两种溶质 A1 与 A2 时，可以应用分两段以不同溶剂进行萃取的方法进行分离，现举例说明如下。

锆与铪是性质极相近、很难分离的伴生金属元素，而利用硝酸锆对硝酸铪在磷酸三丁酯(TBP)中的选择性系数 $\beta=\left(\frac{y_{A1}}{x_{A1}}\right)\left(\frac{y_{A2}}{x_{A2}}\right)>1$，可对水溶液中的锆和铪进行有效的分离。其流程如图 9-23 所示，以溶有 TBP 的煤油为萃取剂(轻相)，从塔底进入；含锆、铪的稀硝酸料液从塔中部加入，其下流过程中难溶于 TBP 的铪逐渐增浓，塔底排出的萃余相中富含铪。从塔底上升的萃取相中锆的浓度则逐步增大；在升入洗涤段后，萃取相中的铪被塔顶加入的 3 mol/L 硝酸逐渐洗去，出塔顶时其中所含的铪已经很少。如上述，料液中的锆和铪得到较好的分离。

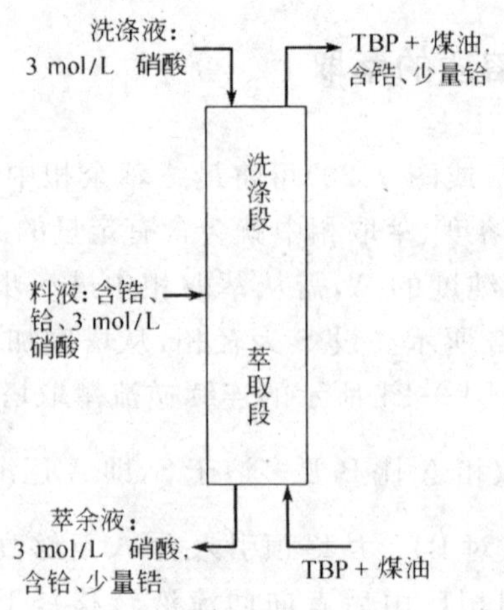

图 9-23 锆与铪的萃取的分离示意图

9.4 萃取设备

萃取设备的作用是实现两液相之间的质量传递,并完成两组分的分离。因此,对萃取设备的基本要求是:萃取系统的两液相在萃取设备内能够密切接触,并伴有较高程度的湍动,使之能充分混合以实现两相之间的质量传递;随后又能使两相较快地分层,进而达到组分分离的目的。此外,还要求萃取设备生产强度大、操作弹性好、结构简单、易于制造和维修等。

萃取设备的种类很多,根据两液相的接触方式,萃取设备分为逐级接触式和连续接触式两大类。逐级接触式设备可以一级单独使用,也可以串联成多级使用。在分级接触设备中,每一级内两相都经历混合与分离两过程,在不同级之间两液相的组成呈阶梯式变化。在连续逆流接触式设备中,两相逆流,经历聚合、分散、再聚合、再分散的反复过程,两相的组成沿流程方向呈连续变化。

根据有无外功输入,萃取设备又可分为有外加能量和无外加能量两种。由于液-液萃取中两液相间的密度差较小,所以在无外加能量仅靠重力作用下两液相间的相对流速较小。为了提高两相的相对流速,实现两相的密切接触,可采用施加外力作用的方法。

9.4.1 混合-澄清槽

混合-澄清槽是一种目前仍在工业生产中广泛应用的逐级接触式萃取设备。它可单级操作,也可多级组合操作。每一级均包括混合槽和澄清槽两个主要部分。

混合槽中通常安装搅拌装置,有时也可将压缩气体通入室底进行气流式搅拌。澄清槽的作用是借密度差将萃取相和萃余相进行有效的分离。

典型的单级混合-澄清槽如图 9-24 所示。操作时,被处理的原料液和萃取剂首先在混合槽中借搅拌浆的作用使两相充分混合,密切接触,进行传质。然后进入澄清槽中进行澄清分层。为了达到萃取的工艺要求,混合时要有足够的接触时间,以保证分散相液滴尽可能均匀地分散于另一相之中;澄清时要有足够的停留时间,以保证两相完成分层分离。

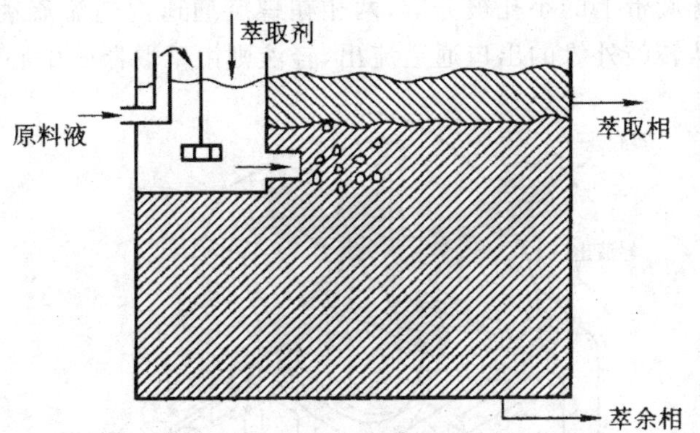

图 9-24 混合槽与澄清槽组合装置

有时,对于生产能力小的间歇萃取操作,据生产需要,可以将多个混合澄清槽串联起来,组成多级逆流或多级错流的流程。如图 9-25 所示为水平排列的三级逆流混合-澄清槽萃取装置。

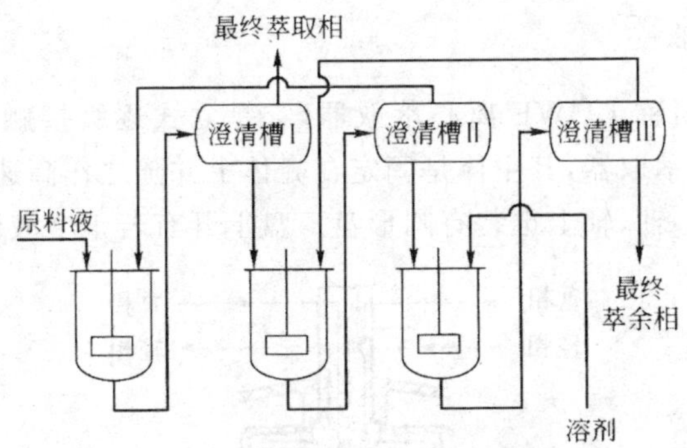

图 9-25 三级逆流混合澄清槽萃取装置

9.4.2 离心式萃取设备

离心萃取器是利用离心力使两相快速充分混合并快速分离的萃取装置。至今已开发出多种类型的离心萃取器,广泛应用于制药(如抗菌素的提取)、香料、染料、废水处理、核燃料处理等领域。

离心萃取器有多种分类方法,按两相接触方式可分为微分接触式离心萃取器和逐级接触式离心萃取器。

1. 波氏离心萃取器

波氏离心萃取器也称为离心薄膜萃取器,简称 POD 离心萃取器,是卧式连续接触式离心萃取器的一种,在 20 世纪 50 年代已经运用于工业生产,目前仍被广泛采用。其基本结构如图 9-26 所示,主要由一固定在水平转轴上的圆筒形转鼓以及固定外壳组成,转鼓由一多孔的长带绕制而成，其转速很高，一般为 2 000～5 000 r/min，操作时轻液从转鼓外缘引入，重液由转鼓的中心引入。由于转鼓旋转时产生的离心作用，重液从中心向外流动，轻液则从外缘向中心流动，同时液体通过螺旋带上的小孔被分散，两相在螺旋通道内逆流流动的过程中密切接触，进行传质，最后重液从转鼓外缘的出口通道流出，轻液则由萃取器的中心经出口通道流出。

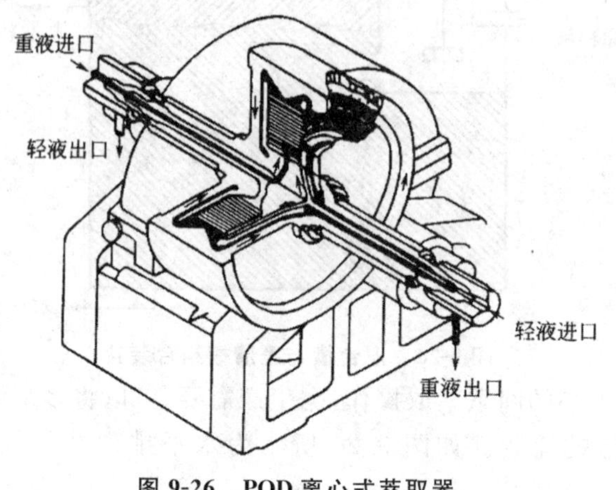

图 9-26　POD 离心式萃取器

2. 芦威式离心萃取器

芦威式离心萃取器简称 LUWE 离心萃取器，它是立式逐级接触离心萃取器的一种。如图 9-27 所示为三级离心萃取器，其主体是固定在壳体上并随之作高速旋转的环形盘。壳体中央有固定不动的垂直空心轴，轴上也装有圆形盘。盘上开有若干个液体喷出孔。

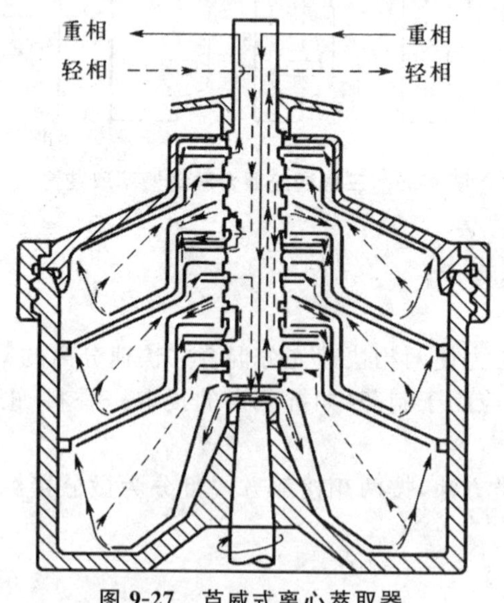

图 9-27　芦威式离心萃取器

被处理的原料液和萃取剂均由空心轴的顶部加入。重相沿空心轴的通道下流至器的底部而进入第三级的外壳内，轻相由空心轴的通道流入第一级。两相均由萃取器顶部排出。此种萃取器也可由更多的级组成。

这种类型的萃取器主要应用于制药工业中，其处理能力为7.6（相当于三级离心机）～49 m^3/h（相当于单级离心机），在一定操作条件下，级效率可接近100%。

连续离心萃取器的传质效率很高，其理论级数随所处理的物料性质、通量与流比而异。通常，一台波氏离心萃取器的理论级数可达3～12。它适宜于处理两相密度差很小或易产生乳化的物系。

离心式萃取器的优点是结构紧凑、生产强度高、物料停留时间短、分离效果好，特别适用于轻重两相密度差很小、难以分离、易产生乳化及要求物料停留时间短、处理量小的场合。但离心萃取器的结构复杂、制造困难、操作费高，使其应用受到一定限制。

9.4.3 塔式萃取设备

通常将高径比很大的萃取装置统称为塔式萃取设备。为了获得满意的萃取效果，塔设备应具有分散装置，以提供两相间较好的混合条件。同时，塔顶、塔底均应有足够的分离段，使两相很好地分层。由于使两相混合和分离所采用的措施不同，因此出现了不同结构形式的萃取塔。

在塔式萃取设备中，喷洒塔是结构最简单的一种，塔体内除各流股物料进出的连接管和分散装置外，无其他内部构件。由于轴向返混严重，其传质效率极低。喷洒塔主要用于只需一二个理论级的场合，如用于水洗、中和及处理含有固体的悬浮物系。

1. 填料萃取塔

如图9-28所示为一重相连续、轻相分散、塔顶具有轻重相分界面的填料萃取塔。塔内充填的填料可以用拉西环、鲍尔环及鞍环形填料等气液传质设备中使用的各种填料。操作时，连续相充满整个塔中，分散相以滴状通过连续相，填料的作用除可以使液滴不断发生聚结与再破裂，以促进液滴的表面更新外，还可以减少轴向返混。为了减少壁流，填料尺寸应小于塔径的1/8～1/10。填料支撑板的自由截面必须大于填料层的自由截面积。分散相入口的设计对分散相液滴的形成与在塔内的均匀分布起关键作用，分散相液滴宜直接通入填料层中，以免液滴在填料层入口处凝聚。

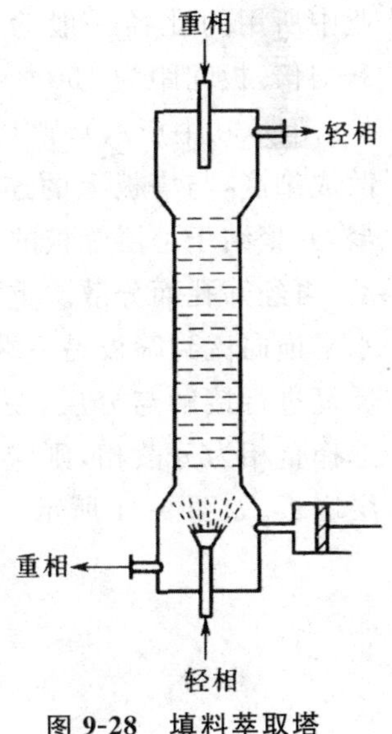

图 9-28 填料萃取塔

填料塔的优点是结构简单，造价低廉，操作方便，适合处理有腐蚀性的液体。但选用一般填料时传质效率低，理论级当量高度大。填料塔一般用于所需理论级数不多的场合。

2. 脉动填料萃取塔

在普通填料萃取塔内，两相依靠密度差而逆向流动，相对速度较小，界面湍动程度低，限制了传质速率的进一步提高。为了防止分散相液滴过多聚结，可增加塔内流体的湍动，即向填料提供外加脉动能量，造成液体脉动，这种填料塔称为脉动填料萃取塔。脉动的产生，通常采用往复泵，有时也采用压缩空气来实现。如图9-29所示为借助活塞往复运动使塔内液体产生脉动运动的萃取塔。但需要注意的是,向填料塔加入脉动会使乱堆填料趋向于定向排列,导致沟流,从而使脉动填料塔的应用受到限制。

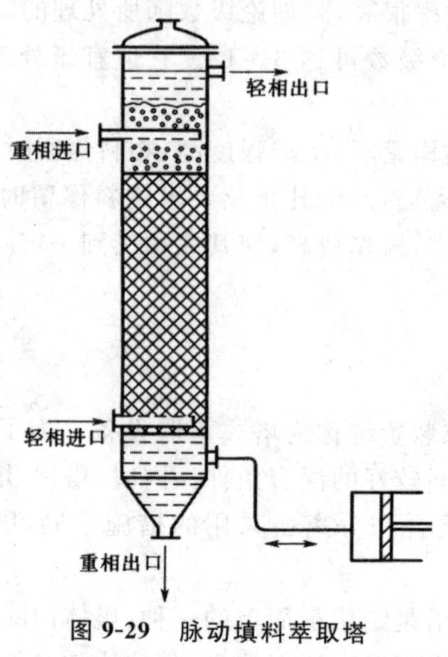

图 9-29 脉动填料萃取塔

3. 筛板萃取塔

筛板萃取塔的结构如图 9-30 所示,塔体内装有若干层筛板,筛孔直径比气-液传质的孔径要小。工业中所用的孔径一般为 3～9 mm,孔距为孔径的 3～4倍,板间距为 150～600 mm。若选轻相为分散相(图 9-30 中所示),则其通过塔板上的筛孔而被分散成细滴,与塔板上的连续相密切接触后便分层凝聚,并聚结于上层筛板的下面,然后借助压力差的推动,再经筛孔而分散。重相经降液管流至下层塔板,水平横向流到筛板另一端的降液管。两相如果依次反复进行接触与分层,便构成逐级接触萃取。如果选择重相为分散相,则应使轻相通过升液管进入上层塔板,如图 9-31 所示。

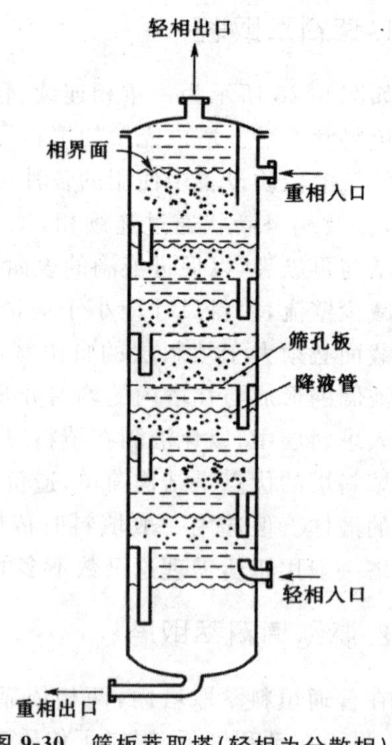

图 9-30 筛板萃取塔(轻相为分散相)

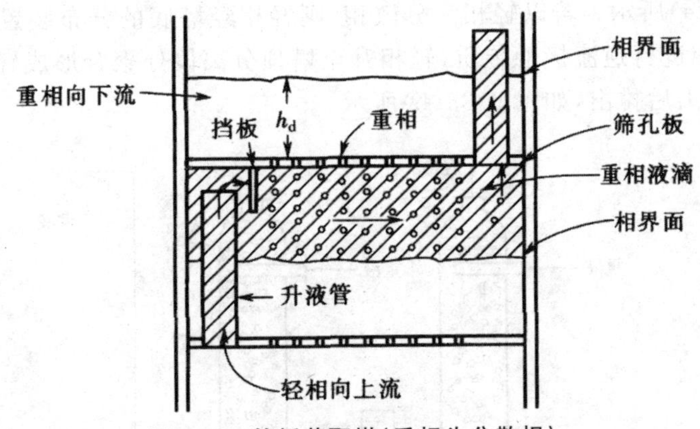

图 9-31　筛板萃取塔(重相为分散相)

筛板萃取塔内由于塔板的限制，减小了轴向返混，同时由于分散相的多次分散和聚结，液滴表面不断更新，使筛板萃取塔的效率比填料萃取塔有所提高，再加上筛板萃取塔结构简单，价格低廉，可处理腐蚀性料液，因而在许多萃取过程中得到广泛应用，如在芳烃提取中，用筛板萃取塔取得了良好效果。

4. 往复筛板萃取塔

往复筛板萃取塔的结构如图 9-32 所示，将若干层筛板按一定间距固定在中心轴上，由塔顶的传动机构驱动而作往复运动。无溢流筛板的周边和塔内壁之间保持一定的间隙。往复振幅一般为 3～50 mm，频率可达 100 min^{-1}。往复筛板的孔径比脉动筛板的大，一般为 7～16 mm。当筛板向下运动时，筛板下侧的液体经筛孔向上喷射；反之，筛板上侧的液体向下喷射。为防止液体沿筛板与塔壁间的缝隙走短路，应每隔若干块筛板，在塔内壁设置一块环形挡板。

往复筛板萃取塔的效率与塔板的往复频率密切相关。当振幅一定时，在不发生液泛的前提下，效率随频率加大而提高。

往复筛板萃取塔可较大幅度地增加相际接触面积和提高液体的湍动程度，传质效率高，流体阻力小，操作方便，生产能力大，在石油化工、食品、制药和湿法冶金工业中应用日益广泛。

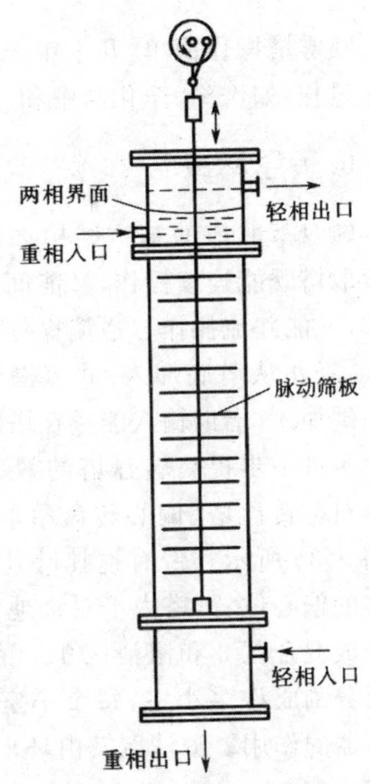

图 9-32　往复筛板萃取塔

5. 喷洒塔

喷洒塔又称为喷淋塔，是最简单的萃取塔，如图 9-33 所示。轻、重两相分别从塔底和塔顶进入。若分散相为重相，重相则经塔顶的分布装置分散为液滴后通过连续的轻相，与其逆流接触传质，重相液滴降至塔底分离段处聚合形成重相液层排出；而轻相上升至塔顶并与重相分离后排出，如图 9-33(a)所示。若以轻相为分散相，则轻相经塔底的分布装置分散为液滴后进入连续的重相，与重相进行逆流接触传质，轻相升至塔顶分离段处聚合形成轻液层排出。而重相流至塔底与轻相分离后排出，如图 9-33(b)所示。

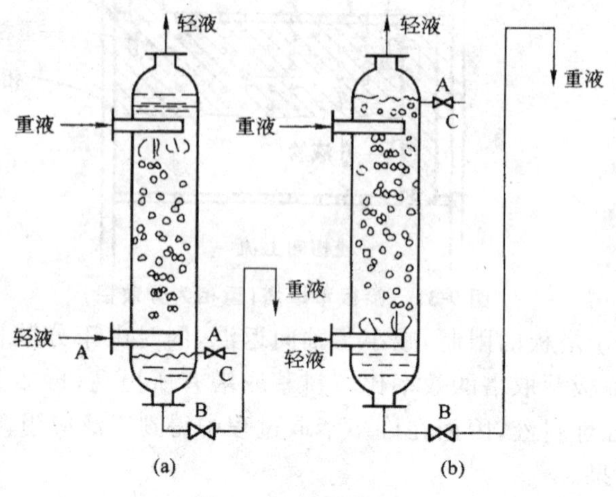

图 9-33 喷洒塔

(a)重液为分散相；(b)轻液为分散相

A—组分 A；B—组分 B；C—连续相

喷雾塔操作简单，几十年来一直用于工业生产，由于其效率非常低，而多用于一些简单的操作过程，如洗涤、净化与中和。

6. 转盘萃取塔

转盘萃取塔的基本结构如图 9-34 所示。转盘萃取塔既能连续操作，又能间歇操作；既能逆流操作，又能并流操作。逆流操作时，重相从塔上部加入，轻相从塔底加入；并流操作时，两相从塔的同一端加入，借助输入能量在塔内流动。

为进一步提高转盘塔的效率，近年来又开发出不对称转盘塔(偏心转盘萃取塔)，其基本结构如图 9-35 所示。带有搅拌叶片 1 的转轴安装在塔体的偏心位置，塔内不对称地设置垂直挡板，将其分成混合区 3 和澄清区 4。混合区由横向水平挡板分割成许多小室，每个小室内的转盘起混合搅拌器的作用。澄清区又由环形水平挡板分割成许多小室。

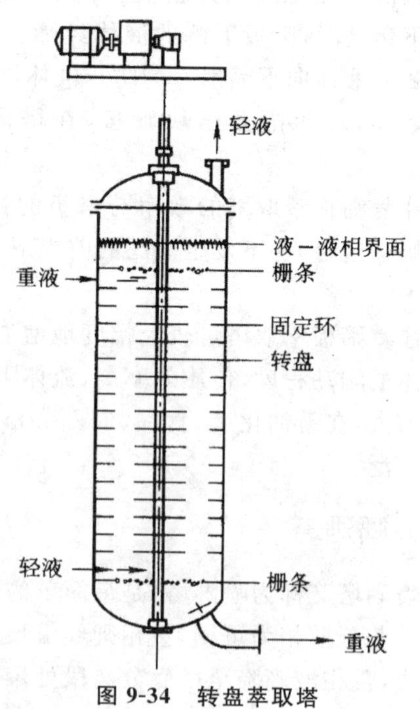

图 9-34 转盘萃取塔

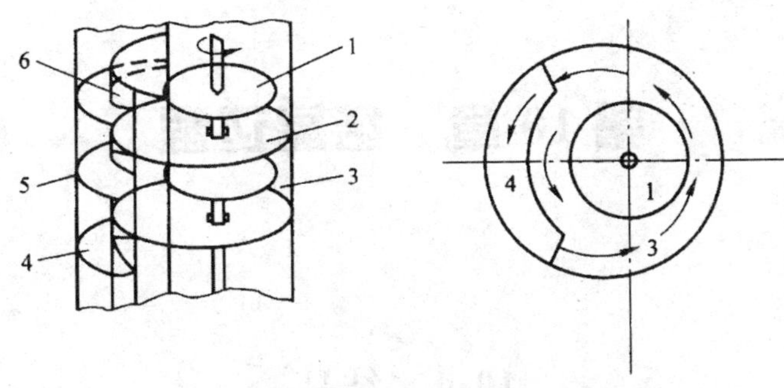

图 9-35　偏心转盘萃取塔内部结构

1—转盘；2—横向水平挡板；3—混合区；
4—澄清区；5—环形分割板；6—垂直挡板

偏心转盘萃取塔既保持原有转盘萃取塔用转盘进行分散的特点，同时分开的澄清区又可使分散相液滴反复进行凝聚分散，减小了轴向混合，从而提高了萃取效率。此外该类型萃取塔的尺寸范围较大，塔高可达 30 m，塔径可达 4 m，对物系的性质（密度差、黏度、界面张力等）适应性很强，且适用于含有悬浮固体或易乳化的料液。

第 10 章　结晶过程

10.1　结晶

10.1.1　晶体的结构与性质

1. 晶体的结构

由蒸汽、溶液或熔融物中析出晶体的单元操作称为结晶。晶体是一种内部结构中的质点元素作三维有序规则排列的固态物质。如果晶体成长环境良好，则可形成有规则的多面体外形，晶体的外形称为晶习，多面体的面称为晶面，棱边称为晶棱。

构成晶体的微观粒子在晶体所占有的空间中按一定的几何规则排列，由此形成的最小单元称为晶格。晶体按其晶格结构可分为 7 个晶系，如图 10-1 所示。

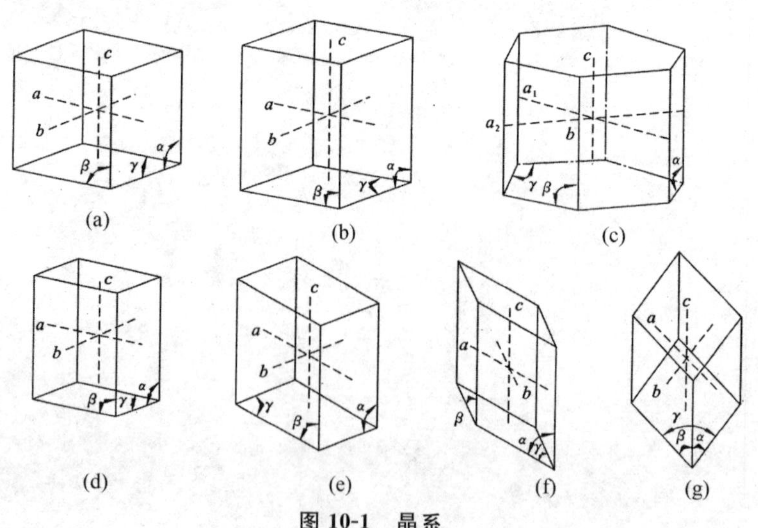

图 10-1　晶系

(a)立方晶系；(b)四方晶系；(c)六方晶系

(d)立交晶系；(e)单斜晶系；(f)三斜晶系；(g)三方晶系

①立方晶系：也称为等轴晶系，$a=b=c$，$\alpha=\beta=\gamma=90°$。

②四方晶系：$a=b\neq c$，$\alpha=\beta=\gamma=90°$。

③六方晶系：$a_1=a_2=b\neq c$，$\alpha=\beta=90°$，$\gamma=120°$。

④立交晶系：$a \neq b \neq c, \alpha = \beta = \gamma = 90°$。

⑤单斜晶系：$a \neq b \neq c, \alpha = \gamma = 90° \neq \beta$。

⑥三斜晶系：$a \neq b \neq c, \alpha \neq \beta \neq \gamma \neq 90°$。

⑦三方晶系：$a = b = c, \alpha = \beta = \gamma \neq 90°$。

同一种物质在不同的条件下可形成不同的晶系，可能是两种晶系的过渡体。如熔融的硝酸铵在冷却过程中可由立方晶系变成斜棱晶系、长方晶系等。

2. 晶体的性质

晶体是内部结构中的原子、离子或分子作三维有序排列的固态物质。若晶体成长环境良好，则可形成有规则的多面体外形，称为结晶多面体，其表面称为晶面。晶体具有以下几个性质。

(1)自范性

自范性是指晶体自发地成长为结晶多面体的可能性，即晶体通常以平面作为与周围介质的分界面。在理想条件下，生长过程中的晶体保持几何上的相似。

(2)均匀性

均匀性是指晶体中每一宏观质点的物理性质、化学组成及晶格结构都相同。晶体的这种特性保证了工业晶体产品具有高的纯度。

(3)各向异性

各向异性是指晶体的几何特性及物理效应常随方向的不同而表现出数量上的差异。从结晶多面体中心到表面的距离，随方向的不同而不同。

10.1.2 溶液结晶的类型

溶液结晶是指晶体从溶液中析出的过程。根据结晶过程过饱和度产生方法的不同，溶液结晶可分为冷却结晶、真空冷却结晶、蒸发结晶等不同类型。

1. 冷却结晶

冷却结晶是通过冷却降温使溶液变成过饱和的结晶法，用于溶解度随温度的降低而显著下降的物系。冷却结晶所得产品纯度较低，粒度分布不均，容易发生结块现象，并且设备所占空间大，容积生产能力较低。最简单的冷却结晶过程是将热的结晶溶液置于无搅拌的，有时甚至是敞口的结晶釜中，靠自然冷却而降温结晶。在某些生产量不大，对产品纯度及粒度要求又不严格的情况下，冷却结晶至今仍在应用。

2. 真空冷却结晶

真空冷却结晶是使溶剂在真空下闪蒸而使溶液绝热冷却的结晶法，适用于具有正溶解度特性而溶解度随温度的变化率中等的物系。真空冷却结晶过程是把热浓溶液送入绝热保温的密闭结晶器中，结晶器内维持较高的真空度，使溶液发生闪蒸而绝热冷却到与器内压力相对应的平衡温度。即通过蒸发浓缩及冷却两种效应来产生过饱和度。真空冷却结晶的主体设备结构相对简单，无换热面，操作比较稳定，不存在内表面严重结垢及结垢清理问题。

3. 蒸发结晶

蒸发结晶是使溶液在常压或减压上蒸发浓缩而变成过饱和的结晶法，适用于溶解度随温度降低而变化不大或具有逆溶解度特性的物系。蒸发结晶器也常在减压下操作，采用减压的目的在于降低操作温度，增大传热温度差，并可组成多效蒸发装置。

10.2 结晶原理

10.2.1 结晶过程的相平衡

1. 溶解度与溶解度曲线

固体与其溶液间的相平衡关系通常用固体在溶液中的溶解度来表示。溶解度是状态函数，随温度和压力而变。但大多数物质在一定溶液中的溶解度主要随温度而变化，随压力的变化很小，常可忽略，故溶解度曲线常用溶质在溶剂中的溶解度随温度而变化的关系来表示。如图 10-2 所示为某些无机盐在水中的溶解度曲线。

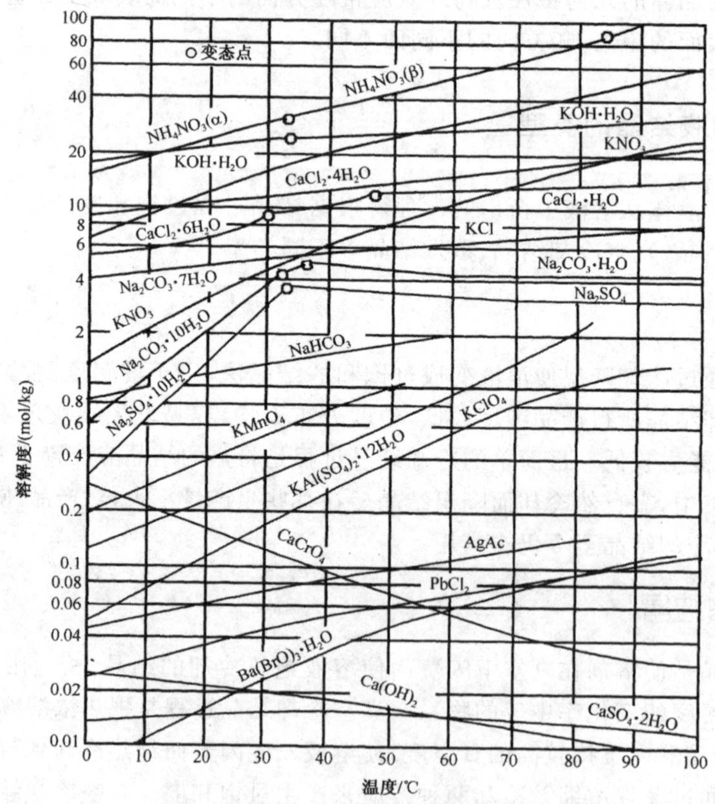

图 10-2 某些无机盐在水中的溶解度曲线

物质的溶解度曲线的特征会对结晶方法的选择起决定作用。例如，对于溶解度随温度变化大的物质，可采用变温方法来结晶分离；对于溶解度随温度变化不大的物质，则可采用蒸发结晶的方法来分离。此外，不同温度下的溶解度数据还是计算结晶理论产量的依据。

2. 溶液的过饱和与介稳定区

含有超过饱和量溶质的溶液为过饱和溶液。将一个完全纯净的溶液在不受任何外界扰动和任何刺激的条件下缓慢降温，就可以得到过饱和溶液。过饱和溶液与相同温度下的饱和溶液的浓度之差称为过饱和度。各种物系的结晶都存在不同程度的过饱和度。

溶液的过饱和度与结晶的关系可用图10-3说明。图10-3中AB线为普通溶解度曲线，CD线表示溶液过饱和且能自发产生结晶的浓度曲线，称为超溶解度曲线，它与溶解度曲线大致平行。超溶解度曲线与溶解度曲线有所不同：一个特定物系只有一条明确的溶解度曲线，但超溶解度曲线的位置却要受许多因素的影响。换言之，一个特定物系可以有多个超溶解度曲线。

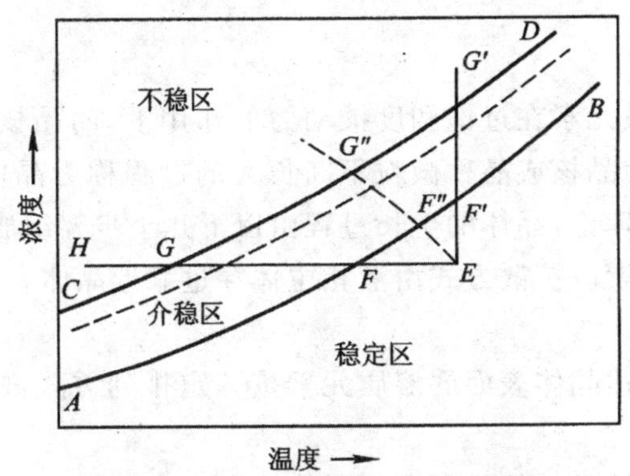

图10-3 溶液的过饱和与超溶解度曲线

AB线以下的区域称为稳定区，在此区域内溶液尚未达到饱和，因此无结晶的可能。AB线以上是过饱和区，其中AB线和CD线之间的区域称为介稳区，在此区域内，不会自发地产生晶核，但如果溶液中加入晶种，所加晶种就会长大；CD线以上是不稳区，在此区域内，能自发地产生晶核。

将初始状态为E的洁净溶液冷却至F点，溶液刚好达到饱和，但没有结晶析出；当由F点继续冷却至G点，溶液经过介稳区，虽已处于过饱和状态，但仍不能自发地产生晶核；当冷却超过G点进入不稳定区后，溶液中才能自发地产生晶核。另外，也可利用在恒温下蒸发溶剂的方法，使溶液达到过饱和，如图10-3中$EF'G'$线所示；或者利用冷却与蒸发相结合的方法，如图10-3中$EF''G''$所示，都可以完成溶液的结晶过程。

10.2.2 晶核的形成与生长

1. 晶核的形成

在一种普通的溶液中，溶质分子在溶液中呈均匀分散状态，并且存在着不规则的分子运动。溶质分子的运动受温度、浓度等因素的影响。若升高溶液的温度，则可使分子动能增加，溶质分子的运动速度也会加快，因而溶解度也随之增大。当溶液的浓度逐渐升高时，溶质分子密度随之增加，分子间的距离缩小和分子间的引力都随之增加。当溶液浓度达到一定的过饱和程度时，这些溶质能够互相吸引，自然聚合形成一种细微的颗粒，这就是所谓的晶核。晶核形成的必要条件是溶液要达到一定的过饱和程度，如果有外界因素的刺激还可以促使晶核提早形成。晶核的形成称为起晶。工业结晶有3种不同的起晶方法。

(1)自然起晶法

将溶液蒸发浓缩，使之进入不稳定区而自然产生晶核，这种方式称为自然起晶。

(2)刺激起晶法

用外界因素的刺激促进晶核形成的起晶方式称为刺激起晶。

(3)晶种起晶法

将溶液蒸发浓缩至介稳区中过饱和程度较低的养晶区范围，通过加入晶种刺激起晶的方式称为晶核起晶。

2.晶核的生长

在过饱和溶液中，溶质元素在过饱和度推动力的作用下，向晶核或加入的晶种运动，并在其表面上层层有序排列，使晶核或晶种微粒不断长大的过程称为晶体生长。晶体的生长可用液相扩散理论描述。按此理论，晶体的生长过程由以下几个步骤组成。

①扩散过程。溶质元素以扩散方式由液相主体穿过靠近晶体表面的静止液层(边界层)转移至晶体表面。

②表面反应过程。到达晶体表面的溶质元素按一定排列方式嵌入晶面，使晶体长大并放出结晶热。

③传热过程。放出的结晶热传导至液相主体中。

如图10-4所示为晶体生长过程的示意图。其中第1步扩散过程以浓度差作为推动力。第2步是溶质元素在晶体空间的晶格上按一定规则排列的过程。这好比是砌墙，不仅要向工地运砖，而且要把运到的砖按规定图样一一垒砌，才能把墙砌成。至于第3步，由于大多数结晶物系的结晶放热量不大，对整个结晶过程的影响一般可忽略不计。因此，晶体的生长速率或是扩散控制，或是表面反应控制。如果扩散阻力与表面反应的阻力相当，则生长速率为双方控制。对于多数结晶物系，其扩散阻力小于表面反应阻力，因此晶体生长过程多为表面反应控制。

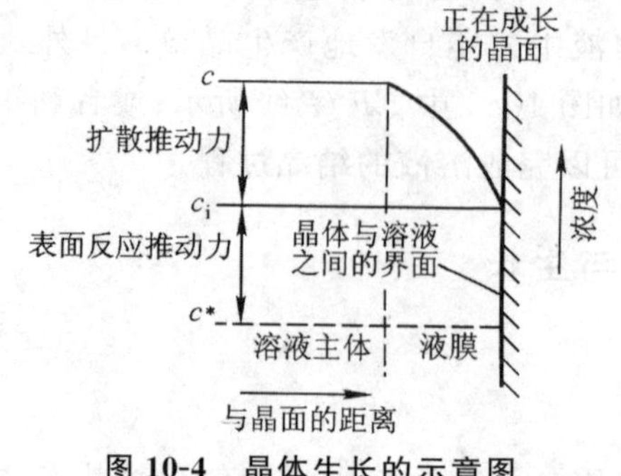

图10-4 晶体生长的示意图

10.2.3 结晶速率及其影响因素

结晶速率包括成核速率和晶体成长速率。成核速率是指单位时间、单位体积溶液中产生的晶核数目。晶体成长速率是指单位时间内晶体平均粒度的增加量。工业上影响结晶速率的因素有很多,具体如下所示。

(1)过饱和度

根据结晶动力学理论,增大溶液过饱和度可提高成核速率和生长速率,单纯从结晶生产速度的角度考虑是有利的,但过饱和度过大又会出现以下问题:

①成核速率过快,产生大量微小晶体,结晶难以长大。

②结晶生长速率过快,容易在晶体表面产生液泡,影响结晶质量。

③结晶器壁面容易产生晶垢,给结晶操作带来困难。

因此,过饱和度与结晶生长速率、成核速率和结晶密度之间存在如图10-5所示的关系,即存在最大过饱和度,可保证在较高成核和生长速率的同时,不影响结晶的密度。所以结晶操作应以此最大过饱和度为限度,在不易产生晶垢的过饱和度下进行。

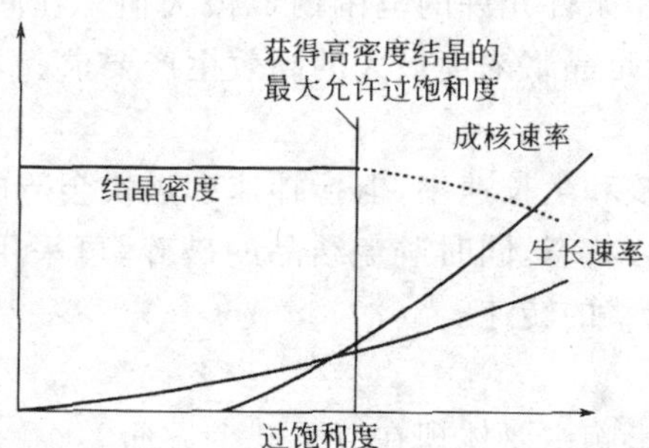

图10-5 过饱和度与成核速率、生长速率和结晶密度的关系

(2)晶种

为了得到高质量的结晶产品,往往需要引入晶种并实现程序控制,工业结晶的晶种分为以下两种情况:

①通过蒸发或降温使溶液的过饱和度进入不稳区,自发成核一定数量后,稀释溶液使过饱和度降至介稳区,这部分晶核即成为结晶的晶种。

②向处于介稳区的过饱和溶液中添加事先准备好的颗粒均匀的晶种。

生物产物的结晶操作主要采用第二种方法。特别是对于溶液黏度较高的物系,晶核很难产生,而在高过饱度下,一旦产生晶核,就会同时出现大量晶核,容易发生聚晶现象,产品的质量不易控制。因此,高黏度物系必须采用在介稳区内添加晶种的操作方法。

(3)杂质

若结晶物系中存在某些微量杂质,则可显著地影响结晶行为,其中包括对溶解度、介稳区宽度、晶体成核及其生长速率、粒度分布等的影响。杂质对结晶行为的影响是复杂的,目前尚没有公认的普遍规律。在此仅定性讨论其对晶核形成、晶体生长及对晶体形状的影响。

通常来说,溶液中的杂质对晶核的形成有抑制作用,如少量胶体物质、某些表面活性剂、痕量的杂质离子都不同程度地有这种作用。溶液中杂质对晶体生长速率的影响颇为复杂，有的杂质能抑制晶体的生长，有的能促进生长，有的杂质能在极低浓度下发生影响，有的却需要相当大的量才起作用。杂质影响晶体生长速率的途径也各不相同，有的是通过改变溶液的结构或溶液的平衡饱和浓度；有的是通过改变晶体与溶液界面处液层的特性而影响溶质质点嵌入晶面；有的是通过自身吸附在晶面上而发生阻挡作用；有的是杂质嵌入晶体内部而产生影响等。

(4)液膜的厚度

液膜的厚度与结晶速度成反比。晶粒四周的液膜厚度与晶粒的运动状况有关，运动着的晶粒比静止晶粒的液膜厚度要小，因此适当地搅拌可促进晶体的相对运动，从而加快结晶速度。搅拌也可以使溶液温度保持均匀。此外，搅拌还能防止晶体下沉而相互黏结。但是搅拌速度不能太快，否则晶体间易发生摩擦，使晶体受损，还会使溶质分子的动能增加，反而不利于结晶。

(5)晶浆浓度

晶浆浓度越高，单位体积结晶器中结晶表面积越大，即固一液接触比表面积越大，结晶生长速率越快，有利于提高结晶生产速度。但是，晶浆浓度过高时，悬浮液的流动性差，混合操作困难。因此晶浆浓度应在操作条件允许的范围内取最大值。在间歇操作中，晶种的添加量应根据最终结晶产品的大小，满足晶浆浓度最大的高效生产要求。

(6)搅拌速度

增大搅拌速度可提高成核和生长速率，但搅拌速度过快会造成晶体的剪切破碎，影响结晶产品质量。为获得较好的混合状态，同时避免结晶的破碎，可采用气提式混合方式，或利用直径或叶片较大的搅拌桨，降低桨的转速。

(7)循环流速

循环流速对结晶操作的影响主要体现在以下几个方面。

①提高循环流速有利于消除过饱和度分布，使结晶成核速率及生长速率分布均匀。

②提高循环流速可增大固-液表面传质系数，提高结晶生长速率。

③外部循环系统中设有换热设备时，提高循环流速有利于提高换热效率，抑制换热表面晶垢的生成。

④循环流速过高会造成结晶的磨损破碎。

(8)温度

温度对晶体生长速率也有较大的影响，一般低温结晶时是表面反应控制；高温时则为扩散控制；中等温度是二者控制。

(9)黏度

结晶料液黏度将显著影响溶质扩散到晶粒表面的速度，并使液膜增厚，扩散距离增长。

(10)晶垢

结晶操作中常伴有结晶器壁面及循环系统中产生晶垢的现象，严重影响结晶过程效率。器壁内表面采用有机涂料，尽量保持壁面光滑，可防止在器壁上的二维成核现象的发生；提高结晶系统中各个部位的流体流速，并使流速分布均匀，消除低流速区；若外循环液体为过饱和溶液，应使其中含有悬浮的晶种；采用夹套保温方式防止壁面附近过饱和度过高；增设晶垢铲除装置，或定期添加溶剂溶解产生的晶垢；蒸发室壁面极易产生晶垢，可采用喷淋溶剂的方式溶解晶垢。

(11)晶习修改剂

晶习修改剂可改变结晶行为，包括晶体外部形态、粒度分布和促进生长速率等。因此，为促进生长速率或获得某种希望出现的晶习，可向结晶系统添加晶习修改剂。晶习修改剂的作用通常在一定浓度以上发生，具体浓度因结晶物系而异。

10.2.4　结晶过程中的物料衡算

在结晶操作中，原料液的浓度已知。大多数物系，结晶终了时母液与晶体达到了平衡状态，可由溶解度曲线查得母液浓度。但有些物系结晶终了时仍可能有剩余过饱和度，则需实测母液的终了浓度。

对于不形成溶剂化合物的结晶过程，可得

$$Wc_1=G+(W-VW)c_2$$

或

$$G=W[c_1-(1-V)c_2]$$

式中，G 为结晶产量，kg 或 kg/h；W 为原料液中溶剂量，kg 或 kg/h；c_1、c_2 为原料液及母液中溶质的浓度，kg 无溶剂溶质/kg 溶剂；V 为溶剂蒸发量，kg/kg 原料液中溶剂。

对于形成溶剂化合物的结晶过程，由于溶剂化合物带出的溶剂不再存在于母液中，而该溶剂中原来溶有的溶质也必然全部结晶出来。此时，溶质的衡算式为

$$Wc_1=G\frac{1}{R}+(W+Wc_1-VW-G)\frac{c_2}{1+c_2}$$

可得

$$G=\frac{WR[c_1-c_2(1-V)]}{1-c_2(R-1)}$$

式中，R 为溶剂化合物与无溶剂溶质的摩尔质量之比。

对于真空绝热冷却结晶过程，V 取决于溶剂蒸发时需要的汽化热、溶质结晶时放出的结晶热及溶液绝热冷却时放出的显热。列热量衡算式，得

$$VWr_s=c_p(t_1-t_2)+(W+Wc_1)+r_{cr}G$$

式中，r_{cr} 为结晶热，J/kg；r_s 为溶剂汽化热，J/kg；t_1、t_2 分别为溶液的初始温度、终了温度，℃；c_p 为溶液的比热容，J/(kg·℃)。

由此可求的容积蒸发量 V，然后再求得结晶产量 G 值。

10.2.5　结晶过程的强化

结晶过程及其强化的研究可以从结晶相平衡、结晶过程的传热传质(包括反应)、设备及过程的控制等方面分别加以讨论。

(1)溶液的相平衡曲线

溶液的相平衡曲线即溶解度曲线,尤其是其介稳区的测定十分重要,因为它是实现工业结晶获得产品的依据,对指导结晶优化操作具有重要意义。

(2)强化结晶过程的传热传质

结晶过程的传热与传质通常采用机械搅拌、气流喷射、外循环加热等方法来实现。但是应该注意控制速率,否则晶粒易被破碎,过大的速率也不利于晶体成长。

(3)改良结晶器结构

在结晶器内采用导流筒或挡筒是改良结晶器最常用的,也是十分有效的方法,它们既有利于溶液在导流筒中的传热传质,又有利于导流筒外晶体的成长。

(4)引入添加剂、杂质或其他能量

前面已经述及引入添加剂或微量杂质对结晶过程的影响,故不再赘述。最近,有文献报道,外加磁场、声场对结晶过程也会产生显著的影响。

(5)结晶过程控制

为了得到粒度分布特性好、纯度高的结晶产品,对于连续结晶过程,控制好结晶器内溶液的温度、压力、液面、进料及晶浆出料速率等十分重要。对于间歇结晶过程来讲,计量加入晶种并采用程序控制以及控制冷却速率等均是实现获得高纯度产品、控制产品粒度的重要手段。目前,工业上已应用计算机对结晶过程实现监控。

10.2.6 结晶的操作工艺

根据不同的生产工艺要求,结晶操作分为连续、半连续和间歇式3种操作工艺。

(1)连续结晶

连续结晶具有产量大、成本小、劳动强度低、母液的再利用率高等优点;缺点是换热面以及容器壁面容易结垢、晶体的平均粒度小且波动较大、对操控要求较高。因此,连续结晶的应用范围受到一定的限制,目前主要用于产量大、附加值比较低的晶体产品的生产。

(2)间歇结晶

与连续结晶相比较,间歇结晶不需要苛刻的稳定操作,也不会产生连续结晶所固有的晶体粒度分布缺陷,此外,间歇结晶还为生产设备的批间清洗提供了方便,这在制药工业中可以防止药品的批间污染,符合GMP要求。间歇结晶的缺点是操作成本较高、生产的重复性较差。近年来,随着小批量、高纯度、高附加值的精细化工和高技术产品的不断涌现,间歇结晶工艺在化工、制药、材料等领域中的应用不断扩展。

(3)半连续结晶

半连续结晶的是连续结晶和间歇结晶的组合,由于半连续结晶同时具有连续结晶和间歇结晶的某些优点,因此在工业中应用非常广泛。

对于特定的结晶体系,究竟应该选择何种操作工艺,需要考虑各种因素,如结晶体系的特性、料液的处理量、晶体产品的质量和产量等,其中料液处理量和晶体产量是两个相对重要的选择依据。一般情况下,连续结晶的生产规模不宜小于100 kg/h,而间歇结晶的生产规模不存在下限。对于料液处理量大于20 m^3/h的结晶过程,则应该采用连续结晶操作。此外,对于某些产品纯度要求较高或者粒度分布指定的结晶过程,只能采用间歇操作。

10.3 结晶器

结晶器的类型很多，按操作方式可分为间歇式和连续式结晶器；按结晶方法可分为冷却结晶器、真空冷却结晶器、蒸发结晶器等；按流动方式可分为混合型、多级型、晶浆循环型和母液循环型结晶器。

10.3.1 冷却结晶器

如图 10-6 所示为一台连续操作的循环型冷却结晶器。部分晶浆由结晶器的锥形底排出后，经循环管与原料液一起通过换热器加热，沿切线方向重新返回结晶室。此结晶器生产能力很大。但因外循环管路较长，输送晶浆所需的压头较高，循环泵叶轮转速较快，因而循环晶浆中晶体与叶轮之间的接触成核速率较高。另外，它的循环量较低，结晶室内的晶浆混合不很均匀，存在局部过浓现象。因此，所得产品平均粒度较小，粒度分布较宽。

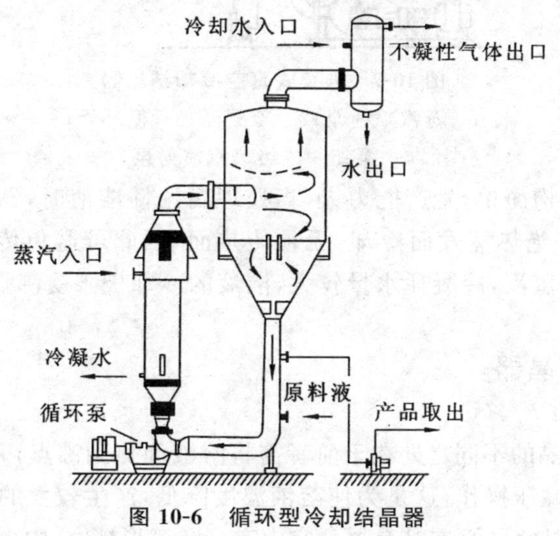

图 10-6 循环型冷却结晶器

10.3.2 真空冷却结晶器

真空冷却结晶器是将热的饱和溶液加到一个与外界绝热的结晶器中，由于器内维持高真空，故其内部滞留的溶液的沸点低于加入溶液的温度。这样，溶液进入结晶器后，经绝热闪蒸过程冷却到与器内压力相对应的平衡温度。

真空冷却结晶器可以间歇或连续操作。如图 10-7 所示为一种连续式真空冷却结晶器。加热了的原料液自进料口连续加入，晶浆用泵连续排出，结晶器底部管路上的循环泵使溶液作强制循环流动，以促进溶液均匀混合，维持有利的结晶条件。蒸出的溶剂（蒸汽）由器顶部逸出，至高位混合冷凝器中冷凝。双级式蒸汽喷射泵用于产生和维持结晶器内的真空。一般地，真空冷却结晶器内的操作温度都很低，所产生的溶剂蒸汽不能在冷凝器中被水冷凝，此时可在冷凝器的前部装一蒸汽喷射泵，将蒸汽压缩，以提高其冷凝温度。

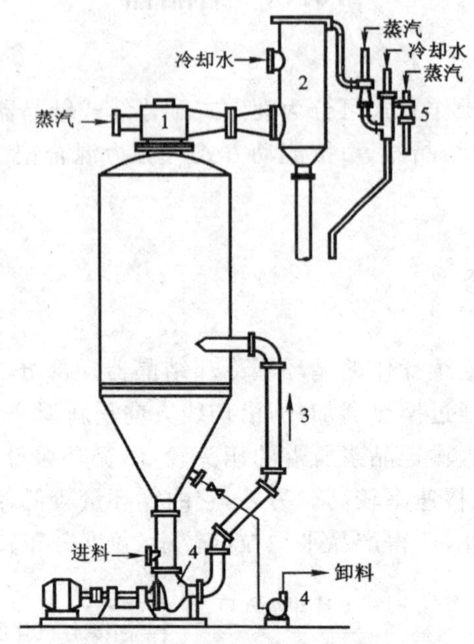

图 10-7　连续式真空冷却结晶器

1—蒸汽喷射泵；2—冷凝器；3—循环管；
4—泵；5—二级蒸汽喷射泵

真空冷却结晶器结构简单，生产能力大，当处理腐蚀性溶液时，器内可加衬里或用耐腐蚀材料制造。由于溶液系绝热蒸发而冷却，无须传热面，因此可避免传热面上的腐蚀及结垢现象。其缺点是必须使用蒸汽，冷凝耗水量较大，溶液的冷却极限受沸点升高的限制等。

10.3.3　蒸发结晶器

蒸发结晶与冷却结晶的不同之处在于前者需将溶液加热到沸点，并浓缩达过饱和而产生结晶。蒸发结晶通常采用减压操作，这是为使溶液温度降低，产生较大的过饱和度。如图 10-8 所示为一种带导流筒和搅拌浆的真空结晶器。它内有一圆筒形挡圈，中央有一导流筒，其下端安有搅拌器，悬浮液靠它实现导流筒及导流筒与挡圈环隙通道内的循环流动。筒形挡圈将结晶器分为晶体成长区和澄清区。挡圈与容器壁间的环隙为澄清区，此区溶液基本不受搅拌的干扰，故大晶体可以实现沉降分离，只有细晶粒，才随母液由顶部排出容器，进入加热器加热被清除。然后母液再送回结晶器，从而实现对晶核数量的控制，使产品的粒度分布均匀。由澄清区沉降下落的晶体，较大者进入淘洗腿后由泵送到下道工序，如过滤或离心分离后，得到固体产品。部分下落晶体（主要是中等粒度的晶体）随母液被吸入导流筒，进入成长区，实现晶粒继续成长。

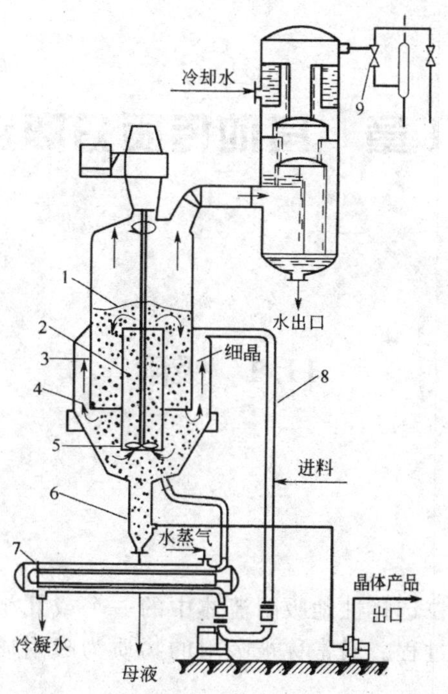

图 10-8　带导流筒和搅拌桨的真空结晶器

1—沸腾液面；2—导流桶；3—挡板；4—澄清区；5—螺旋桨；
6—淘洗腿；7—加热器；8—循环管；9—喷射真空泵

蒸发结晶器的优点是生产强度高，可实现真空绝热冷却法、蒸发法、直接接触冷冻法及反应法等多种结晶操作，且器内不易结疤。

第 11 章 其他传质分离过程

11.1 吸附

11.1.1 吸附原理

吸附是利用多孔固体颗粒选择性地吸附流体中的一个或几个组分，从而使流体混合物中的组分彼此分离的单元操作过程。通常称被吸附的物质为吸附质，用作吸附的多孔固体颗粒称为吸附剂。

吸附现象早已被人们发现和利用，日常生活中用木炭和骨灰使气体和液体脱湿和除臭已有悠久的历史。目前吸附分离广泛应用于化工、石油化工、医药、冶金和电子等工业部门，用于气体分离、干燥及空气净化、废水处理等领域。如常温空气分离氧氮，酸性气体脱除，从各种混合气体中分离回收 H_2、CO_2、CO、C_2H_4 等气相分离；也可从废水中回收有用成分或除去有害成分，石化产品和化工产品的分离等液相分离。

吸附作用起因于固体颗粒的表面力，其作用发生在两相的界面上。此表面力可以是由于范德华力的作用使吸附质分子单层或多层地覆盖于吸附剂的表面，这种吸附属物理吸附。例如，活性炭与废水相接触，废水中的污染物会从水中转移到活性炭的表面上。吸附时所放出的热量称为吸附热。物理吸附的吸附热在数值上与该组分的冷凝热相当。吸附也可因吸附质与吸附剂表面原子间的化学键合作用造成，这种吸附属化学吸附，吸附热相对较高。化工吸附分离多为物理吸附。

与吸附相反，组分脱离固体吸附剂表面的现象称为解吸(或脱附)。脱附的方法有多种，原则上是升温和降低吸附质的分压以改变平衡条件使吸附质脱附。与吸收—解吸过程相类似，吸附—脱附过程的循环操作构成一个完整的工业吸附过程。

11.1.2 常用的吸附剂

1. 活性炭

活性炭是一种具有多孔结构，并对气体等有很强吸附能力的碳基物质的总称。它是由含碳的有机物，加热炭化，除去全部挥发物质，再经破碎、活化和加工成型几个工序制成的。活性炭性能稳定，抗腐蚀，可广泛用于食品、石油化工、制药等工业的脱色、脱臭、精制、“三废”处理及作为催化剂的载体。

2.分子筛

分子筛包括多种人工合成的和天然的沸石分子筛，具有特定的均一孔径，其范围相当于分子大小，可用于对不同大小的分子进行筛分，故得名。沸石是一种含结晶水的硅铝酸盐，具有较高的化学稳定性和吸附选择性，属于强极性吸附剂；对极性分子如 H_2O、SO_2、H_2S 等有较强的亲和力，但与有机物的亲和力较弱；其比表面积可达 750 m^2/g。

3.硅胶

硅胶是一种坚硬、无定形链状和网状结构的硅酸聚合物颗粒，分子式为 $SiO_2 \cdot H_2O$，为一种亲水性的极性吸附剂。硅胶是由硅酸钠溶液经酸处理，所得胶状沉淀物经老化、水洗、干燥后制得的。硅胶对极性物质具有良好的吸附性，故多用于气体或液体的干燥、层析分离等。它是用硫酸处理硅酸钠的水溶液，生成凝胶，并将其水洗除去硫酸钠后经干燥，便得到玻璃状的硅胶。它主要用于干燥、气体混合物及石油组分的分离等。

4.活性氧化铝

活性氧化铝为无定形的多孔结构物质，通常由氧化铝（以三水合物为主）加热、脱水和活化而得。活性氧化铝是一种极性吸附剂，对水有很强的吸附能力，主要用于气体与液体的干燥以及焦炉气或炼厂气的精制等。

11.1.3　吸附相平衡

1.吸附等温线

流体与吸附剂在一定的温度和压力下经充分接触后，吸附质在流体相和固体相内的组成不再变化，称为达到了吸附相平衡。相平衡可用于判定传质的极限和传质的方向，这一点与吸收等其他传质过程相同。吸附平衡常用等温下的组成关系表示，称为吸附等温线，下面较详细地讨论气体的吸附等温线。

气体的吸附等温线常用在恒定温度下，吸附剂的吸附量 q（单位为 kg 吸附质/kg 吸附剂）与气相中吸附质分压 p 的关系曲线表示；气相组成有时也用浓度等单位表示。如图 11-1 所示为 25 ℃下几种单组分的有机蒸汽在活性炭上的吸附等温线。对于同样的吸附剂和吸附质，温度愈高吸附量愈小，不同温度下的吸附等温线如图 11-2 所示。

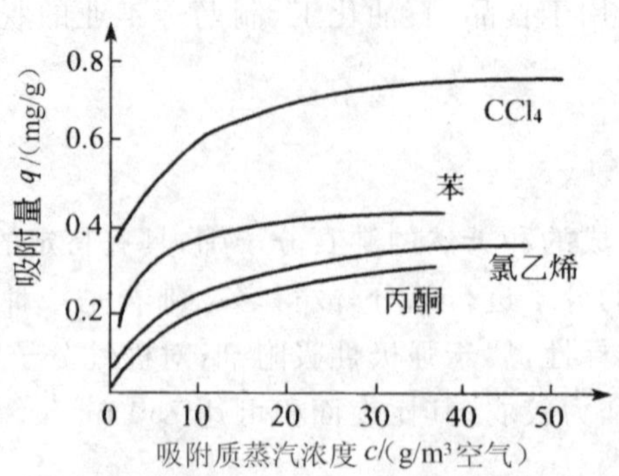

图 11-1　25 ℃下不同吸附质在活性炭上的吸附等温线

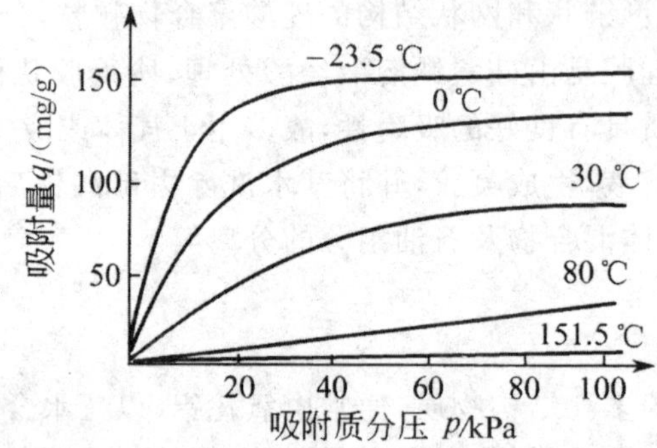

图 11-2　同温度下 NH_3 在木炭上的吸附等温曲线

气体的吸附等温线根据 Brunauer 的分类法，有 5 种类型，如图 11-3 所示。其中Ⅰ、Ⅱ、Ⅳ型向吸附量 q 的坐标凸出，在 p/p^0 很低时 q 仍达到较大值，有利于微量吸附质的脱除，称为优惠吸附等温线；Ⅲ、Ⅴ型与上述相反，在 p/p^0 较低时曲线下凹，称为非优惠吸附等温线。

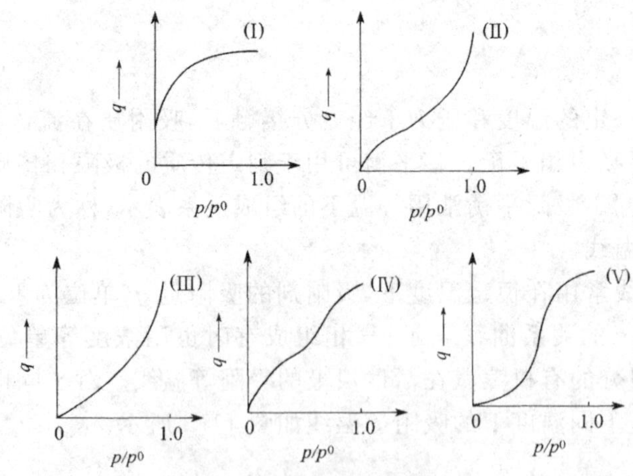

图 11-3　气相吸附等温线分类

p^0—等温下吸附质的饱和蒸汽压

液体的吸附等温线较上述气体的要复杂，除温度以外还受溶剂种类、pH 及吸附质是否为电解质等的影响。

需要指出的是，吸附等温线所表示的通常是可逆现象，即线上任一点既可由吸附剂的吸附而达到，也可由已吸附了吸附质的吸附剂进行脱附而达到。然而，有时也会遇到吸附等温线与脱附等温线不重合的情况，称为滞留现象，如图 11-4 所示。其原因可能是孔隙中发生冷凝现象，图 11-3 中的Ⅳ、Ⅴ型等温线易发生滞留现象。当出现滞留现象时，对于同样的吸附量，吸附平衡分压一定高于脱附平衡分压。

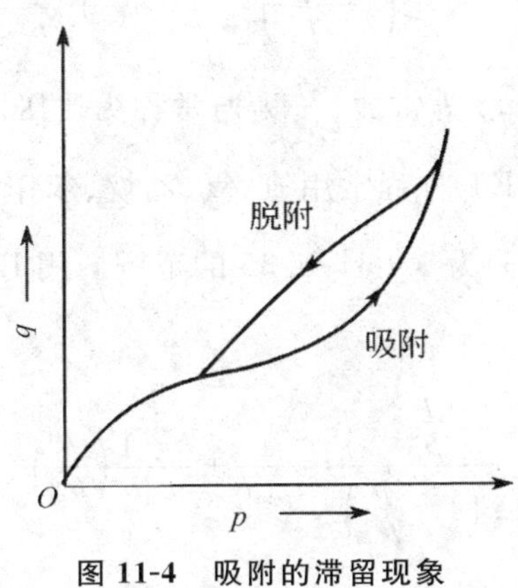

图 11-4 吸附的滞留现象

2. 吸附平衡关系式

基于对吸附机理的不同假设，可以导出相应的吸附模型和平衡关系式。常见的有以下几种。

(1)低浓度吸附

当低浓度气体在均一的吸附剂表面发生物理吸附时，相邻的分子之间互相独立，气相与吸附剂固体相之间的平衡浓度是线性关系，即

$$x=Hc$$

或

$$x=H'p \tag{11-1}$$

式中，c 吸附质浓度，kg/m^3；p 为吸附质分压，Pa；H 为比例常数，m^3/kg；H' 为比例常数，Pa^{-1}。

(2)单分子层吸附——朗格缪尔方程

当气相浓度较高时，相平衡不再服从线性关系。记 $\theta\left(=\dfrac{x}{x_{\mathrm{m}}}\right)$ 为吸附表面遮盖率。吸附速率可表示为 $k_{\mathrm{a}}p(1-\theta)$，脱附速率为 $k_{\mathrm{d}}\theta$，当吸附速率与脱附速率相等时达到吸附平衡，这时

$$\frac{\theta}{1-\theta}=\frac{k_{\mathrm{a}}}{k_{\mathrm{d}}}p=k_{\mathrm{L}}p \tag{11-2}$$

式中，k_L 为朗格缪尔吸附平衡常数。式(11-2)经整理后可得

$$\theta=\frac{x}{x_{\mathrm{m}}}=\frac{k_{\mathrm{L}}p}{1+k_{\mathrm{L}}p} \tag{11-3}$$

式(11-3)即为单分子层吸附朗格缪尔方程。当气相吸附质浓度很低时，式(11-3)可简化为式(11-1)。朗格缪尔方程中的模型参数 x_{m} 和 k_{L} 可通过实验确定。

(3)多分子层吸附——BET 方程

Brunauer、Emmet 和 Teller 提出固体表面吸附了第一层分子后对气相中的吸附质仍有引力,由此而形成了第二、第三乃至多层分子的吸附。据此导出如下关系式

$$x=x_m=\frac{b\frac{p}{p^0}}{\left(1-\frac{p}{p^0}\right)\left[1+(b-1)\frac{p}{p^0}\right]} \tag{11-4}$$

式中,p^0 为吸附质的饱和蒸汽压;b 为常数;$\frac{p}{p^0}$为通常称为比压。

式(11-4)即为 BET 方程,BET 方程常用氮、氧、乙烷、苯作吸附质以测量吸附剂或其他细粉的比表面,通常适用于比压($\frac{p}{p^0}$)为 0.05～0.35 的范围。用 BET 方程进行比表面求算时,将式(11-4)改写成直线形式

$$\frac{\frac{p}{p^0}}{x\left(1-\frac{p}{p^0}\right)}=\frac{1}{x_m b}+\frac{b-1}{x_m b}\left(\frac{p}{p^0}\right)$$

$$=A+B\left(\frac{p}{p^0}\right)$$

式中,A、B 分别为直线的截距和斜率。由截距和斜率可求出吸附容量为

$$x_m=\frac{1}{A+B}$$

比表面为

$$a=\frac{N_0 A_0 x_m}{M}$$

式中,N_0 为阿伏伽德罗常数 6.023×10^{23};M 为相对分子质量。

11.1.4 吸附速率

吸附速率是指吸附质在单位时间内被吸附的量,它是吸附过程设计与生产操作的重要参数。吸附速率与体系性质、操作条件以及两相组成等因素有关。对于一定体系,在一定操作条件下,两相接触、吸附质被吸附剂吸附的过程如下:开始时吸附质在流体相中浓度较高,在吸附剂上的含量较低,远离平衡状态,传质推动力大,故吸附速率高。随着过程的进行,流体相中吸附质浓度降低,吸附剂上吸附质含量增高,传质推动力降低,吸附速率逐渐下降。经过很长时间,吸附质在两相间接近平衡,吸附速率趋近于零。

通常组分的吸附传质包括外扩散、内扩散及吸附三个步骤,其每一步的速度都将不同程度地影响总吸附速率。吸附过程的总速率由速率最慢的步骤控制,多数的吸附过程总速率是由内扩散控制的。

1. 外扩散的传质速率方程

外扩散是指吸附质分子从流体主体以对流扩散方式传递到吸附剂固体表面。在紧贴固体

表面附近有一层流膜层，这一步的传递速率主要取决于吸附质以分子扩散方式通过这一层流膜层的传递速率。

外扩散的传质速率方程为

$$N_A = k_F a_p (c - c_i)$$

式中，N_A 为外扩散的传质速率，kg 吸附质/s；k_F 为外扩散的传质系数，m/s；a_p 为吸附剂颗粒的外表面积，m^2；c 为吸附质在流体主体的平均质量浓度，kg/m^2；c_i 为吸附剂颗粒外表面处吸附质的质量浓度，kg/m^2。

外扩散的传质系数与流体的性质、两相接触状况、颗粒的几何形状及吸附操作条件等有关。

2. 内扩散的传质速率方程

内扩散是指吸附质分子从吸附剂的外表面进入其微孔道进而扩散到孔道的内表面。因颗粒内孔道的孔径大小及表面不同，故吸附质在吸附剂颗粒微孔内的扩散机理也不同，且比外扩散要复杂得多。其内扩散分以下几种情况。

(1)分子扩散

当孔径远大于吸附质分子运动的平均自由程时，吸附质的扩散在分子间碰撞过程中进行。

(2)努森扩散

当孔道直径很小，扩散在以吸附质分子与孔道壁碰撞为主的过程中进行。

(3)过渡扩散

当孔径分布较宽，有大孔径又有小孔径时，分子扩散与努森扩散同时存在。

(4)表面扩散

颗粒表面凹凸不平，表面能也起伏变化，吸附质在分子扩散时沿表面碰撞弹跳，从而产生表面扩散。

(5)晶体扩散

吸附质分子在颗粒晶体内的扩散。

将内扩散过程作简单处理，传质速率方程采用下述简单形式

$$N_A = k_s a_p (q_i - q)$$

式中，k_s 为吸附剂固体相侧的传质系数，kg/(m^2·s)；q_i 为与吸附剂外表面浓度呈平衡的吸附量，kg 吸附质/kg 吸附剂；q 为颗粒内部的平均吸附量，kg 吸附质/kg 吸附剂。

3. 吸附过程的总传质速率方程

吸附剂外表面处吸附质的浓度 c_i、q_i 很难测得，因此吸附过程的总传质速率通常以与流体主体平均浓度相平衡的吸附量和颗粒内部平均吸附量之差为吸附推动力来表示，即

$$N_A = K_s a_p (q^* - q) = K_F a_p (c - c^*)$$

式中，K_s 为以($c-c^*$)为吸附推动力的总传质系数，m/s；K_F 为以(q^*-q)为吸附推动力的总传质系数，kg/(m^2·s)。

对于物理吸附，通常吸附剂表面上的吸附速率往往很快，因此影响吸附总速率的是外扩散与内扩散速率。有的情况下外扩散速率比内扩散慢得多，吸附速率由外扩散速率决定，称为外扩散控制。较多的情况是内扩散的速率比外扩散慢，过程称为内扩散控制。

11.1.5 固定床吸附过程分析

固定床吸附器是最常用的吸附设备，具有典型意义。其结构多为圆筒形，吸附剂颗粒堆放在多孔板上，且不让颗粒移动。流体从一端进入，从另一端流出。

现在某些简化假设下讨论固定床的吸附过程。流体以稳态流入装有新鲜吸附剂的固定床，流体中吸附质A的浓度为 c_0。在时间 $t=0$ 的开始瞬间，床层全部长度 L_0 保持新鲜，如图11-5(a)所示。

经过时间 t_1，如图11-5(b)所示，靠近入口的 OM 段已与 c_0 平衡，即为A所饱和而不能再进行吸附，称为饱和区；其前面的 MN 段在进行吸附，称为吸附区或传质区；再前面的 NL_0 段虽有很强的吸附能力，但由于A已全部在 MN 段内被吸附完，故也不发生传质，仍保持新鲜，称为未用区。如上述，气体中A的浓度由 c_0 降为零完全在吸附区 MN 内实现，其间浓度 c 随床层长度 L 的变化呈S形曲线，称为吸附波。

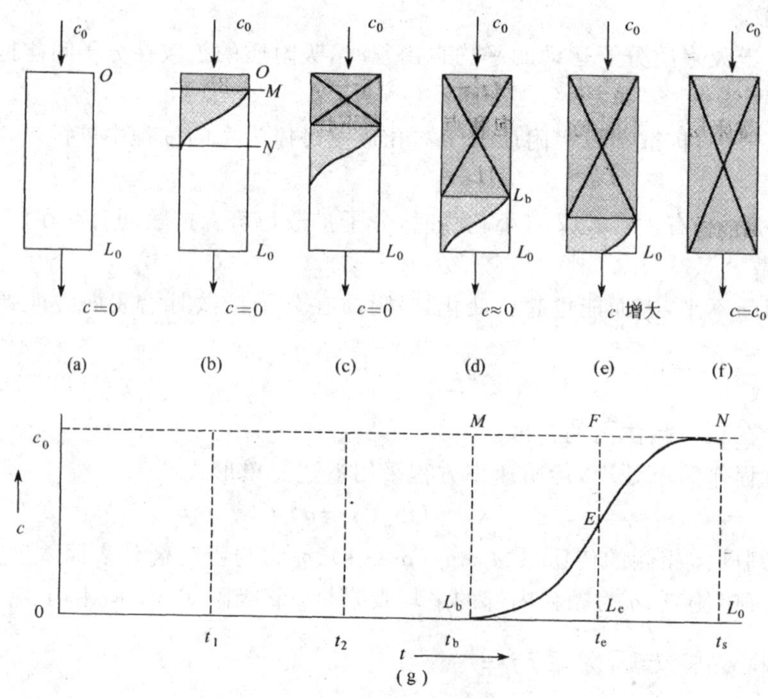

图 11-5 固定床吸附过程和穿透曲线

随着时间 t 的延长，吸附波向出口 L_0 处推进，波形可认为不变；如图11-5(c)所示为 $t=t_2>t_1$ 时的情况。

如图11-5(d)所示为 $t=t_b$ 时，吸附波顶端抵达床层出口 L_0 处，其后流出的流体中开始有吸附质A带出，并随 t 的延长而增加。

如图11-5(e)所示为 $t=t_e$ 时，床层内只剩下吸附波的后半部分。

直到 $t=t_s$，全部床层都为A所饱和，流体流过床层时浓度保持在 c_0 不再改变，如图11-5(f)所示。

流体流过床层后的出口浓度 c 随时间 t 的变化如图 11-5(g)所示，称为穿透曲线或流出曲线。该曲线上的时间 t_0、t_1、t_2 直到 t_s 与图 11-5(a)～(f)对应。通常称出 c 升至进口 c_0 的 5%时为穿透点，称 c 再升到 c_0 的 95%时为饱和点；但有时另由工艺条件规定。固定床的吸附时间一般不应超过穿透时间 t_b。

显然，如果吸附平衡越优惠，吸附速率越快，而流体流速越慢，MN 将越短。反过来，根据测得的穿透曲线，可以判定吸附剂性能和操作的优劣。吸附剂的利用率可定量表示如下：吸附结束时全床的总吸附量与饱和吸附量之比，称为床层的饱和度 η；活性炭的 η 达 85%～95%，其他吸附剂常较低。

11.1.6　吸附分离设备

1. 固定床吸附器

固定床吸附操作是把吸附剂均匀堆放在吸附塔中的多孔支承板上，含吸附质的流体可以自上而下流动，也可自下而上流过吸附剂。在吸附过程中，吸附剂不动。

固定床的吸附过程与再生过程在两个塔式设备中交替进行，如图 11-6 所示。吸附在吸附塔 1 中进行，当出塔流体中吸附质的浓度高于规定值时，物料切换到吸附塔 2，与此同时吸附塔 1 采用变温或减压等方法进行吸附剂再生，然后再在塔 1 中进行吸附，塔 2 中进行再生，如此循环操作。

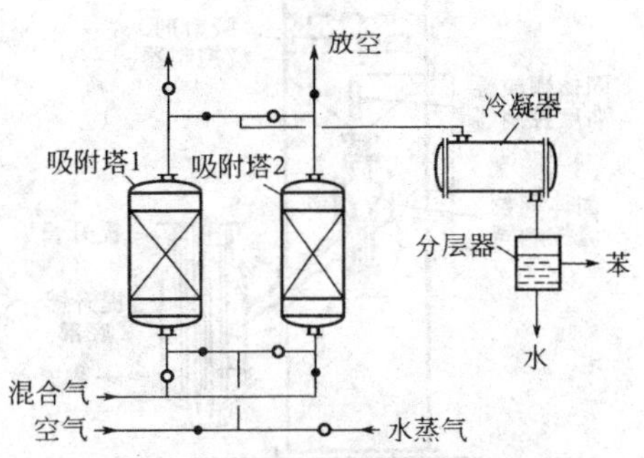

图 11-6　固定床吸附操作流程

○—开着的阀门；●—关着的阀门

固定床吸附分离设备是常用的吸附设备，属于间歇操作，设备结构简单，操作易于掌握，有一定的可靠性，常被中小型生产装置所采用。但固定床切换频繁，是不稳定操作，产品质量会受到一定影响，而且生产能力小，吸附剂用量大。

2. 移动床吸附器

在移动床吸附器中，由于固体吸附剂连续运动，使流体及吸附剂两相均以恒定的速度通过设备，任一断面上的组成都不随时间而变，即操作是连续稳定状态。为了达到许多理论级的分离，故采用逆流操作。

如图 11-7 所示为一移动床吸附装置，是采用由椰壳或果核制成的致密坚硬的活性炭，进行轻烃气体分离而设计的，称为“超吸附器”。设备高 20～30 m，分为若干段，最上段为冷却器，是垂直的列管式热交换器，用于冷却吸附剂，往下是吸附段、增浓段、气提段，它们彼此由分配板隔开。最下部是脱附器，它和冷却器一样也是列管式的热交换器。在塔的下部还装有吸附剂流控制器、固体颗粒层高度控制器以及颗粒卸料阀门及其封闭装置。塔的结构可以使固相连续、稳定地输入和输出，气固两相接触良好，不致发生沟流或局部不均匀现象。

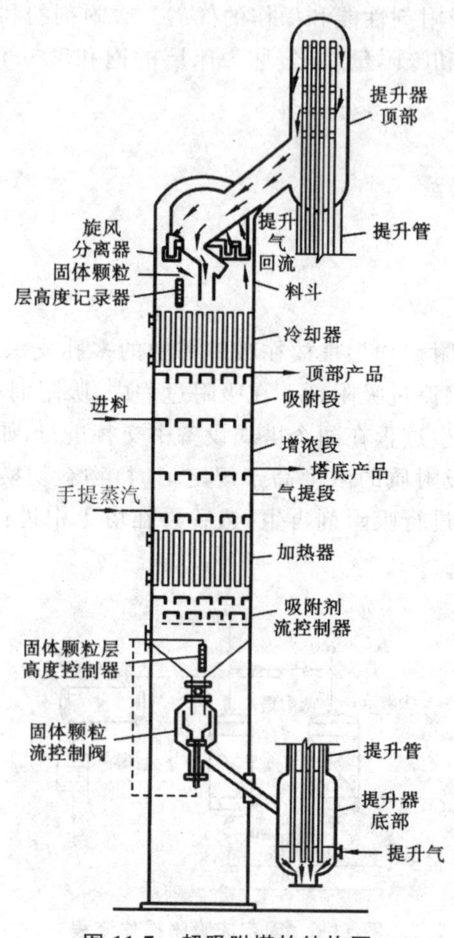

图 11-7　超吸附塔的结构图

11.2　膜分离

膜分离是利用天然或人工合成的具有选择透过性的高分子薄膜，以外界能量或化学位差为推动力，对双组分或多组分的溶质和溶剂进行分离、分级、提纯和浓缩的一种分离方法。该方法起步于 20 世纪 60 年代，但由于其发展迅速，已广泛应用于生物、化工、食品、医药、环保等领域。

11.2.1　分离膜与膜组件

1. 分离膜

膜是膜分离过程的核心，膜的结构和化学性质对膜的分离过程的性能起着决定性作用。由于膜材料的种类很多，制备条件也各不相同，因此膜的分类方法也很多。

(1)按制膜原料的属性分类

按制膜原料的属性，可将膜分为有机膜和无机膜。

①有机膜。几乎大部分的膜技术都依赖于合成的聚合物膜，即依赖于有机的高分子化合物。其制膜材料主要有两大系列：

a. 改性天然产物，如醋酸纤维素、丙酮-丁酸纤维素、硝酸纤维素等。

b. 合成产物，如聚胺、磺化聚砜、聚砜、全氟砜、聚偏氟乙烯、聚丙烯酸等。

②无机膜。无机膜具有热稳定性高、无老化问题、使用寿命长、分离极限和选择性可控制、可反向冲洗等优点。但无机膜易碎，需加工成特殊的构造，投资费用高。常常由于密封材料的缘故，膜本身的热稳定性不能得到充分的利用。无机膜可分为金属膜、玻璃膜、碳膜、陶瓷膜。

a. 金属膜以金属粉末为原料，涂装成管式组件，经烧结而制成。

b. 玻璃膜由海绵状结构联结的微孔构成，如硼硅玻璃或含有微量铝的碱金属硼硅酸盐玻璃。

c. 碳膜将石墨或碳纤维织品制成管材，然后使非常精细的碳粒沉积在其表面上而制得。

d. 陶瓷膜主要是不对称陶瓷膜，通常可用干粉的冷式等压挤出法或胶状悬浮液浇注法加工成某种有型坯体，煅烧后将其浸入含有精细微粒的胶态或聚合态悬浮液中，就可使分离层涂覆在载体上。

(2)按膜的物化性质分类

按膜的物化性质，可将膜分为各向同性膜、各向异性膜、复合膜和动态膜。

①各向同性膜。各向同性膜是指膜两面的结构特点相同的膜。

②各向异性膜。各向异性膜是一种不对称膜，通常膜的一面呈紧密的细孔状，另一面呈较厚的海绵状。

③复合膜。复合膜是一种新的各向异性膜，由两种或两种以上的膜材料以多层方式制成。

④动态膜。动态膜是一种特殊形式的复合膜，其致密层可定期洗除并再形成。其特点是透水量大，但脱盐率相应较低。

(3)按膜的构型分类

按膜的构型，可将膜分为平板膜、管状膜、螺旋平板膜、毛细管膜和中空纤维膜。

①平板膜。平板膜将膜张紧在多孔板上，用一块带网槽的板来支撑。

②管状膜。管状膜将膜牢固地紧贴在支撑管的壁面，做成一个元件，完整的组件是将管状膜管装入外壳内，与管式换热器相似。

③螺旋平板膜。螺旋平板膜是平板膜的变型。它是由两张平板膜与一种塑料隔离物一起围绕中心管卷成。此管沿夹层一端与多孔材料相连接，将整个卷筒纳入一个圆形管内。

④毛细管膜。毛细管膜将膜制成细小的空心管柱，并将许多细小的空心管柱组装在一个外壳内。

⑤中空纤维膜。中空纤维膜同毛细管一样，只是将膜制成比毛细管还细的纤维管。

膜的种类很多，因此在膜的应用时要根据具体的工艺过程进行合理的选择和优化。

2.膜组件

工业应用的膜分离设备是由膜、支撑材料、外套等组成的单元组件构成，主要有板框式、中空纤维式、卷式和管式4种。

(1)板框式膜组件

板框式膜组件由支撑板和板框交替重叠组成，支撑板两侧表面开有窄槽，其内腔有供透过液流通的通道；膜贴在支撑板的表面，组成一个单元，图11-8所示为板框式膜组件，可由并联、串联或串并联连接而成。

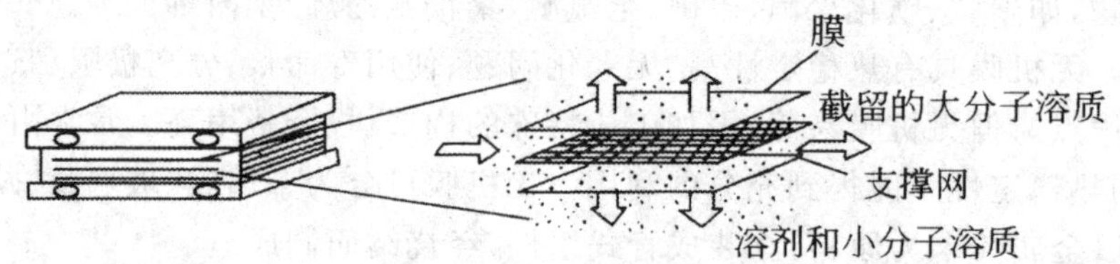

图11-8　板框式膜组件

(2)中空纤维膜组件

中空纤维膜分离器由可达几十万根中空纤维(外径80～400 μm、内径40～200 μm的纤维)扎在一起组成，纤维间壳层侧两端密封，如图11-9所示。料液均匀地流入中空纤维内，溶剂和小分子溶质透过中空纤维管的多孔壁自内向外流出(内压式)；也可以将料液引入中空纤维管程间，溶剂和小分子溶质则由中空纤维管壁自外向内渗透透过膜(外压式)。另一种为毛细管膜，其直径要比中空纤维稍大一些，因此，其承受的压力要比中空纤维来得低。毛细管式膜组件也有外压式和内压式之分。

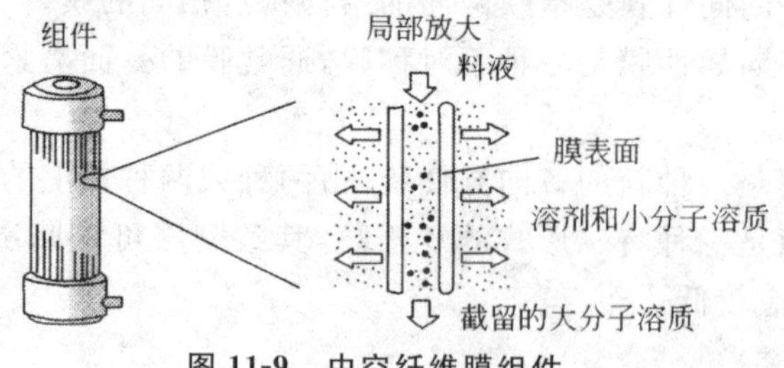

图11-9　中空纤维膜组件

(3)卷式膜组件

卷式膜组件的结构如图11-10所示。卷式膜组件是采用平板膜制成信封状膜袋，将多孔性支撑材料夹在膜袋之内，膜袋上下衬以隔网，以便流道畅通，然后连在一起滚压卷绕在空心管上，再将其装入圆柱形压力容器内，制成膜组件。组件内膜袋的数目称为叶数，膜面积随叶数的增多而增加。

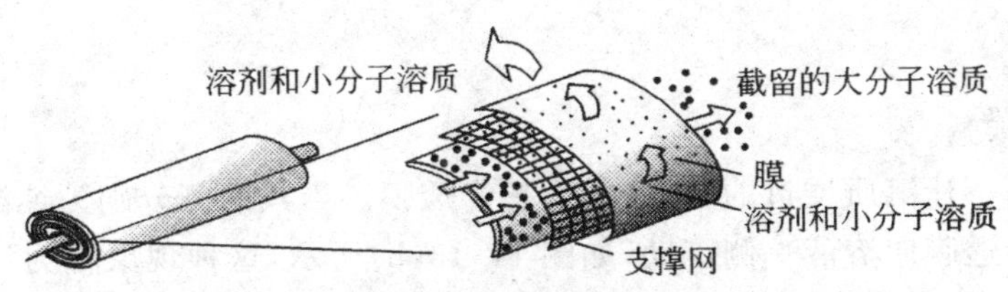

图 11-10　卷式膜组件

(4)管式膜组件

对于管式膜，以高分子为材料的膜可直接涂布在多孔支撑管外表面或内表面，通常为单通道；以氧化铝等无机材料制成的管式膜则与多孔支撑体一道烧结而成，有单通道和多通道两种，其中每支多通道管的通道数可以为 7 个、19 个或 37 个不等。管式膜可装填成排管、列管等形式，如图 11-11 所示的组件由通道数为 7 个、共 7 根多通管组成的列管式膜组件。

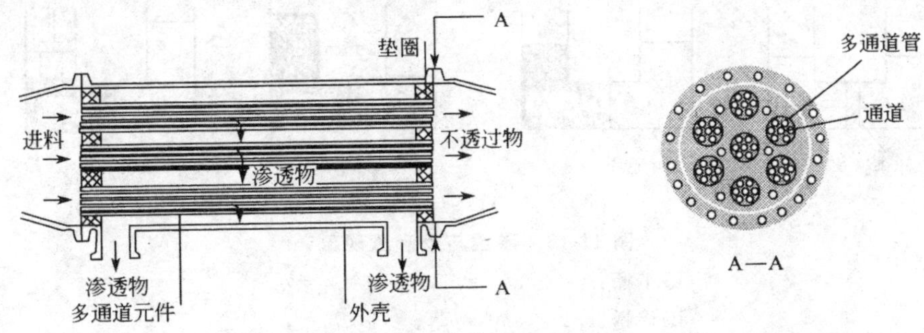

图 11-11　多通道无机管式膜组件

在选用膜分离设备的组件时，从分离效果及经济合理性出发，考虑单位设计容积中的有效膜面积、组件的制作成本、膜的清洗是否方便等要求。

11.2.2　膜分离过程

当膜两侧施加一定的压差时，可使一部分溶剂及小于膜孔径的溶质透过膜，而大于孔径的微粒和大分子等被截留，从而达到混合物的分离。根据混合物粒子或分子的大小和所采用不同孔径的膜，可将以压差为推动力的膜分离过程分为反渗透、纳滤、超滤和微滤 4 类，如图 11-12 所示。

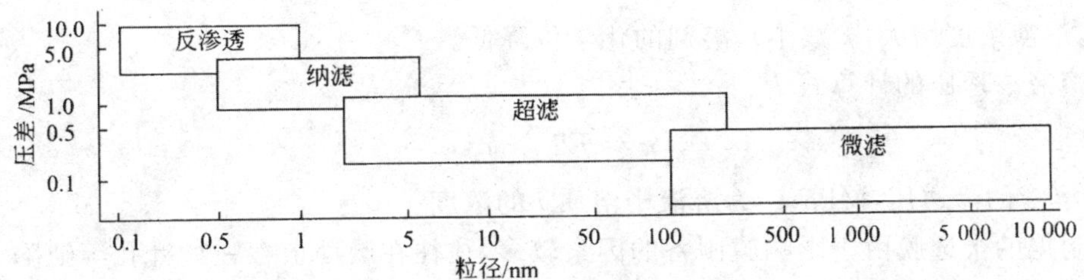

图 11-12　反渗透、纳滤、超滤和微滤所需压差及应用范围

1. 反渗透

(1)渗透与反渗透

让溶剂透过而不让溶质透过的膜,称为理想半透膜。当其两侧分别为纯溶剂和溶液时,溶剂将自发地穿过半透膜向溶液一侧流动,如图 11-13(b)所示,这种现象称为渗透;当其两侧溶液浓度相等或同为纯溶剂时,没有宏观的渗透,如图 11-13(a)所示。当渗透过程进行到溶液液面高出溶剂液面的压头足以抵消溶剂的渗透趋势时,渗透到达平衡状态。此压头称为溶液的渗透压 π,如图 11-13(c)所示。当膜两边都是同一溶液,但浓度不等时,溶剂也会由稀向浓的方向渗透,以促使浓度均匀化。正如容器中的溶液(无膜隔开),当浓度不均匀时,有均匀化的自发趋势。溶剂渗透趋势的大小,可定量地以化学位表示。

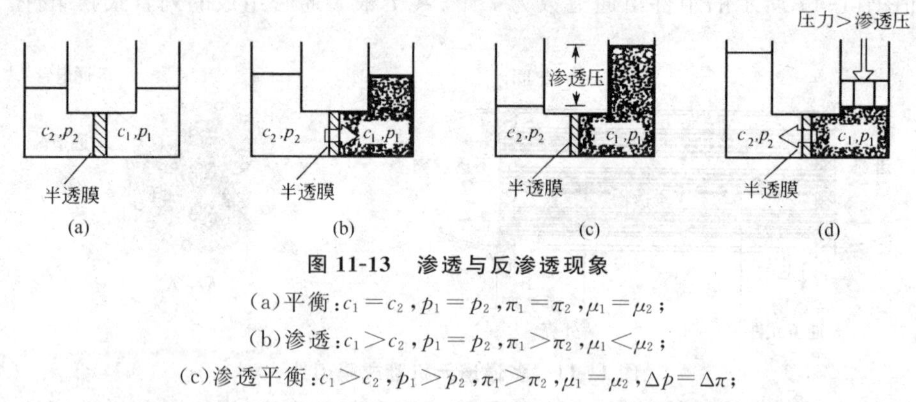

图 11-13　渗透与反渗透现象

(a)平衡:$c_1=c_2, p_1=p_2, \pi_1=\pi_2, \mu_1=\mu_2$;

(b)渗透:$c_1>c_2, p_1=p_2, \pi_1>\pi_2, \mu_1<\mu_2$;

(c)渗透平衡:$c_1>c_2, p_1>p_2, \pi_1>\pi_2, \mu_1=\mu_2, \Delta p=\Delta\pi$;

(d)反渗透:$c_1>c_2, p_1>p_2, \pi_1>\pi_2, \mu_1>\mu_2, \Delta p>\Delta\pi$

如图 11-13(a)所示,浓度 $c_1=c_2$,膜两侧液位相等而 $p_1=p_2$,达到平衡状态;渗透压 $\pi_1=\pi_2$,化学位 $\mu_1=\mu_2$。如图 11-13(b)所示,在右侧加入溶质后,$c_1>c_2$,则溶剂透过膜进入右侧,其液面上升使膜两侧产生压力差,对抗渗透压;因而渗透速率逐渐变慢,直到等于零;如图 11-13(c)所示,此时又达到平衡状态,化学位 $\mu_1=\mu_2$,渗透压差 $\Delta p=\pi$,而渗透压 $\pi_1>\pi_2$。如图 11-13(d)所示,在右侧施加一大于渗透压的压力,则渗透方向逆转,这就是反渗透。

溶液中溶剂的化学位可以用理想溶液的化学位公式描述

$$\mu=\mu^0(T,p)+RT\ln x$$

式中,$\mu^0(T,p)$为指定温度、压力下纯溶剂的化学位;μ 为此温度、压力下溶液中溶剂的化学位;x 为溶液中溶剂的摩尔分数。

可见,溶液浓度增大(x 减小),溶剂的化学位降低。

理想溶液渗透压的计算式为

$$\pi = RT\sum c_i$$

式中,π 为溶液的渗透压,MPa;c_i 为溶液中溶质 i 的浓度。

实际制得的半透膜由于影响膜制备的因素较多,往往在膜面上存在如针孔等缺陷,导致其对溶质不能达到 100%的截留,称其为非理想半透膜。反渗透是以高于溶液渗透压的压差为推动力,使溶剂透过膜的分离过程。过程的溶剂与溶质通量可分别用以下方程计算:

$$J_W=L_P(\Delta p-\Delta\pi)$$

$$J_S=B(c_f-c_p)$$

式中，J_W 为溶剂与溶质透过膜的通量，kmol/(m^2·h)，当溶质浓度很小时，溶液通量 J_v 近似等于溶剂通量 J_W；Δp 为施加在膜两侧的压差，MPa；c_f、c_p 分别为进料和透过液的溶质浓度，kmol/m^3；L_P 为水力渗透系数，kmol/(m^2·h·MPa)；B 为溶质渗透系数，m/h。

(2)脱盐率(截留率)

反渗透膜对溶质的选择透过性可用脱盐率 R 表示，R 是指进料液盐浓度 c_f 减去透过液盐浓度 c_p，所得之差与 c_f 之比。

$$R=\frac{c_f-c_p}{c_f}=1-\frac{c_p}{c_f}$$

目前大多数反渗透复合膜，如海德能公司 SWC 系列芳香聚酰胺复合膜用于海水淡化；ESPA 系列芳香聚酰胺复合膜用于苦盐水处理，其脱盐率大于 99.0%。

2.纳滤

纳滤膜，其分离特性与反渗透膜类似，早期也称为低压反渗透膜。

(1)纳滤脱盐率

纳滤用于从有机溶液中脱除氯化钠等单价无机盐离子，截留摩尔质量约大于 400 的有机溶质。其脱盐率的定义与反渗透一致，不同的是纳滤脱盐率一般分别用 NaCl 和 $MgSO_4$ 在 25 ℃及给定浓度和压力条件下经测试获得。纳滤膜对盐的透过特性主要取决于其阴离子的价态，单价阴离子的盐极易透过，其脱盐率在 30%～90%；而对二价或高价阴离子盐则不易于透过，如 $MgSO_4$，其截留率可高达 98%以上。一般状况下，阴离子脱除率大小按 NO_3^-、Cl^-、OH^-、SO_4^-、CO_3^{2-} 顺序递减；而阳离子脱除率则按 H^+、Na^+、Ca^{2+}、Mg^{2+}、Cu^{2+} 顺序递减。

(2)纳滤透过比

间歇纳滤过程如图 11-14(a)所示。若一次脱盐其脱盐率达不到要求，则需加清水稀释再经第二次脱盐，原盐分经多次稀释脱除使盐浓度从初始的 c_0 降至最后符合要求的 c_t 为止。对此，可定义纳滤过程的总脱盐率为

$$D_t=1-\frac{c_t}{c_0} \tag{11-5}$$

在化工过程中常需采用连续操作的恒容纳滤脱盐，如图 11-14(b)所示。在密闭的料液罐中连续补充清水，始终维持罐内液体体积 V_0 为常数，经长时间后纳滤脱盐，料液中盐离子浓度由 c_0 降至 c_t，而透过液体积则由零累积到 V_p。

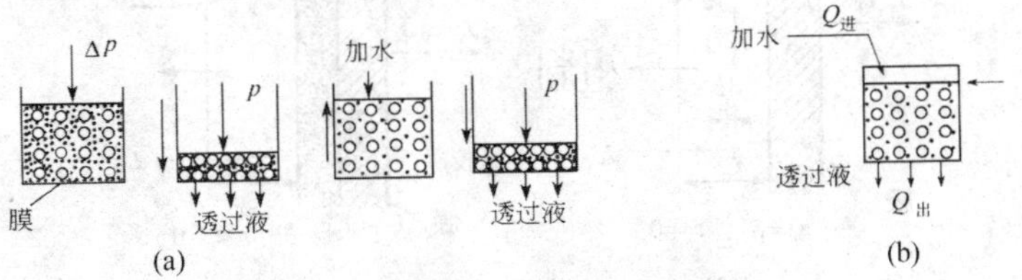

图 11-14　间歇纳滤和连续纳滤的过程

(a)间歇纳滤；(b)连续纳滤

○—摩尔质量为数百的有机物分子；·—水中的无机盐分子

假定恒容纳滤过程中的脱盐率 D_d 不变，则对盐可做以下微分物料衡算

$$D_d dV = -V_0 dc$$

分离变量，进行积分(透过液体积由 0 增加到 V_p，盐浓度由 c_0 降至 c_t)，并应用式(11-5)，可获得脱盐后的过程透过比

$$\frac{V_p}{V_0} = -\frac{1}{D_d}\ln(1-D_t)$$

式中，D_d、D_t 分别为纳滤膜的脱盐率和纳滤过程的总脱盐率。

对于纳滤过程，为了将产物溶液中的盐分脱除到某一可接受的浓度，通常需在纳滤过程中加入适量的清水，使其将溶液中的盐分稀释出来，因此，体积透过比 $\frac{V_p}{V_0}>1$。

近年来，纳滤已开始用于饮用水的软化、染料脱盐、摩尔质量范围在 400～1 000 的有机物质的回收、工业废水中重金属离子的去除、抗生素的浓缩与纯化等。

3. 超滤

超滤也是以压力差为推动力，通过膜的筛分作用截留溶液中大于膜孔的大分子溶质。溶质的渗透压与该溶质摩尔质量的大小有关，无机盐小分子溶质的渗透压较大，并随溶质分子的增大而减小；有机大分子溶质的渗透压甚小，一般可忽略不计。超滤过程主要用于从大分子溶液中脱除小分子溶质，或大分子溶液的浓缩。通常制成各种规格的超滤膜，如同一类材料的膜其截留摩尔质量为 0.5 万、2 万、5 万、10 万及大于 20 万等多种规格，可供选用。

(1)浓差极化和凝胶层

在溶剂透过膜时，溶质会在膜上游界面上发生积累，使界面附近的溶质浓度较主体为高，形成浓度边界层，这种现象称为浓差极化。对于反渗透，此影响较小；而对超滤过程浓差极化现象却显得重要。如图 11-15(a)所示，随着部分溶剂渗透通过膜，被膜截留的组分累积在膜的表面上，溶质浓度增大到 c_m，高于虚线处右侧主体流浓度 c_b，形成浓度梯度，并向主体流反向扩散，膜右表面至虚线处界面为膜过滤过程中的浓差极化边界层。$\frac{c_m}{c_b}$称为浓差极化比。

对某些生物大分子的超滤过程，随着溶剂和小分子透过膜，膜上游侧生物分子的浓度增大，可以达到该生物分子的饱和浓度(或称凝胶点)，而在膜面上形成凝胶层，使渗透速率显著减小。如图 11-15(b)所示，c_b 为料液主体浓度，c_g 为凝胶点浓度，c_p 为透过液浓度。

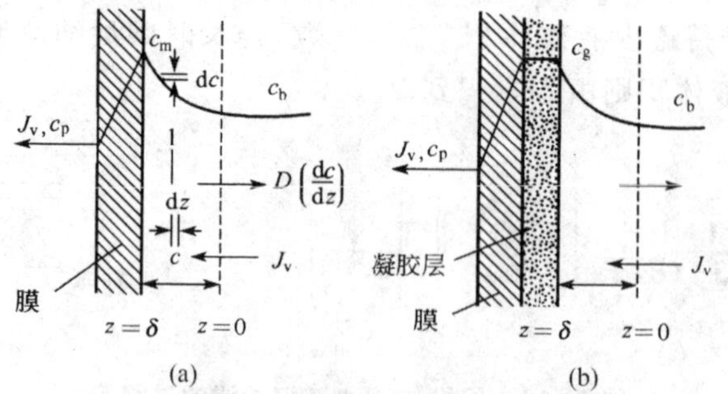

图 11-15 超滤过程中的浓差极化和凝胶层形成

(a)普通浓差极化；(b)具有凝胶层的凝胶极化

如图 11-15 所示，面 1 至 $z=\delta$ 的膜面间列物料衡算

$$J_v c = J_v c_p + D\frac{dc}{dz}$$

$$J_v(c - c_p) = D\frac{dc}{dz}$$

分离变量，在 $z=0$ 至 $z=\delta$ 间积分

$$J_v = \frac{D}{\delta}\ln\frac{c_m - c_p}{c_b - c_p} \tag{11-6}$$

令 $\frac{D}{\delta}=k$，得

$$\frac{c_m - c_p}{c_b - c_p} = \exp\left(\frac{J_v}{k}\right) \tag{11-7}$$

式中，J_v 为溶液渗透通量，$m^3/(m^2 \cdot s)$；k 为浓差极化边界层内的传质系数，$k=D\delta$，m/s。当 $c_p \leqslant c_b$、$c_p \leqslant c_m$ 时，式(11-7)可简化为

$$J_v = k\ln\left(\frac{c_m}{c_b}\right) \tag{11-8}$$

膜面浓度 c_m 一般低于溶质的凝胶点浓度 c_g，当 c_m 达到 c_g 时，将式(11-6)～式(11-8)中的 c_m 改写为 c_g，称为凝胶层公式。凝胶浓度 c_g 取决于大分子溶质物化性质。在一定压力下，渗透通量 J_v 与料液主体浓度 c_b 对数的关系是一条斜率为 k 的直线，其截距为 $k\ln c_g$。在凝胶浓度下，增大操作压力往往使凝胶层厚度增加，导致凝胶层阻力增大，结果渗透通量并没有明显改善。

超滤过程中的膜污染是需加以考虑的另一个重要问题，膜污染是指处理料液中的胶体、溶质分子等受某种作用而使其吸附或沉积在膜表面及膜孔内，造成膜孔径变小或堵塞的不可逆现象，其结果是造成膜通量下降，严重时使过程无法进行。

超滤过程在工业用水预处理、废水生物处理的终端过滤、酶制剂与乳清蛋白的浓缩、酒与果汁的澄清、中药有效成分的提取等方面有着广泛的应用。

(2)洗滤稀释比

类似于间歇或连续纳滤过程，超滤也有其衍生过程。在混合物溶液超滤过程中加入清水，使残留在溶液中的小分子溶质随水透过膜，达到纯化与浓缩溶液中目标产物的过程称为洗滤。洗滤过程要求被分离的两种溶质的摩尔质量差异较大，所选用膜的截留摩尔质量介于两者之间，一般要求对大分子的截留率为100%，而对小分子则完全透过。

对于间歇洗滤，洗滤前的溶液体积为100%，溶液中含有大分子和小分子两种溶质，随着洗滤过程的进行，小分子溶质随溶剂(水)透过膜后，溶液体积减少到一定体积时，再加水至原体积，将未透过的溶质稀释，重新进行洗滤，直至溶液中的小分子溶质降低到产品可允许的量。

洗滤过程在生物大分子脱盐与纯化、小分子的脱除、两种摩尔质量相近的大分子分离等方面有较广泛的应用前景。

4. 微滤

微滤是利用微孔膜将滤液中大于膜孔径的微粒、细菌及悬浮物质等截留下来，达到滤液澄清的膜技术。微滤所截留的粒子通常远大于超滤溶液中的大分子溶质，基本上属于固液分离

范畴,其通量也远大于纳滤和超滤。

微滤类似于常规过滤,微滤也可分为表面过滤(微粒被膜截留在膜表面,即滤饼过滤)和深层过滤(流体中的微粒在膜的深层被截留)。对此,也可采用传统过滤的数学模型描述微滤过程。

微滤有两种操作方式:终端微滤和错流微滤。

(1)终端微滤

如图 11-16(a)所示,料液中的微粒在膜表面积累,形成滤饼并逐渐增厚。在恒压过滤中,膜通量逐渐下降;若要保持膜通量不变,则需逐渐增大压差。

(2)错流微滤

如图 11-16(b)所示,料液沿膜表面切线方向流动,在压差作用下,清液错流透过膜,微粒截留在膜面。由于料液在膜面的切向流能将沉积在膜面的部分微粒带走,使膜面积累的滤饼层达到一定厚度后不再增加。

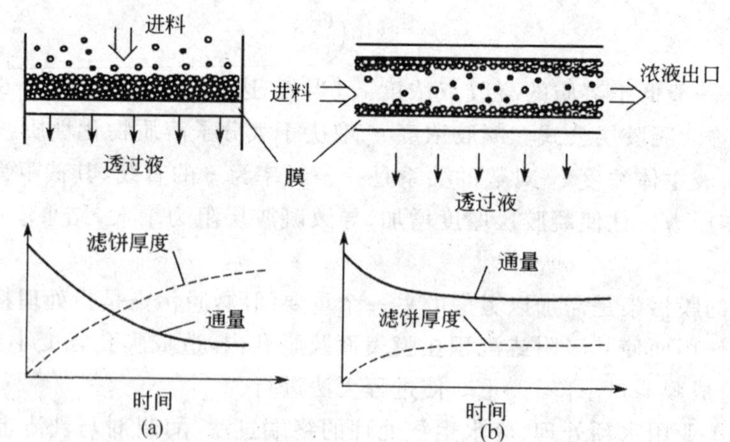

图 11-16 两种微滤过程的通量与滤饼厚度随时间的变化关系

(a)终端微滤;(b)错流微滤

在实际情况中,有时当滤饼形成后,仍发现在一段时间内通量缓慢下降,这种现象大多是由于滤饼和膜被压实所致。

近年来,陶瓷微滤膜由于其化学稳定性好,可用化学清洗剂和可在较高的温度下进行清洗等特性,而受到重视;若其在价格上能有所降低,则将具有广阔的应用前景。

11.3 超临界流体萃取

超临界萃取是超临界流体萃取(SCFE)的简称,又称为压力流体萃取、超临界气体萃取。它是以高压、高密度的超临界流体为溶剂,从液体或固体中溶解所需的组分,然后采用升温、降压、吸收(吸附)等手段将溶剂与所萃取的组分分离,最终得到所需纯组分的操作。

11.3.1　超临界流体萃取的流程

超临界流体萃取技术的基本工艺流程如下:原料经除杂、粉碎或轧片等一系列预处理后装入萃取器中,系统冲入超临界流体并加压。物料在超临界流体作用下,可溶成分进入超临界流体相。流出萃取器的超临界流体相经减压、调温或吸附作用,可选择性地从超临界流体相分离出萃取物的各组分,超临界流体再经调温和压缩回到萃取器循环使用。

超临界二氧化碳萃取工艺流程由萃取和分离两大部分组成。在特定的温度和压力下,使原料同超临界二氧化碳流体充分接触,达到平衡后,再通过温度和压力的变化,使萃取物同溶剂超临界二氧化碳分离。整个工艺过程可以是连续的、半连续的或间歇的。根据分离条件不同,超临界二氧化碳萃取有 3 种典型流程,见表 11-1,其实例如图 11-17～图 11-19 所示。

表 11-1　各种萃取工艺

流程	工作原理	优点	缺点	实例
等压变温工艺	萃取和分离在同一压力下进行;萃取完毕,通过热交换升高温度;CO_2 流体在特定压力下,溶解能力随温度升高而减小,溶质析出	压缩能耗相对较小	对热敏性物质有影响	图 11-17 丙烷脱沥青流程
等温变压工艺	萃取和分离在同一温度下进行,萃取完毕,通过节流降压进入分离器。由于压力降低,CO_2 流体对被萃取物的溶解能力逐步减小,萃取物被析出,得以分离	由于没有温度变化,故操作简单,可实现对高沸点、热敏性、易氧化物质接近常温的萃取	压力高,投资大,能耗高	图 11-18 SCFE 啤酒花的流程
恒温恒压工艺	流程在恒温恒压下进行;该工艺分离萃取物需特殊的吸附剂,如离子交换树脂、活性炭等,进行交换吸附;一般用于除去有害物质	该工艺始终处于恒定的超临界状态,所以十分节能	需特殊的吸附剂	图 11-19 咖啡因 SCFE 的水吸收流程

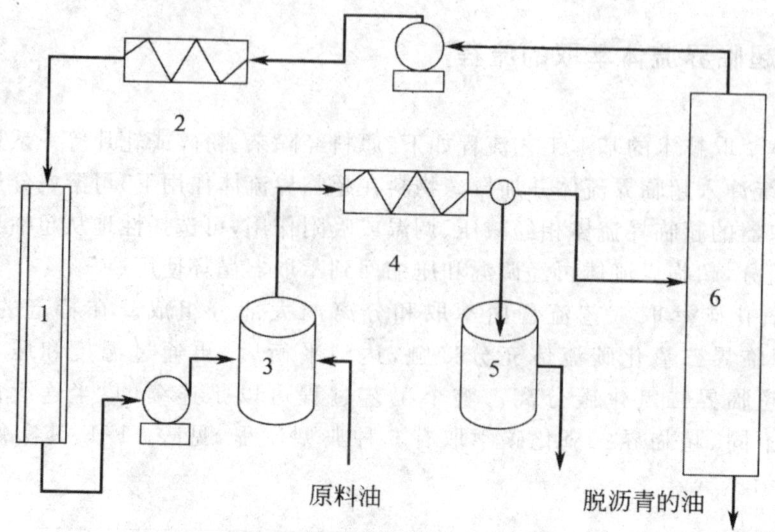

图 11-17 丙烷脱沥青的流程(等压变温工艺)

1—丙烷储槽;2—丙烷冷凝器;3—沥青澄清器;4—换热器;
5—树脂澄清器;6—脱沥青油蒸馏塔

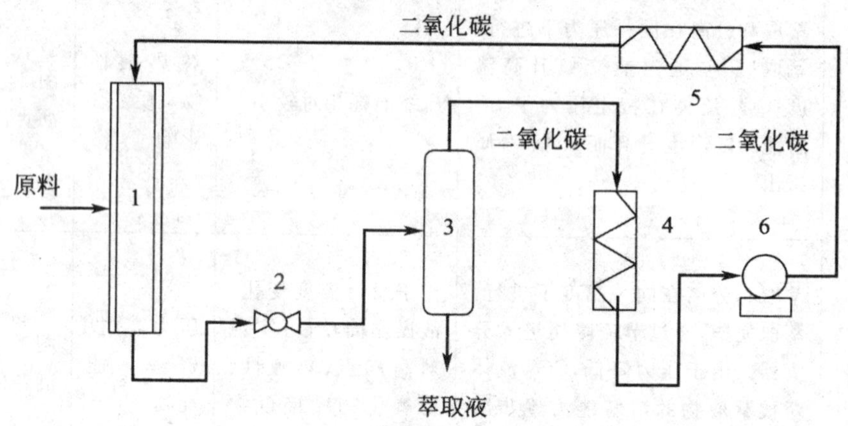

图 11-18 SCFE 啤酒花的流程(等温变压工艺)

1—萃取器;2—膨胀阀;3—分离器;4—冷凝器;
5—蒸发器;6—二氧化碳泵

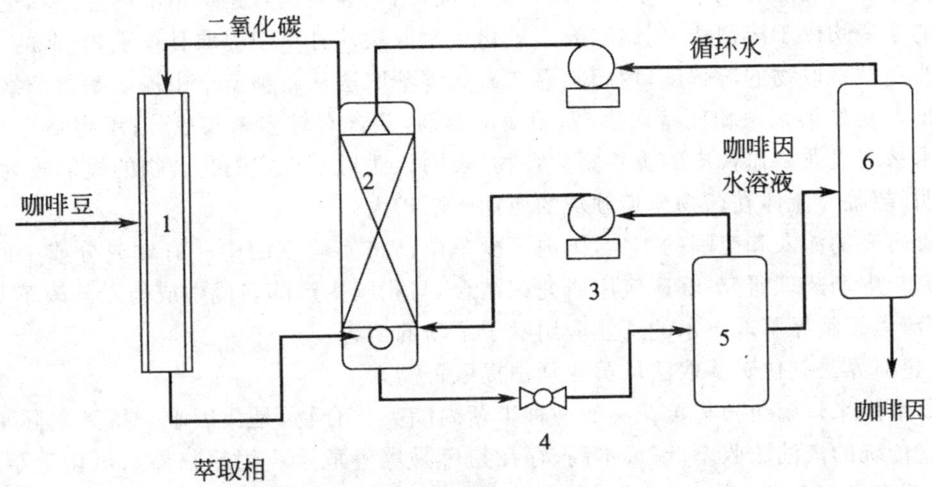

图 11-19　SCFE 咖啡因的水吸收流程(恒温恒压工艺)

1—萃取塔;2—吸收塔;3—二氧化碳压缩机;
4—膨胀阀;5—脱气器;6—蒸发器

图 11-17 中沥青澄清器中分别加入原料油和丙烷,使器内温度达到 50 ℃,此时液体丙烷能溶解出沥青以外的所有原料油中的组分。由于丙烷在这种状态下黏度小,所以可方便地将沥青分离出来。为了将原料油中的蜡分离出来,可利用临界温度的性质,将体系的温度下降,使蜡析出。例如,将温度降低到 4 ℃时,就可使大量蜡被离析出来。至于体系的降温,简便地采用使少量丙烷气化的方法即可达到。为了分离出原料油中的树脂,可将体系再次升温到 100 ℃,此时丙烷对溶质的溶解能力将进一步下降,使树脂沉析出来。分离出沥青、蜡和树脂等溶质后的油进入脱沥青油蒸馏塔。经蒸馏后,塔顶获得再生溶剂作循环使用,塔底得脱沥青油成品。

图 11-18 中自萃取器底部放出的萃取相经过节流降压,使溶剂的溶解度减小而进入分离器中析出,自分离器顶部放出的二氧化碳进入冷凝器冷凝成液体后用泵增压到萃取压力,并使之经蒸发器气化,然后进入萃取器循环使用。

图 11-19 将装有咖啡豆的萃取器中通以超临界二氧化碳,使其中的咖啡因被萃取出来,将自萃取塔底部放出的萃取相送入吸收塔,与逆向流下的水进行质量交换,因在 31.1 MPa 和 313 K 下,咖啡因在超临界二氧化碳和水溶解的分配系数为 0.03～0.04(质量分数比),因而自塔顶离去的二氧化碳中的咖啡因已大部分被水吸收,经脱除咖啡因后的二氧化碳返回萃取塔重复使用。自吸收塔底部放出的高压水经减压后进入脱气器,使溶解的二氧化碳从水相放出,经压缩后重新进入吸收塔底部,脱气后的液体水溶液进入蒸发结晶器,底部获得咖啡因,水汽经冷凝后用泵加压送入吸收塔顶部作循环使用。

11.3.2　超临界流体萃取的应用

1. 提取中药有效成分

超临界二氧化碳萃取技术在中草药有效成分提取中的应用范围正在扩大。例如,用超临界二氧化碳萃取法从月见草种子中萃取月见草油，结果表明其月见草精油的色泽和透明度、严亚油酸的含量均优于溶剂法；用超临界二氧化碳萃取法从甘草中提取甘草素，合适的夹带剂可显著地改变被萃取物的溶解度；用超临界二氧化碳萃取法从新疆紫草中提取萘醌色素，全过程仅用 2 h，与传统溶剂法相比萃取率高，无残留溶剂，并含有较多未知成分；用超临界二氧化碳萃取技术萃取飞龙掌血根皮的香豆素化合物，表明该法对不稳定的化合物的提取较为优越等。研究表明，超临界流体在药物分离领域的应用不断扩大。

随着研究的深入和范围的扩大，国内不少单位已将实验室的中药有效成分或中间原料提取的研究与中药药理研究、临床应用研究相结合，与我国生产的名优中成药工艺改革及二次开发相结合，为超临界萃取技术的工业应用赋予了新的活力。

(1)超临界二氧化碳萃取法从黄花蒿中提取青蒿素

青蒿素是来自菊科植物黄花蒿的一种半萜内酯类化合物，是我国唯一得到国际承认的抗疟新药。传统的汽油法收率低、成本高、存在易燃易爆等危险。用超临界二氧化碳萃取法，从 1 L、5 L 设备小试到 25 L、50 L 中试放大、一直到 200 L 的工业化生产证明，超临界二氧化碳萃取工艺比传统方法(汽油法)优越，产品收率提高 19 倍，生产周期缩短为 100 h，成本每千克降低 447 元，避免易燃易爆的危险，减少三废污染，大大简化了工艺。

(2)超临界二氧化碳萃取法从川芎中提取川芎油

川芎是最常用的活血行气的中药，挥发油是主要有效成分。传统的水蒸气蒸馏法收率为 0.45%～1%。采用超临界二氧化碳萃取法从 1 L 的实验室装置到 300 L 工业装置的生产结果表明：超临界二氧化碳萃取法提取的川芎油的收率为水蒸气蒸馏法的 5～8 倍。亚丁基苯酞以后组分的含量数倍于水蒸气蒸馏产品，它不仅有利于中药资源的更有效利用，也可能为该品种的新用途提供资源。充分显示了超临界二氧化碳萃取技术在工艺上的优越性。该产品已大规模工业化生产。

(3)超临界二氧化碳萃取制备大蒜注射液

大蒜注射液为临床上广泛应用的中药制剂，传统的生产工艺是水蒸气蒸馏。第一军医大学珠江医院用超临界二氧化碳萃取法对此工艺进行改革，避免了大蒜素的高温受热破坏，收率提高近 6 倍。

超临界流体萃取法为中草药中有效成分的热敏性物质的提取开辟了一条新路。

超临界二氧化碳萃取法萃取丹参有效成分大量的研究表明，超临界二氧化碳对低分子量的脂肪烃、低极性的亲脂性化合物，如醇、醚、醛、内酯等表现出优异的溶解性能。

上述例子证明，将超临界二氧化碳萃取技术应用于中药有效成分的提取，大大提高了产品质量，表现出明显的优越性。虽然超临界二氧化碳萃取技术对强极性的物质如多元醇、多元酸、多个羟基、羧基的物质难以溶解，但可针对不同物质采用加入表面活性剂及夹带剂的方法解决。

2.提取天然产物中的有效成分

从天然植物中提取香料成分，目前多采用水蒸气蒸馏法和有机溶剂提取法。水蒸气蒸馏法虽然能提取高挥发性精油，但高温蒸馏时一些热敏性成分会被分解，而且提取率低；有机溶剂提取法的提取率虽然高，但是没有选择性，除精油外，还会把一些高分子、非挥发性的成分一道提取出来，同时，有机溶剂难以分离干净。用超临界流体萃取法提取香料提取率高，选择性好，提取温度低，适合于热敏性香料的提取。

生产无咖啡因的咖啡常规方法是用有机溶剂或水脱咖啡因，随着超临界流体萃取技术的出现，德国的 HAG 公司从 1978 年开始用超临界二氧化碳萃取技术脱咖啡因，其处理量为 20 万吨/年。

3. 稀水溶液中有机物的分离

由于超临界流体具有较强的溶解能力，工业上可以用它从生产酒精、醋酸等的发酵液中萃取乙醇、醋酸，比通常采用精馏或蒸发的方法进行浓缩分离能耗小。同样，也可以利用超临界萃取工艺从废水中提取多种有机物，从而达到节能的目的。

4. 在生化工程中的应用

由于超临界萃取具有毒性低、温度低、溶解性好等优点，因此特别适合于生化产品的分离提取。利用超临界二氧化碳萃取氨基酸、在生产链霉素时利用超临界二氧化碳萃取技术去除甲醇等有机溶剂以及从单细胞蛋白游离物中提取脂类等研究均显示了超临界萃取技术的优势。

5. 活性炭的再生

活性炭吸附是回收溶剂和处理废水的一种有效方法，其困难主要在于活性炭的再生。目前多采用高温或化学方法再生，既不经济，还会造成吸附剂的严重损失，有时还会产生二次污染。利用超临界二氧化碳萃取法可以解决这一难题，如图 11-20 所示为其流程示意图。

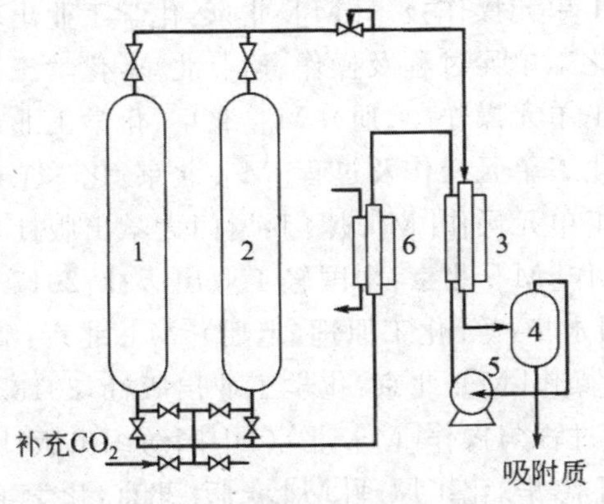

图 11-20　活性炭超临界再生流程

1，2—再生器；3—换热器；4—分离器；5—压缩机；6—冷却器

超临界萃取是一种新型萃取分离技术，尽管目前处于工业规模的应用还不是很多，但这一领域的基础研究、应用基础研究和中间规模的试验却异常活跃。可以预期，随着研究的深入，超临界萃取技术将获得更大的发展和更多的应用。

参考文献

[1]蔡源，孙海燕．化工单元操作设计及优化[M]．北京：化学工业出版社，2015．
[2]曾英．化工原理[M]．2版．北京：科学出版社，2018．
[3]陈兰英．化工单元操作过程与设备[M]．广州：华南理工大学出版社，2010．
[4]崔执应．化工单元操作技术[M]．北京：中国水利水电出版社，2018．
[5]丁玉兴．化工单元过程及设备[M]．2版．北京：化学工业出版社，2015．
[6]郝晓刚，樊彩梅．化工原理[M]．北京：科学出版社，2016．
[7]何潮洪，冯霄．化工原理[M]．2版．北京：科学出版社，2017．
[8]何灏彦，禹练英，谭平．化工单元操作[M]．2版．北京：化学工业出版社，2014．
[9]何景连，程忠玲．化工单元操作[M]．2版．北京：石油工业出版社，2018．
[10]黄徽．化工单元操作技术[M]．2版．北京：化学工业出版社，2015．
[11]李晋，张桃先．化工单元操作(下册)[M]．北京：化学工业出版社，2018．
[12]李晋国．化工单元操作及设备[M]．北京：化学工业出版社，2014．
[13]李萍萍．化工单元操作[M]．北京：化学工业出版社，2014．
[14]李育敏．化工原理[M]．杭州：浙江大学出版社，2016．
[15]刘兵，陈效毅．化工单元操作技术[M]．北京：化学工业出版社，2014．
[16]刘红梅，毛民海．化工单元过程及操作[M]．北京：化学工业出版社，2010．
[17]刘郁，张传梅．化工单元操作(上册)[M]．北京：化学工业出版社，2018．
[18]彭德萍，陈忠林．化工单元操作及过程[M]．北京：化学工业出版社，2014．
[19]邱飙，陈潮华．化工单元操作[M]．厦门：厦门大学出版社，2016．
[20]饶珍．化工单元操作[M]．北京：中国轻工业出版社，2017．
[21]任永胜 王淑杰 田永华，等．化工原理(上册)[M]．北京：清华大学出版社，2018．
[22]沈晨阳．化工单元操作[M]．北京：化学工业出版社，2013．
[23]孙琪娟．化工单元过程与操作[M]．北京：中国纺织出版社，2014．
[24]谭天恩，卖本熙，丁惠华．化工原理[M]．4版．北京：化学工业出版社，2013．
[25]万美春．化工精馏单元操作与控制[M]．北京：机械工业出版社，2014．
[26]王铭琦，王艳力．化工原理[M]．北京：中国林业出版社，2017．
[27]王淑波，蒋红梅．化工原理[M]．武汉：华中科技大学出版社，2012．
[28]王志魁．化工原理[M]．5版．北京：化学工业出版社，2018．
[29]吴红．化工单元过程及操作[M]．2版．北京：化学工业出版社，2015．
[30]吴晓滨．化工单元操作与仿真实训[M]．北京：化学工业出版社，2015．
[31]夏清，贾绍义．化工原理(上、下册)[M]．2版．天津：天津大学出版社，2017．

[32]徐仿海.化工单元操作技术项目化实训[M].北京:化学工业出版社,2015.

[33]闫晔,刘佩田.化工单元操作过程[M].2版.北京:化学工业出版社,2013.

[34]严富发,马占梅.化工单元操作[M].北京:化学工业出版社,2015.

[35]杨成德,顾准.化工单元操作与控制[M].北京:化学工业出版社,2010.

[36]杨青,何鸿武,徐靓.化工单元操作[M].成都:西南交通大学出版社,2017.

[37]叶世超,夏素兰,易美桂,等.化工原理(下册)[M].2版.北京:科学出版社,2018.

[38]翟江,刘艳蕊.化工原理[M].北京:中国轻工业出版社,2012.

[39]张明锋.化工单元操作[M].天津:天津大学出版社,2013.

[40]张乾,齐向阳,李美喜.化工单元操作[M].北京:化学工业出版社,2016.

[41]张述伟.化工单元操作及工艺实践过程[M].大连:大连理工大学出版社,2015.

[42]张新站.化工单元过程及操作[M].2版.北京:化学工业出版社,2012.

[43]郑孝英.化工单元操作[M].北京:科学出版社,2010.

[44]郑燕燕.典型煤化工单元过程及操作[M].北京:化学工业出版社,2015.

[45]周长丽,田海玲.化工单元操作[M].2版.北京:化学工业出版社,2015.

[46]武利顺.典型化工单元过程及发展研究[M].长春:吉林大学出版社,2017.

[47]姚菊英,臧丽坤,冯志刚.化工单元过程分析与进展研究[M].北京:中国水利水电出版社,2014.

[48]代文双.化工单元操作技术及其新进展研究[M].长春:吉林大学出版社,2017.

[49]魏京莲,卢彦越,武存喜.化工单元操作方式及原理研究[M].北京:中国水利水电出版社,2013.

[50]曹振恒.化工原理学习指南[M].上海:上海交通大学出版社,2018.

[51]郭玉高,刘秀军,张庆印.化工原理理论与方法[M].北京:中国纺织出版社,2019.

[52]刘天成,王红斌,唐光阳.化工原理[M].北京:中国水利水电出版社,2013.